安全发展与经济增长导论

Introduction to Safety Development and Economic Growth

何学秋　宋　利　李成武　著

国家自然科学基金项目(51274206,51404277)资助

科学出版社

北　京

内 容 简 介

本书综合了安全科学、宏观经济学、发展经济学、计量经济学、管理科学等多学科理论，从时间与空间维度研究了事故灾害与经济增长的关联性；探讨了事故灾害与经济增长交互作用的机制与渠道；指出了经济增长对事故灾害具有规模效应、结构效应和周期效应，经济增长要素所体现的经济增长动力机制的差异性是事故灾害区域差异的内在动因，产业结构是影响事故灾害最重要的因素，经济一体化和经济体制对事故灾害有复杂而显著的影响。安全与经济增长交互作用的动态现象能在宏观层次上加以描述，但不能在宏观层次上得到解释。微观行为是宏观经济或安全风险表现的基础，安全风险动态演化是一个由微观层次上的不同个体之间复杂的交互作用的结果，是一个微观机制作用下的宏观现象的涌现。本书最后考察了安全活动主要参与主体的安全行为特征和加强安全管制的必要性，提出了安全生产和经济增长的协调发展需要寻求包括技术因素、社会经济因素在内的综合治理方案。

本书适合安全管理专业本科生、研究生及相关专业从业人员、研究者的学习使用。

图书在版编目（CIP）数据

安全发展与经济增长导论＝Introduction to Safety Development and Economic Growth/何学秋，宋利，李成武著. —北京：科学出版社，2015.3
ISBN 978-7-03-043479-1

Ⅰ.①安… Ⅱ.①何… ②宋… ③李… Ⅲ.①安全事故-关系-经济增长-研究-中国 Ⅳ.①X928 ②F124

中国版本图书馆 CIP 数据核字（2015）第 038218 号

责任编辑：刘翠娜　万群霞／责任校对：桂伟利
责任印制：徐晓晨／封面设计：华路天然工作室

科学出版社出版
北京东黄城根北街 16 号
邮政编码：100717
http://www.sciencep.com

北京京华虎彩印刷有限公司印刷
科学出版社发行　各地新华书店经销
*
2015 年 3 月第　一　版　开本：720×1000 1/16
2017 年 1 月第三次印刷　印张：16
字数：278 000

定价：158.00 元

（如有印装质量问题，我社负责调换）

作者简介

何学秋 男，1961年8月生，工学博士，教授，博士生导师，国家杰出青年科学基金获得者，国家有突出贡献中青年专家，国家百千万人才工程第一、二层次，教育部优秀跨世纪人才，国家反恐工作协调小组专家组专家，国家安全生产专家，全国工程教育专业认证专家委员会委员，教育部高等学校安全工程教学指导委员会委员。主要从事煤矿安全、矿山动力灾害预防、安全科学与公共安全理论与技术等方面研究。承担“九五”、“十五”、“十一五”国家重点科技攻关项目、973计划、国家自然科学基金重点项目等30余项；发表学术论文190多篇，被SCI、EI、ISTP收录150余篇；出版专著10余部；获得发明专利和实用新型专利7项。获得国家自然科学奖1项，获得国家科技进步二等奖2项，中国专利优秀奖1项，中国出版政府奖二等奖1项，省部级一、二等奖5项，获得霍英东教育基金奖、中国煤炭青年科技奖各1项。

宋利 女，1972年1月生，工学博士，安徽理工大学经济与管理学院教授，硕士生导师。主要从事安全与组织管理、战略人力资源管理等领域的研究与教学工作。近年来在国际刊物、国家核心刊物和国际会议上发表论文30余篇。

李成武 男，1969年2月生，工学博士（后），中国矿业大学（北京）资源与安全工程学院安全系教授，博士生导师。主要从事煤矿安全、矿井瓦斯防治方面的研究。国家安全生产专家、中国安全生产协会专家委员会委员、中国职业安全健康协会行为安全专业委员会委员。承担和参加完成国家973计划、国家自然科学基金重点项目、国家科技支撑计划项目等20余项；获省部级科技进步一等奖2项、二等奖3项；发表论文50余篇。

前　　言

中国正走在快速工业化和城市化的道路上，核电、化工、采矿、装备制造等工业技术的进步在推动社会经济发展的同时，也带来许多灾害，如我们经历过的2010年上海静安区高层住宅大火、2011年的温州动车事故。安全已经成为民众共同关注的问题，而作为学者，现在的任务则是培养对安全风险的理论思维，以便为应对风险提供智力支持。

人类社会生产活动运行不当就可能引发意外事故，导致相关人员人身伤害或财产损失。各式各样的安全问题几乎都是人类文明进程中的伴生物，事故灾害成为人类换取某种进步和发展而付出的代价，并构成了发展过程中的风险。有关宏观安全的国别研究发现，安全生产状况与经济发展水平之间的关系比较密切。发达国家的安全状况普遍好于发展中国家，而发达国家在工业化进程中，大都经历了安全生产先恶化而后得到改善的阶段。那么，经济增长与安全生产之间是否存在某种必然的联系？如果贫困是导致事故灾害增加和安全生产恶化的原因，要安全必须先摆脱贫困，那么当收入水平达到一定阶段，经济增长就能自觉解决安全生产问题吗？然而，收入尽管十分关键，却只是决定安全状态的一个因子，这一逻辑推论也因此成为关于经济增长与安全生产的争论焦点。

当前，我国正处于经济一体化、经济政治体制改革、快速工业化和城市化相互耦合、多种矛盾交织作用的复杂历史时期，经济增长与事故灾害频发的矛盾十分尖锐，如何让两者的协调发展成为困扰我国经济社会发展的难题。安全生产已成为全社会共同关注的问题。事故灾害已经超出技术问题本身，折射和反映出社会经济的结构性和体制性问题，呈现出的复杂性远非他国可比。

尽管国家明确提出要坚持以科学发展观统领经济社会发展全局，推进经济安全、可持续发展，但可以预见，在未来十几年中，中国将面临经济高速增长与安全生产之间的矛盾。那么，我国宏观安全与经济增长之间存在着怎样的联系呢？如何有效地推进安全生产与经济社会发展的一体化，在追求财富的同时保证健康和安全？为了解答这些问题，从 2008 年初始，我们便开始了大量资料的收集、整理和分析工作，翻阅了大量有关经济增长、安全、管理学和社会学的文献，试图论证和解释事故灾害与经济增长之间的互动关系和内在机理。

本书汇聚了这几年研究的部分结果。首先，从整体上分析了我国事故灾害与经济增长规模和经济周期的关系；其次，通过考察经济结构、技术进步、人力资本、经济体制改革和经济一体化等经济增长要素对安全风险的影响，从经济增长背后的机理视角分析经济增长与安全发展之间的关系；最后，结合空间和时间视角，分析区域安全与区域经济之间的关联性，并对前述部分结论进行了验证。由于安全与经济增长交互作用的动态现象是一个微观机制作用的宏观现象涌现，这些现象能在宏观层次上加以描述，但却不能在宏观层次上得到解释。本书的末尾深入剖析了安全环境和关键微观主体的安全行为特征，并在此基础上提出了安全风险的社会技术控制方法。

安全与经济发展理论是一个十分复杂的课题，需要依靠自然、工程科学和人文、社会科学等多学科的交叉和融合，有待于今后进一步的探索，恳请读者提出宝贵意见。

作　者

2014 年 11 月 6 日

目　录

第1章 绪　论

1.1 研究背景

改革开放以来，我国的经济发展取得了举世瞩目的成就，综合国力大大增强，国际地位显著提高，已经成为世界上规模最大、成长速度最快的开放经济体。然而，伴随着经济高速发展，我国的事故灾害形势日趋严峻。20世纪90年代以后，全国每年因各类事故造成的直接经济损失和间接经济损失约占国内生产总值的2%以上[1]。事故灾害不仅造成了重大的经济损失，而且造成了大量的人员伤亡，危及人民的健康与生命安全。2000年以后，随着国家对安全生产监管力度的加强，事故灾害的上升势头得到了有效控制，然而，事故总量及其带来的人员伤亡仍然在高位徘徊，每年因工伤事故造成的死亡人数仍超过万人，如图1.1所示。每年因工伤残的人数大约70万，接触粉尘、毒物、噪声等职业危害的职工在2500万以上[1]。事故灾害风险已经成为制约经济发展、危害人民健康、影响社会稳定的重要因素。

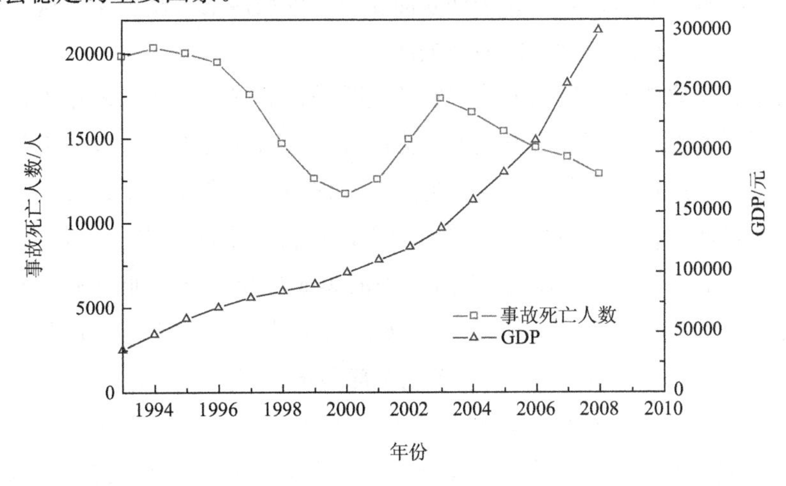

图1.1　1978～2008年中国工伤事故死亡人数与GDP变化趋势

改革开放以后，由于拥有巨大的市场前景和充裕而廉价的劳动力资源，发达国家将电子信息、家用电器、汽车、化学原料及化学制品制造业、普通机械制造业等资本与技术密集型加工业向中国大规模转移，我国逐渐成为承接国际产业转移的热点地区之一。进入21世纪，制造业已经成为我国承接国际产业转移的主导产业。然而，伴随着工业化和城市化进程的加快，我国各地工业灾害事故频频发生，工业灾害问题比较突出，形势较为严峻。中国社会进入了人口、资源、环境、效率、公平等社会矛盾的瓶颈约束最为严重的时期，科技进步、城市化和经济社会发展使得工业灾害发生的环境及现象日趋复杂。

随着城镇化、工业化进程的加快，危化品生产企业数量增加，部分企业与城区、居民区以及周边企业的安全距离进一步缩小，安全隐患增大。2003年12月23日，重庆市开县高桥镇的川东北气矿发生天然气井喷事故，死亡人数达243人，2142人入院治疗。2006年10月28日，中国石油天然气股份有限公司（简称中石油）新疆独山子石化分公司一个在建的10万m^3原油储罐，在进行防腐作业时发生爆炸，致使承包工程的安徽省一家集体企业的13名作业人员死亡，6人受伤。2010年7月16日，中石油大连大孤山新港码头一储油罐输油管线发生起火爆炸事故，10万m^3石油从油罐中流出。2010年7月28日，扬州鸿运建设配套工程有限公司在原南京塑料四厂旧址平整拆迁土地过程中，挖掘机挖穿了地下丙烯管道，丙烯泄漏后遇到明火发生爆燃。事故造成13人死亡，120人住院治疗。事故还造成周边近两平方公里范围内的3000多户居民住房及部分商店玻璃、门窗不同程度的破碎，建筑物外立面受损，少数钢架大棚坍塌。这些重大安全事故接连发生，引起了社会的强烈关注。

经济增长需要能源，我国的能源资源禀赋是贫油富煤，在未来相当长的一段时间内，煤炭依然是中国经济发展的主力能源。我国煤炭生产多以井工为主，开采条件复杂、生产过程环节多、工作地点经常移动，经常受到水、火、瓦斯、煤尘、顶板等自然灾害的威胁，事故风险较大，重特大事故频发。2002年6月20日，黑龙江省鸡西矿业集团所属鸡西城子河煤矿发生特大瓦斯爆炸，111人遇难，4人下落不明。2003年5月13日，安徽省淮北矿务局芦岭煤矿发生特大瓦斯爆炸，27人获救，井下其余86名矿工全部遇难。2004年10月20日，河南大平煤矿发生特大瓦斯爆炸事故，井下446人中298人逃出，事故造成148人死亡，32人受伤。2004年11月28日，陕西省铜川矿务局发生特大瓦斯爆炸事故，166人遇难。2005年2月14日，辽宁阜新孙家湾煤矿瓦斯爆炸，死亡214人。

2005年11月27日，黑龙江省龙煤矿业集团有限责任公司七台河分公司东风煤矿发生特大爆炸事故，造成171人死亡。2005年12月7日，河北省唐山市恒源实业有限公司（原刘官屯煤矿）发生特大瓦斯煤尘爆炸事故，造成108人死亡。2007年8月15日，山东新汶突降暴雨，导致柴汶河东都河堤被冲垮，8月17日14时洪水涌入华源煤矿，172人遇难，另一相邻矿9人遇难。2007年12月6日，山西临汾市洪洞县原新窑煤矿发生瓦斯爆炸事故，105人遇难，15人获救。

每次事故都伴随巨大的破坏和难以弥合的悲痛，惨重的灾难在人们心中留下了挥之不去的阴影，社会生产活动中发生的矿难、火灾、交通事故、中毒事故等所带来的严重后果和社会效应已经超过了事故本身。这些灾难性事故中也凸显了农民工是弱势工作群体、社会不公平及权钱交易等问题，引起了社会舆论的广泛关注，经济安全发展和民生问题已经成为全社会共同关注的话题，事故灾害控制已经超出了技术范畴本身，成为关系到民生与经济社会发展的政治问题。

我国加入世界贸易组织以后，经济一体化迅速发展，国内经济日益成为国际经济的重要组成部分，国内产业与国际产业链的融合日益加深。按照十六大的战略部署，到2020年，我国要建设成一个惠及十几亿人口的、人民生活更加殷实的小康社会。同时，十六大确立了“安全发展”的指导原则，把坚持和推动“安全发展”纳入构建社会主义和谐社会应遵循的原则和总体布局。在十八届三中全会发布的改革决定中，关于健全公共安全体系，习近平总书记提出“安全生产红线”理论，具体表述是：“深化安全生产管理体制改革，建立隐患排查治理体系和安全预防控制体系，遏制重特大安全事故。”由此可见，安全生产不单纯是经济问题，也不单纯是部门和单位问题，而是上升到了政治问题、社会问题。未来如何在开放的环境下追求经济增长、安全发展与可持续发展成为社会首要的共同目标。如何在取得经济高速增长的同时降低事故灾害风险，在开放变革的环境下，有效的减灾途径是什么，怎样从根本上扭转我国的安全生产形势，促进经济安全发展已经成为目前中国政府、社会各界和普通大众所共同关注的问题。

1.2 研究意义

当前，我国正处于经济高速增长阶段，安全生产已成为全社会共同关注的问题。尽管国家明确提出要坚持以科学发展观统领经济社会发展全局，推进经济安全、可持续发展，但可以预见，在最近十几年中，中国将面临高速的经济增长与安全生产之间的矛盾。因此，深入探讨事故灾害与经济增长之间的关系，对于正确看待和协调安全生产与经济增长之间的关系，制定出恰当的、适合我国国情的安全生产政策，进而完善“安全发展”模式具有重要意义。

1.2.1 丰富和完善安全生产理论

零碎的个案观察可能给人这样一种印象：安全生产状况与经济发展水平之间的关系比较密切。在经济发展的进程中，安全生产先是恶化，而后得到改善。例如，发达国家的安全生产状况普遍好于发展中国家。发达国家的事故死亡人数，随着经济增长速率不断降低，而发展中国家的生产事故比20、30年前更加严峻。统计研究[2,3]发现，人均GDP处于1000～3000美元时，事故灾害风险基本呈上升趋势；人均GDP超过5000美元时，事故灾害风险开始下降，职业病成为造成作业人员人身伤害的主要因素。在二维平面空间，以生产事故率或死亡人数为纵坐标，以人均收入为横坐标，安全生产与经济发展水平（以人均GDP表示）之间成一个开口向下的不对称抛物线，如图1.2所示。这一曲线描述了国民收入水平与安全状态的关系，其表明的逻辑含义在于，事情在变好以前，可能不得不经历一个更糟糕的过程。这容易产生一种误导，好像贫困是导致事故灾害增加和安全生产恶化的原因，要安全必须先摆脱贫困，经济增长能自觉解决安全生产问题。因此，集中力量加快发展经济，以经济的发展带动安全保护，当收入水平达到一定阶段，安全生产事故自然就会随之得以遏制并逐步改善。

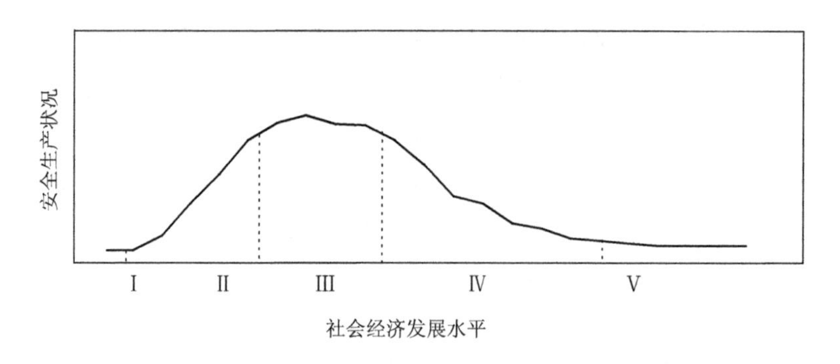

图1.2　安全生产与经济社会发展阶段变化关系[2]

然而，收入尽管十分关键，却只是决定安全状态的一个因子，这一逻辑推论也因此成为关于经济增长与安全生产的争论焦点。当前我国正处于经济一体化、经济政治体制改革、快速工业化和城市化相互耦合、多种矛盾交织作用的复杂历史时期，事故灾害所呈现出的纷纭复杂性远非他国可比。因此，研究事故灾害与经济增长的关联性，探寻经济增长与事故灾害的交互影响机制，有利于正确认知事故灾害宏观演化规律，有益于丰富和完善安全生产理论，为预测未来提供策略。

1.2.2 为安全发展政策制定提供理论与实证依据

我国正处于经济政治体制改革的特殊历史时期，由于中国工业化、市场化和城市化的背景、道路及相互衔接方面的独特因素，事故灾害已经超出技术问题本身，折射和反映出社会经济的结构性和体制性问题，日益显示其现代化转型和全球化发展背景下的变幻不定、纷繁复杂的表象。

伴随着全球化背景下的工业化和城市化，经济增长与事故灾害频发的矛盾十分尖锐，如何让两者协调发展成为困扰我国经济社会发展的难题。我国是发展中国家，面临着发展经济和促进社会进步的历史使命，确保经济稳定健康地增长是党和各级政府的重要任务。正确认知事故灾害与经济增长之间的关系，探寻事故灾害与经济发展之间的内在规律，将有助于进一步明确安全生产在经济发展中的地位，协调安全生产与经济增长的关系，有助于促进安全管理政策和手段的创新，切实维护员工的生命健康权益，改善人的生存质量和作业环境，实现经济安全发展，为各级政府制定安全生产战略提供理论和实证依据。因此，本选题具有重要的现实意义。

1.3 国内外研究综述

1.3.1 国外研究

国外有关事故灾害与经济发展关系的研究主要集中在以下4个方面。

1. 从哲学、社会学方面探讨事故灾害与经济社会环境的相互作用

1929年，芝加哥大学约翰·杜威（John Dewey）指出：自然世界中人类寻求安全感的本性其实蕴藏了潜在的危险。它迫使个人和社会寻觅舒适和安全，这一人类认为的绝对真理，极大程度地影响到人类的文化。他认为在人类改造环境的活动中，潜藏着无穷无尽的危机链环，并不断引发出更多问题、探索、

行动（调整、适应）及后果。Mileti[4]认为灾害是自然和社会两种力量相互作用的结果，其影响可以通过个人和社会的调整来减轻，提出的减灾原则是“协调”原则，例如通过土地利用的控制、防护工程和建筑的规章制度和设计规范等缓解灾害危机。这一原则最终的检验标准仍然是它是否达到了减少灾害损失，如减少灾害人员伤亡、降低灾害引发的社会动荡、经济风险等。

2. 利用统计手段实证检验事故灾害与经济发展之间的关系

Vilanilam[5]从历史和社会经济视角，深入分析了印度的职业安全状况与社会经济结构之间的关系，发现经济增长与职业事故死亡率的下降有一定联系，许多指出社会经济领域的结构变化对职业安全有重要的影响。2007 年，Barth 等[6]以 GDP 为描述经济增长的指标，采用误差修正模型实证检验了奥地利在 1955～2004 年经济增长与职业伤害事故的关联性，证明经济增长对该国职业伤害的下降有一定程度的影响。2000 年，van Beeck 等[7]对 21 个工业化国家在 1962～1990 年的交通事故死亡率、交通工具数量与经济发展水平进行了相关分析，结果发现，从长时期看，两者之间存在着非线性的关系，经济发展在初期会导致交通死亡人数增加；随着经济发展水平的提高，交通基础设施和医疗水平等适应机制随之改善，交通事故死亡人数则会下降。2004 年，Kim 等[8]研究了韩国经济危机后各种原因导致的人口死亡率的变化情况，结果发现在经济危机期间及经济危机发生后的 1 年内，交通事故死亡率明显下降，随后又恢复到经济危机前的水平。Gerdtham 等[9]收集了经济合作与发展组织 23 个成员国 1960～1997 年的数据，研究了各国宏观经济状况和各种事故死亡人数之间的关系，发现在劳动力市场繁荣的时期，全部的死亡人数上升，尤其对于那些社会保险机制不健全的国家更是如此，失业率每下降 1%，全部死亡人数会上升 0.4%，其中，交通事故造成的死亡人数会上升 2.1%，因其他事故造成的死亡人数会增长 0.8%。2008 年，Moniruzzaman 和 Andersson[10]收集了在 1960～1999 年经济合作与发展组织成员国的国内生产总值和死亡率统计资料，采用回归模型检验两种变量之间的长期关系，发现高收入国家的伤害死亡率随着经济发展水平的提高呈现先上升到顶峰而后下降的倒“U”形趋势，并且峰值出现的时间上的差异在一定程度上反映了经济发展水平的差异。对于高收入的国家，各种原因引起的伤害死亡率在 1972 年前一直处于上升趋势，在 1972 年达到峰值后下降。对于 GDP 较低的工业化国家，伤害死亡率持续上升至 1977 年，达到峰值后下降。采用回归分析发现，人均收入在3000～4000美元时，伤害死亡率达到峰值，其后则随着人均收入的增加，伤害死亡率迅速下降。2007年，Paulozzi等[11]采用人均国民总收入和10万人死亡率分别描述经济发展和交通安全的变量，对44个国家的经济发展与交通事故死亡率的关系进行了统计分析，发现低收入国家在人均国民收入达到2000美元及千人汽车拥有量为100辆时，交通事故死亡率达到峰值。2009年，Lawa等[12]采用二项回归分析了1970～1999年25个国家的经济发展与交通事故的关系，证明了经济发展与交通死亡人数之间存在倒“U”形曲线关系，认为在经济发展初期，机动化的发展导致了交通事故死亡人数呈现上升趋势；当经济发展到一定程度，随着科技、政策与政治机构对安全需求反应的加强，死亡人数会下降。2004年，Neumayer[13]采用统计和动态计量模型，研究了1980～2000年德国的经济增长率与伤害死亡率之间的关系，发现各种原因引起的死亡率，包括交通事故死亡率，均伴随着经济衰退呈现下降趋势。2008年，Traynor[14]对美国俄亥俄州的人均收入与交通事故死亡率之间的关系进行了回归分析，采用经验模型，解释了人均收入、高速公路的使用情况对交通事故死亡率的影响，研究发现人均收入与高速公路事故死亡率之间存在明显的相互影响，两者之间存在密切的非线性关系。Kopits等[15]采用固定效应面板回归模型分析了1963～1999年来自25个国家的交通事故死亡人数和经济发展指标面板数据，证明了交通事故死亡人数与经济发展之间存在着“库兹涅茨”倒“U”形曲线关系，即交通事故死亡人数起初伴随着动力化的发展而不断上升，最后则在追求安全可靠的技术和政策安排等因素的共同作用下不断下降。1991年，vanBeeck等[16]发现荷兰的交通事故死亡率虽然比较低，但国内不同区域交通事故死亡率存在较大差异。他们分析了地区差异对交通事故人均年发生率、人均受伤率的影响，认为区域人均收入是区域交通事故死亡率最有力的解释因素，区域人均收入与区域交通事故死亡率之间存在负相关，地区人均收入较高的区域死亡率较低，调整区域经济条件，可以对区域交通事故死亡率产生一定影响。此外，交通密度及区域外科医疗条件也是区域交通事故死亡率的重要预报指标，二者均与交通事故死亡率成反比例变化。2008年，Thomas[17]利用经验模型研究了俄亥俄州人均国民收入与单车单英里交通事故死亡率（fatalities per vehicle mile traveled，VMT）之间的关联性，发现二者关系密切，并且存在着非线性相关关系。Scuffham[18]采用统计模型分析了新西兰交通事故死亡率与经济增长之间的关系，发现两者之间存在密切关系。

3. 探寻影响事故灾害的具体经济因素

这方面的研究涉及许多经济社会影响因素，如经济全球化、知识经济、经济转型和商业周期等。Lemus-Ruiz[19]研究了墨西哥产业私有化对工作安全与健康的影响，认为政府为促进经济一体化，针对国有制糖工业等产业的私有化对工作过程的安全有直接影响。Shalini[20]通过定量分析证明了职业事故、职业伤害和职业疾病会缩短商业周期时间，甚至终止生产周期。Iavicoli 等[21]认为随着西方国家产业结构的变化，劳动者就业结构随之改变，老年人和妇女增加，为职业安全带来新的挑战，安全监管需要关注社会文化背景对工作场所安全的影响。Guidotti[22]研究了美国 20 世纪 90 年代以后职业安全的变化，认为新经济并未带来清洁工作（clean work）和生产率的大幅度提高，反而增加了处于边缘地位的工人的经济压力，收入差距的扩大、不熟悉的职业、面临的职业选择越来越少等因素导致他们不得不接受较差的、危险的职业安全状况，因此，有必要从员工的角度，改变雇佣中的社会选择和交易监控。2006 年，Elvik[23]通过对 464 篇关于商业运输行业解除管制与交通安全之间关系的研究论文进行综述研究，认为解除交通领域的经济管制并没有对交通安全带来负面影响。经济周期影响伤亡事故的发生。一些研究表明两者的变化是一致的，即在经济萧条时期，伤亡事故的发生和严重程度会下降，而在高度就业时期则会上升。Silvestre[24]对 1888～1939 年安大略湖制造业的职业安全问题进行研究，发现 1916～1917 年的经济扩张引起事故死亡率上升，而战后严重的经济危机及 20 世纪 30 年代的大萧条则是造成事故死亡人数下降的重要因素。经济周期的扩张或收缩与交通事故死亡率的相互作用关系比较复杂。José 等[25]论证了第二次世界大战以后，日本各类死亡率与经济周期波动之间的关联性，发现各类死亡率随着经济的繁荣和衰退而升高和下降。1996 年，Wilde[26]采用 ARIMA 模型分析了 1963～1993 年瑞士经济和交通事故率之间的关联性，发现在经济繁荣时期，交通事故死亡率和损失率上升。2006 年，Thomas 等[27]认为区域城市经济不平衡发展会通过交通事故医疗救援反应的约束，对交通事故死亡率产生反方向的影响。2005 年，Tapia Granados[28]采用动态计量经济模型，分析了 1900～1996 年德国的失业率和经济增长率对各类死亡率的影响，发现经济繁荣对交通事故死亡率有正向影响。2003 年，Scuffham[29]利用结构时间序列模型，实证分析了 1970～1994 年新西兰的失业率、国内生产总值与交通事故之间的关联性。发现国内生产总值增长率是解释短期内交通事故死亡率的显著变量，而失业率与交通事故死亡率之间虽然有关联性，但不如国内生产总值增长率显著。并且交通事故死亡率随着失业率和国内生产总值的升高而下降。Gerdtham[30]分析了经济合作与发展组织23个成员国在1960～1997年的劳动力市场与死亡率的关系，发现经济繁荣时期，各种原因引起的死亡率上升。国家失业率每下降1%，心血管疾病引发的死亡率上升0.4%，交通事故引起的死亡率会上升2.1%，工伤事故引发的死亡率上升0.8%。

4. 事故灾害的经济学和经济影响分析

自然灾害的经济学分析非常丰富，为研究事故灾害的经济学和经济影响奠定了坚实的基础。研究者开发了不同的经济评估工具对安全或健康进行评估。例如，2009年，Liu[31]研究了制造业人因事故的经济评估方法，提出了人失误成本估算模型，为管理层资源分配决策提供了依据。Jeremy[32]对阿拉斯加井喷事故进行了经济学分析。Elvik[33]描述了20个机动化国家交通事故死亡率的正式经济成本，指出单位交通事故成本持续上升，解释了不同正式经济成本的差异。Faure[34]则通过核电事故的经济学分析，提出核电风险内部化模型。

1.3.2 国内研究

国内对经济发展与事故灾害关系的研究起步较晚，成果较少。目前主要是从哲学、经济学、法学及社会学视角对灾害事故现象分别进行分析。由于缺乏理论支持，实证研究仅限于对影响安全生产的一些经济社会因素指标的筛选和统计规律的探寻。刘铁民[35]收集了1949年至1998年我国历年职业工伤事故死亡人数、同期国民生产总值与工业生产总值等安全生产和经济发展统计数据，分析了建国50年我国职工伤亡数量变化的趋势、特点及其与经济发展、社会变革之间的关系。黄盛初等[3]选择了27个样本国家的10万人死亡率和14个经济社会发展指标，运用多元回归分析方法，建立了10万人死亡率指标与经济社会指标之间的多元回归模型，分析影响安全生产状况的经济社会因素，预测我国安全事故10万人死亡率呈缓冲上升趋势，建议通过对主要经济社会因素进行宏观调控，包括改变经济增长方式，提高综合经济实力，增加科技投入和教育培训投入，加强安全监管，实现安全状况的稳定好转。黄盛仁[36]从安全科学和经济学的角度出发，系统研究了安全与经济发展的关系、安全的投入产出规律、安全对国民经济建设的贡献率等。Chen[37]研究了中国某印刷机械制造企业员工的职业安全状况，指出社会转型期，企业管理权从员工转移到管理层，员工参与企业管理决策减少，是导致安全问题严重的原因之一，提出通过建立和加强工人参与安全问题决策机制改善劳动安全状况。王显政[2]通过对典型发达国家及中国的职业安全和社会经济指标的统计分析，证明一国的职业安全状况与经济社会发展水平相关，提出安全生产与经济社会发展五阶段模型。何学秋等[38]针对中国安全生产与经济社会关系的定性定量研究，证明中国四大经济区域安全生产存在规律性分布特征。

1.3.3 对国内外研究的总结

综上所述，国内外学者分别从工程技术、社会学、哲学、经济学等不同的视角，对宏观层面安全问题进行了深入研究，取得了很多积极有益的成果，但也存在一些不足，主要表现在以下几个方面。

(1) 目前对宏观层面安全问题的研究尚处于起步阶段，不同领域的学者分别从各自的研究视角对问题进行剖析，再加上事故现象本身的复杂性，使得目前的研究存在一定程度的混乱，尚缺乏科学的、系统的综合分析框架。

(2) 有关事故灾害与经济社会发展的研究，通常采用的研究手段是对一个国家或地区反映两者之间历史变化过程的有关数据，或处于不同发展阶段的多个国家或地区现行水平的截面数据进行统计对比分析。然而，目前的研究往往局限于实证性的历史现象层面的描述和梳理，对于事故灾害与经济发展之间内在联系的规律性，以及经济增长影响事故灾害的渠道、机制及其影响因素等问题，尚缺乏深入、系统的分析，还没有形成具有现实意义的系统分析框架，广度有余而深度不足。

(3) 在指标的选择方面，现有的经济发展与事故灾害关系研究，几乎完全建立在 GDP 的基础上。由于单纯采用 GDP 数量指标不能有效地反映经济活动的效率，对二者关系所进行的解释是片面的和不完整的。需要综合经济增长规模、速度和动力机制等因素进行较全面地分析。

(4) 目前对事故灾害区域差异的研究仅限于对省域工伤事故差异的简单统计描述，较少有对其原因的深入分析。对于事故灾害与经济增长之间的空间分布关联性也少有论述。

(5) 在数据处理方面，现有的研究通常采用多元回归等传统的统计方法，分析事故灾害和经济发展经验数据之间的关系。然而，由于经济指标大都是非平稳序列，而非平稳序列的回归拟合系数在不同的时序条件下具有不同的分布，从而导致虚假回归现象，同时，在利用联立方程模型对经济活动进行建模的时候，经常出现很大的偏差，容易导致谬误结论。

上述问题的存在，为进一步探讨提供了研究空间。

1.4 研究思路与方法

1.4.1 研究思路

运用宏观经济学、计量经济学、管理学和安全科学等相关理论，采用向量自回归模型、格兰杰因果检验、脉冲响应函数等动态计量分析技术研究事故灾害和经济增长的交互作用关系，探讨经济增长影响事故灾害的机制与渠道。结合经济学、社会-技术系统理论、安全科学、组织行为学理论，分析安全生产主体（企业）行为特征和安全发展的微观机理，提出若干可持续减灾措施。

1.4.2 研究方法

主要采用理论分析与实证检验相结合、时序研究与空间研究相结合、宏观研究与微观研究相结合的研究方法，尤其注重动态计量分析与统计分析方法的综合运用。

1. 理论分析与实证检验相结合的方法

理论研究和实证分析都是广为应用的研究方法。一般而言，前者偏重于对研究对象的理性判断与普遍规律的探讨，后者则多偏重于对研究对象的客观描述与个性特征的刻画。探讨事故灾害与经济增长的关系，既要通过理论研究对两者的关联性做出理性判断，探寻其内在交互作用机制和寻找一般规律，又要以实证分析对理论研究结果加以验证。书中交叉运用宏观经济学、微观经济学、制度经济学、风险管理和安全科学相关理论对经济增长与事故灾害的关联性问题进行研究。

2. 时序研究与空间研究相结合的方法

事故灾害风险与经济增长均具有时空维度。两者的关联性既表现出时序上的动态交互作用，又呈现出空间分布上的关联性。为了深入探索两者间变化的规律性，不仅需要从时序角度考察事故灾害与经济增长的主要时序特征（增长规模和周期波动）之间的关系，而且需要研究事故灾害的空间分布和经济增长的关联性。

3. 宏观研究与微观研究相结合的方法

事故灾害和经济增长交互作用的现象本身就涉及宏观和微观不同层面。宏观层面呈现出的一定的规律性是微观层面主体活动的涌现。坚持宏观研究和微观研究相结合的方法，是本研究科学性与综合性的重要保证。

4. 动态计量分析与统计分析相结合的方法

鉴于事故灾害死亡人数、发生起数等绝对指标和 10 万人死亡率、万车死亡率等相对指标数据，同经济增长指标数据一样，均为时间序列变量，本书不仅利用传统统计图表描述事故灾害与经济增长的演变及其特征，而且采用时间序列动态计量分析手段论证了我国 1953～2008 年事故灾害与经济增长之间的关联性。

1.5 基本结构安排

根据上述思路和研究方法，本书具体安排如下。

第 1 章为绪论，介绍本书的写作背景，阐述课题研究的意义，包括理论意义和现实意义，说明研究方法和基本框架，指出课题的主要创新点及需要改进的地方。第 2 章为理论基础及研究方法，概述研究中理论分析涉及的经济增长理论、事故致因理论和社会-技术系统理论，介绍实证分析中采用的计量分析方法的基本原理。第 3 章为安全与经济增长系统的耦合特征，综合运用多学科理论，从理论视角指出事故灾害与经济增长联系的必然性。第 4 章为我国事故灾害现状，阐述中国工伤事故、交通事故和火灾的历史演化路径及特征。第 5 章为事故灾害、经济增长规模与经济周期，经济增长具有规模增长和周期波动两个基本时序特征，本章运用计量分析方法对 1953～2008 年的工伤事故、交通事故、火灾和经济增长规模及周期的时间序列数据进行验证，指出经济增长对事故灾害具有规模效应和周期效应，并且利用近期经济危机期间工伤事故及经济增长数据验证经济增长对事故灾害的周期效应。第 6 章为经济增长结构与事故灾害，工业化进程中产业结构演化呈现出特定的规律性，不同产业生产环境和条件的差别使得不同产业呈现出不同的安全风险强度，经济增长结构的演进过程及工业部门内部的结构变化很大程度上影响着宏观安全的演变特征，分析产业的变迁过程对于理解安全演变宏观特征具有关键的意义，本章采用我国的产业结构和安全指标，借助动态计量分析方法，实证分析了两者的关联性。第 7 章为经济增长要素对事故灾害的影响，经济增长理论认为经济增长主要受要素投入量和生产率的制约，而生产率的提高又受到技术进步、人力资本、制度因素(产权制度、市场化和贸易一体化政策等)的影响。不同国家或地区经济增长所处的阶段不同，经济增长动力机制存在差异。深入理解事故灾害与经济增长的关系，需要将研究的视点转移到经济增长背后来寻找解释。本章综合运用多学科理论，从理论视角分别阐述产业结构、技术、人力资本、经济一体化等经济增长动力因素与事故灾害的关联性，并利用 1979～2008 年的数据，实证检验了经济增长动力因素对事故灾害的影响。第 8 章为区域经济增长与安全风险，我国事故灾害和经济增长的区域非均衡性特征显著，本章以东部地区、中部地区、西部地区和东北地区等 4 大经济区域为基本单元，描述了事故灾害区域差异规律性，采用面板回归模型论证了区域事故灾害与经济增长的关联性，并在区域范围内验证经济增长对事故灾害的规模效应及结构效应的存在。第 9 章为安全环境与主体安全行为特征，微观行为是宏观经济或安全风险表现的基础，安全风险动态演化是由微观层次上的不同个体之间复杂交互作用的结果，是微观机制作用的宏观现象涌现。事故灾害系统的参与主体包括劳动者、企业、政府、监管机构、社会居民等。控制安全风险的关键是对参与主体的安全行为进行考察，探寻安全与经济增长交互作用的微观机理，为寻求事故灾害的有效控制途径提供思路。本章在对安全环境进行分析的基础上，深入剖析了劳动者和企业的安全行为特征。第 10 章为安全发展与风险的社会-技术控制，经济增长的核心动力是技术，而对技术的应用和控制正是安全的主题。我国正处于经济一体化、经济政治体制改革、快速工业化和城市化相互耦合、多种矛盾交织作用的复杂历史时期，事故灾害呈现复杂性。安全问题的解决、安全生产和经济增长的协调及经济的安全发展等宏观层面的动力学大规模的公共政策的实施，需要通过国家层面的宏观经济发展与安全政策的协同安排来解决，需要寻求包括技术因素、社会经济因素在内的综合治理方案。第 11 章为展望。

理论基础与研究方法　第2章

尽管事故灾害与经济增长关联性问题的研究尚没有成型的理论可供借鉴和参考，但与之相关的事故灾害与经济增长的研究成果却日渐丰富，为本书提供了很好的理论基础。本章首先介绍经济增长理论及其演进，然后介绍社会-技术系统理论和事故致因理论，最后对文中使用的动态计量技术进行了简要说明。

2.1　经济增长理论及其演进

2.1.1　经济增长的含义和衡量指标

经济增长是社会物质财富不断增加的过程，是决定经济长期状态最重要的基础。经济学家对于经济增长概念的理解存在一定的差别。大致有两种观点：①经济增长是实际总产出的持续增加，是经济体所产生的物质产品和劳务在相当长时期内的持续增长。如亚当・斯密[39]和大卫・李嘉图[40]认为经济增长是社会总产品的增长；②经济增长是人均实际产出能力的增加，例如西蒙・库兹涅茨[41]认为经济增长是人均或每个劳动者平均产量的持续增长，刘易斯[42]则认为经济增长是人均产出的持续增长。实践中，经济增长通常被定义为产量的增加。其中，产量既可以表示为经济的总产量（总产出），也可以表示为人均产量。通常用国内生产总值（GDP）和人均 GDP 作为衡量经济增长的指标。

2.1.2　经济增长理论的演进

长期以来，经济学家们一直致力于研究经济增长中各种决定因素的相对重要性，从而提出了各种经济增长理论。西方经济增长理论经历了古典经济增长理论、新古典经济增长理论和新经济增长理论三个时期的发展，这些理论流派在传承前人的研究成果的基础上不断创新，从外生的增长机制向内生的增长机制演进，研究的重心逐渐从物质资本转向人力资本和知识性资本。

1. 古典经济增长理论

以亚当·斯密、大卫·李嘉图等为代表的古典经济学派对经济增长理论做出了基础性的贡献。他们分析了影响经济增长的多种原因，认为经济增长是劳动分工、资本积累等多种因素综合作用的动态过程，强调了资本积累对推动经济增长的重要贡献，认为投资和积累过程是经济增长的核心[39,40]。1776 年，亚当·斯密[43]（Adam Smith）在其代表作《国富论》一书中分析了一国财富增加的途径。亚当·斯密认为，国民财富主要不是金银货币或得自农业的纯产品，而是一国国民用自己的劳动生产的一切生活必需品和便利品。生产性劳动、劳动生产率和资本积累是影响经济增长的关键因素，而个人的正当动机则是启动和维持经济增长过程的重要影响因素，人们对自身利益的追求有利于促进经济增长。亚当·斯密认为资本积累是劳动分工的基础，资本积累量决定了生产性劳动者的数量和劳动生产率的水平，从而决定了国民收入的增长。大卫·李嘉图[40]（David Ricardo）则认为资本积累是经济增长的最重要的力量。资本积累的速度决定投资增长速度和生产力发展速度，资本积累能够创造财富，是提供经济结构转变所必需的基础设施的唯一手段。

20 世纪 30 年代发生在西方社会的经济大危机，使得生产过剩问题成为资本主义面临的最重要的问题。仅仅有投资增加所形成的供给作用，不能实现经济顺利增长，研究需求作用的投资理论便应运而生了。1936 年，约翰·梅纳德·凯恩斯[44]认为，投资是推动经济增长的重要因素，投资对国民收入的增长效应既取决于投资需求，又受消费需求变化的影响。从投资需求的效应方面看，产出的增长与投资变动存在乘数效应，即国民收入的增长是投资增长的若干倍。反之，若投资额下降，国民收入将以投资减少的若干倍萎缩。总之，凯恩斯主义者强调投资对经济增长的重要作用，强调政府对经济的干预，认为政府投资不仅可以弥补私人投资的不足，以维持原有的国民收入水平，而且政府每增加一笔投资，还可通过乘数作用带动私人消费和投资，使国民收入以投资的若干倍增长。另一方面，国民收入的增长又可通过加速数作用引起投资更大幅度的增长，从而形成投资增长与国民收入增长相互促进的良性循环。20 世纪 40 年代，英国经济学家哈罗德（Harrod）和美国经济学家多马（Domar）在凯恩斯理论框架的基础上进行了经济增长分析，几乎在同一时期内发表了颇为相似的长期经济增长模型，通称哈罗德-多马（Harrod-Domar）模型，该模型把凯恩斯的短期静态分析长期化和动态化，标志着现代经济增长理论研究的开始[45]。哈罗德-多马模型的结论公

式为

$$g = \frac{s}{\gamma} \tag{2.1}$$

式中，g 为经济增长率；s 为储蓄率；γ 为资本产出比，模型中假定资本产出比为定值。

该模型表明：国民生产总值增长率由储蓄率和资本产出比率共同决定，其与储蓄率成正比，与资本产出率成反比；在资本产出率不变的情况下，国民收入的增长率取决于储蓄率。总之，哈罗德-多马模型以凯恩斯的收入均衡理论为基础的，从储蓄等于投资原理出发，突出了储蓄的作用，强调了投资的双重作用，即投资不但会增加有效需求和国民收入，而且还会增加资本存量、提高生产能力、影响未来供给。

哈罗德-多马模型隐含着资本与劳动不可替代的假定，认为资本与劳动的比例是固定的，从而使均衡增长的条件难以满足，经济增长不具有自我调整的功能。此外，这一模型缺乏对生产要素的分析，难以说明经济增长的源泉。

2. 新古典经济增长理论

1956 年，美国麻省理工学院教授罗伯特・索洛（Robert M. Solow）和英国经济学家斯旺（Swan）分别发表了《经济增长的一个理论》、《经济增长与资本积累》的论文，提出类似的经济增长理论。该理论不只是依据凯恩斯投资和储蓄理论，还包容了凯恩斯以前的古典经济学成分，故被称为新古典经济增长理论。

新古典经济增长理论确定了资本与劳动的可替代性，认为在没有外力推动时，经济体系无法实现持续的增长。只有当经济中存在技术进步或人口增长等外生因素时，才能实现经济持续增长。由于技术进步的存在，即使资本-劳动比率不变，资本的边际效益也会不断提高。因此，技术进步可以抵消资本边际收益随人均收入增加而递减的倾向，使其保持在零或某一贴现值之上，保持人均资本积累过程在长期内不会停下来，人均收入的增长将保持一种持续势头。因而，决定经济持续增长的关键因素是技术进步而非资本积累。

3. 新经济增长理论

20 世纪 80 年代中期以来，以保罗・罗默的《收益递增和长期经济增长》和罗伯特・卢卡斯的《经济增长机制》为开端，新经济增长理论开始迅速发展。新经济增长理论扩展了资本概念，把技术进步、人力资本及知识等作为影响经济增长的内生变量，认为经济在内生因素的作用下可持续增长，内生技术进步是经济增长的决定因素，因此新经济增长理论又称为内生经济增长理论[46]。新经济增长理论把新古典经济增长理论中的“劳动力”的定义扩大为人力资本投资，即人力不仅包括绝对的劳动力数量和该国所处的平均技术水平，而且还包括劳动力的教育水平、生产技能训练和相互协作能力的培养等，这些统称为“人力资本”。该理论认为，由知识积累或人力资本积累引起的内生技术进步是经济增长的源泉。

大多数新经济增长模型都考虑技术进步得以实现的各种机制，考察技术进步的各种具体表现形式。目前新经济增长理论大致有两种研究思路：一是人力资本模型，以卢卡斯（Lucas）、琼斯（Jones）为代表[46,47]，该模型以人力资本为核心，把资本划分为物质资本和人力资本两种，认为各国在人力资本方面的差异，导致了各国在收入和经济增长率方面的差异，扩大经济的开放度可以使发展中国家吸收新技术和人力资本，从而更快地实现经济发展，缩小与发达国家的收入差距；二是知识积累模型，以罗默（Romer）、巴洛（Barro）为代表[48,49]，该模型将特殊的知识和专业化的人力资本加入生产函数中，放弃边际收益递减的假设，认为人力资本不仅能形成自身递增的收益，而且能使资本和劳动等要素投入也产生递增收益，从而使整个经济的规模收益递增，递增的收益保证着长期经济增长。总之，新经济增长理论认为粗放型经济增长模式不可持续，要素投入的增加只有在能够带来技术进步的条件下才能推动经济持续发展。

通过经济增长思想的大致历史脉络，我们可以得出结论：技术进步、资本、人力资本、制度变迁等都是推动经济增长的要素；各个经济增长要素在经济发展的不同阶段对经济增长发挥着不同程度的影响作用。

2.2　社会-技术系统理论

社会-技术系统理论是第二次世界大战以后首先在英国兴起的一种西方管理理论，是社会系统理论的进一步发展。社会-技术系统概念最早由 Trist 和 Bamforth[50] 于 1951 年在研究提高英国煤矿生产率的课题中提出，他们发现长壁开采技术在最初的应用中破坏了矿井的社会链接和自治，认为只有强调对社会因素的改革才能有效地提高生产率。他们不赞同那种通过标准化或使工作要求惯例化来提高工作绩效的理性制度观念，而是强调工作的社会心理层面及有效的工作设计所需要的工作因素。埃默里、赖斯等进一步完善了社会-技术系统理论。

社会-技术系统理论从系统观点出发，吸收了行为科学的一些观点，认为工业组织系统是由技术设施、人、组织三类元素构成的复杂的功能结构，包括社会分系统和技术分系统。其中，社会分系统包括个体、人与人之间和群体的各方面的相互作用与关系、组织气氛和文化价值观等；技术分系统涉及人工制品的生产、分配、使用，如图 2.1 所示，包括技术类型、设备工具、作业标准与工作方式等。社会分系统与技术分系统之间存在着密切的关系并相互影响。组织目标的有效实现依赖于社会系统和技术系统的协调，而且，技术系统是组织同环境的中介，组织是一个开放的、动态的社会-技术系统，组织发展受环境的影响，随着环境变化而变化。由于系统的活动效率与工作绩效是由系统内的社会分系统与技术分系统共同作用的结果。因此，单纯依靠技术创新或引入新技术并不一定会带来系统绩效增加。在对企业进行研究和考察时，不能只是主观地选择其中某些孤立的技术特点进行考察，而是强调把组织的技术系统与社会系统结合起来进行考察，协调好技术分系统和社会分系统之间的优化配合[51-54]。

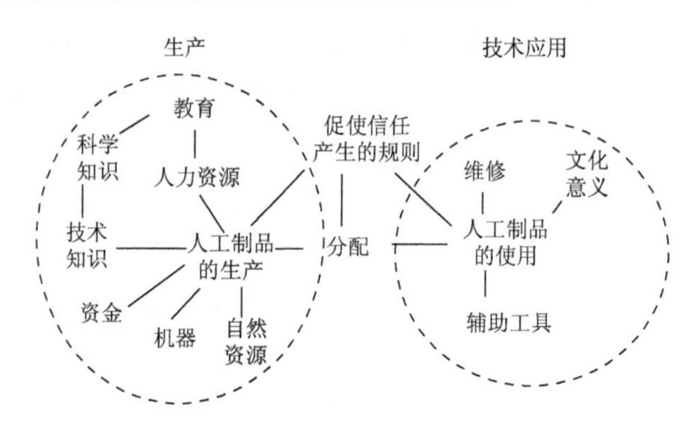

图 2.1 社会-技术系统的基本元素与资源[55]

在社会-技术系统中，社会因素和技术因素总是有机地交织在一起，因此，作为一个整体来说，这种系统的职能和发展，不是受自然界规律的一次性制约，而是受带有历史性和中介性的社会实际规律的制约。社会-技术系统不仅在自然因素和条件的影响下发生变化，而且在人为因素和条件的影响下发生变化，这些因素和条件局部或全部决定于人和社会的目的性活动。社会-技术系统的主要过程不是职能过程，而是发展过程。只有在把这种系统的人为影响“改造成为”系统的自然影响的条件下，人为影响才有可能成功，否则这种影响就不是组织的因素，而只是不稳定的因素。

任何行为系统均可以视为社会-技术系统。一般来说，社会-技术系统是一种多水平的结构，在内部结构上可能有不同的层次结构，每个层次都是由人的社会角色合作构成的，人们利用当前的技术手段进行符合这些角色的职业活动，在每一水平上都有特殊规律在起作用，例如个人活动规律不同于班组活动规律，虽然班组、团体和集团是以大量个体活动的存在为依据的，这就决定了每一水平的不同方向性及每一种水平特有的倾向和机构的矛盾性。社会-技术系统的重要特点还在于，它们不能完全建立在生产上，它们还包括系统的社会生活赖以建立的"实际"活动材料（个人、班组和集团的资料等），同时，每一种材料都有自己"自然的"自我运动，把这些材料整合到一个系统中，按其形式就是组织和管理的过程，因此，有关社会-技术系统的研究必须在基础的工作系统、全部的组织系统和宏观系统（社区、行业或国家）等三个层面上进行，并需要关注不同层级间的矛盾和相互作用。

社会-技术系统理论强调工作发生的组织与操作背景，假定人的需求和重要性与技术上的需求和重要性同等重要，并且，人类需求的定义来自于与技术和工作组织相关联并受其影响的人员。这就意味着组织管理需要采用并行设计方式，突出社会-技术系统的技术与社会双重特性，必须适当地发挥出各级人员的自主性和参与性，在民主的、参与式的交流和决策中给这些人员以发言权。社会-技术系统理论认为在工作场所，工作群体通常会作为基本单元被赋予一定的资源，负责识别与解决有关生产质量、安全和效率等工作问题。因此，该理论更加强调工作群体的交互作用，而不是单个个体的绩效，认为结构适当的工作群体比单个的工作设计项目更能够提高工作动机和社会支持。

社会-技术系统理论最初用于分析企业内部技术与人员之间的相互复杂的作用关系，其研究范围从基本作业组织到整个企业的生产和管理组织，以及企业同环境的相互关系等。近年来，随着科学技术迅速发展和市场竞争的加剧，社会-技术系统理论成为人们试图提高组织对外部环境的反应速度和提高组织绩效的主流方法，也为理解经济增长与事故灾害风险的关系提供了一定的方法指导和思路。

2.3　事故致因理论

事故灾害风险的有效控制依赖于人类对事故灾害发生机理的深入理解，事故致因理论是阐明事故为什么会发生，事故是怎样发生的，以及如何防止事故发生的理论，在安全科学理论中占有十分重要的位置。事故致因理论是一定生产力发展水平的产物。在生产力发展的不同阶段，人在生产过程中的地位不断变化，事故发生的本质规律也不尽相同，人们对事故发生机理的探索随着社会生产方式的演化而不断深入，先后出现了一些诸如事故因果连锁、流行病学理论、能量转移理论、人失误主因模型、轨迹交叉论等十多种具有代表性的反映安全观念的事故致因理论、模型[57-61]。

2.3.1 事故因果连锁理论

事故因果连锁理论的基本观点是：事故是由一连串因素以因果关系依次发生，就如链式反应的结果。其代表性理论主要有：海因里希事故因果连锁理论、博德事故因果连锁理论和亚当斯事故因果连锁理论。

1. 海因里希事故因果连锁理论

1936年，海因里希（Heinrich）对当时美国工业安全实际经验作了总结、概括，上升为理论，出版了流传全世界的《工业事故预防》一书，在该书中阐述了工业事故发生的因果连锁论[62]。该理论的核心思想是：伤亡事故的发生不是一个孤立的事件，而是一系列原因事件相继发生的结果。提出了“事件链”这一重要概念，即伤害与各原因相互之间具有连锁关系。海因里希认为事故连锁过程受以下5个因素的影响。

（1）遗传及社会环境。遗传及社会环境造成人的缺点的原因。遗传因素可能使人具有鲁莽、固执、粗心等不良性格，社会环境可能妨碍人的安全素质培养，助长不良性格的发展。这种因素是因果链上最基本的因素。

（2）人的缺点。包括鲁莽、固执、过激、神经质、轻率等性格上的先天缺点，以及缺乏安全生产知识和技术等后天缺点。

（3）人的不安全行为或物的不安全状态。这是指那些曾经引起过事故，可能再次引起事故的人的行为或机械、物质的状态，它们是造成事故的直接原因。

（4）事故。这是指由于人、物或环境的作用或反作用，使人员受到伤害或可能受到伤害、出乎意料的、失去控制的事件。

（5）伤害。即直接由事故产生的财产损害或人身伤害。

海因里希用五块骨牌形象地描述这种因果关系，因此，该理论又被称为多米诺骨牌理论（domino theory）[62]，如图2.2所示。在骨牌系列中，第一颗骨牌被碰倒了，会发生连锁反应，其余的几颗骨牌相继被碰倒。如果移去中间的一颗骨牌，则连锁被破坏，事故过程被中止。海因里希认为，企业安全工作的中心是防止人的不安全行为，消除机械的或物质的不安全状态，中断事故的进程以避免事故的发生。

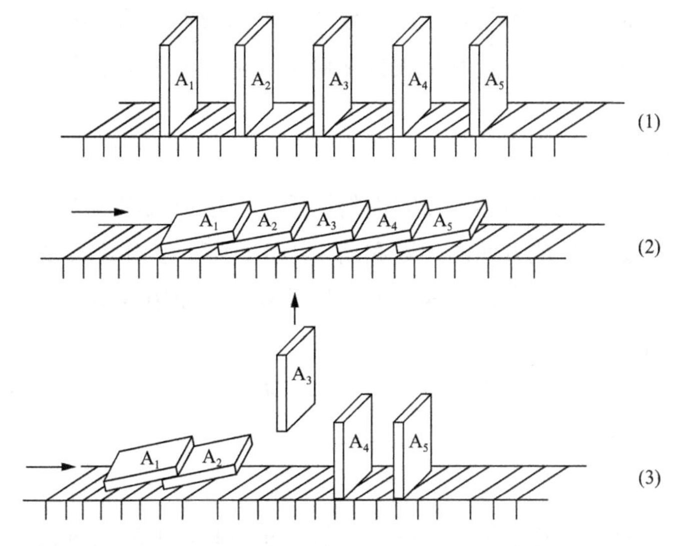

图 2.2　海因里希事故因果连锁模型[62]

A_1-遗传与社会环境；A_2-人的缺点；A_3-人的不安全行为和物的不安全状态；A_4-事故；A_5-伤害。

2. 博德事故因果连锁理论

美国前国际损失控制研究所所长小弗兰克·博德（Frank Bird）在海因里希事故因果连锁理论的基础上，提出了现代事故因果连锁理论[63]。博德认为，尽管人的不安全行为和物的不安全状态是导致事故的重要原因，但认真追究，却不过是其背后原因的征兆，是一种表面现象。他认为事故的根本原因是管理失误。博德的事故因果连续过程同样为 5 个因素，但每个因素的含义与海因里希的都有所不同，如图 2.3 所示。

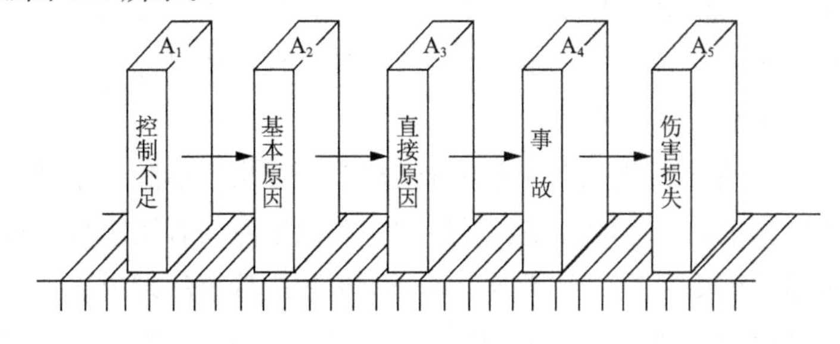

图 2.3　博德的事故因果连锁模型[63]

A_1-管理；A_2-起源（工作方面原因，个人原因）；A_3-征兆（人的不安全行为，物的不安全状态）；A_4-接触；A_5-结果

(1) 控制不足。

安全管理方面的控制不足，是事故导致伤害的最根本的原因。安全管理应懂得管理的基本理论和原则。控制损失包括对不安全行为和不安全状态的控制，这是安全管理工作的核心。

(2) 基本原因。

基本原因包括个人原因和工作方面的原因。其中个人原因有身体、精神方面的问题，缺乏知识、技能方面的问题和动机不正确等；工作方面的原因有操作规程不合适，设备、材料不合适，通常的磨损及异常的使用方法等。

(3) 直接原因。

事故的直接原因是人的不安全行为和物的不安全状态。直接原因是基本原因和管理缺陷的表象。

(4) 事故。

事故是人的身体或建（构）筑物、设备与超过其阈值的能量接触或人体与妨碍正常生理活动的物质接触。防止事故就是防止这种接触，如采取隔离、屏蔽、防护、吸收、稀释等措施，显然这一定义无形中应用了能量转移的观点。

(5) 伤害损失。

伤害损失指事故造成的结果，包括人员伤亡和财务损失。

3. 亚当斯事故因果连锁理论

英国伦敦大学约翰·亚当斯（John Adams）教授[64]对造成现场失误的管理原因进行了深入研究，认为操作者的现场失误是由于企业领导者及安全工作人员的管理失误造成的。管理人员在管理工作中的差错或疏忽、企业领导人决策错误或没有做出决策等失误对企业经营管理及安全工作具有决定性的影响。管理失误反映企业管理系统中的问题。另外，管理失误涉及管理体制方面的问题。亚当斯事故因果连锁模型如表 2.1 所示[64]。

海因里希理论确立了事故致因的事件链概念，提出了抽除一张牌，即可破除事故链而达到防止事故发生的思路。尽管这一理论依然没有摆脱将事故原因归因于人的遗传因素的历史局限，但其指出的分析事故应从事故现象入手，逐步深入到各层次中去的简明道理，十分具有吸引力，使这一理论成为事故研究科学化的先导，具有重要的历史地位，并在实践中得到广泛应用。随后的几种事故致因理论，在不同程度上对海因里希的事故因果连锁理论的缺陷和不足作了补充。海因里希认为事故的根本原因是人的遗传因素，博德认为事故的根本原因是管理失误，即管理方面的控制不足，亚当斯则进一步研究了管理失误的个人因素和组织因素，从而使事故的归因研究，从追究个人原因和责任转向对组织中管理缺陷的探索，使这一因果链模型得到进一步发展。

表 2.1　亚当斯事故因果连锁模型

管理体系	管理失误		现场失误	事故	损失
目标；组织；机能	领导者在下述方面决策错误或没有作出决策：规范；责任；职级；考核；权限授予	安技人员在下述方面管理失误或疏忽：行为；责任；权限范围；规则；指导；主动性；积极性；业务活动	不安全行为；不安全状态	伤亡事故；损害事故；无伤害事故	对人；对物

2.3.2　流行病学理论

流行病学理论是一门研究流行病的传染源、传播途径及预防的科学。它的研究内容与范围包括：研究传染病在人群中的分布；阐明传染病在特定时间、地点、条件下的流行规律；探讨病因与性质并估计患病的危险性；探索影响疾病的流行因素，拟定防疫措施等。1949 年葛登（Gordon）[65]提出事故致因的流行病学理论（epidemiological theory），该理论认为，工伤事故与流行病的发生相似，与人员、设施及环境条件相关，有一定分布规律，往往集中在一定时间和一定地点发生。葛登主张用流行病学方法研究事故原因，即研究当事人的特征（包括年龄、性别、生理、心理状况）、环境特征（如工作的地理环境、社会状况、气候季节等）和媒介特征。并把“媒介”定义为促成事故的能量，即构成事故伤害的来源，如机械能、热能、电能和辐射能等。能量与流行病媒介（病毒、细菌、毒物）一样都是事故或疾病的瞬间原因。其区别在于，疾病的媒介总是有害的，而能量在大多数情况下是有益的，是输出效能的动力，仅当能量逆流于人体的偶然情况下，才是事故发生的源点和媒介。采用流行病学的研究方法，事故的研究对象，不只是个体，更重视由个体组成的群体，特别是“敏感”人群，研究目的是探索危险因素与环境及当事人（人群）之间的相互作用，从复杂的多重因素关系中，揭示事故发生及分布的规律，进而研究防范事故的措施。流行病学理论具有一定的先进性。它突破了对事故原因的单一因素的认识，以及简单的因果认识，明确地承认原因因素间的关系特征，认为事故是由当事人群、环境及媒介等三类变量中某些因素相互作用的结果，由此推动这三类因素的调查、统计与研究，从而也使事故致因理论向多因素方向发展。该理论不足之处在于上述三类因素必须占有大量的内容，必须拥有足量的样本进行统计与评价，而在这些方面，该理论缺乏明确的指导。

2.3.3 能量转移理论

1961 年吉布森（Gibson）[66]提出了“事故是一种不正常的或不希望的能量转移”的观点；1966 年哈登（Haddon）[67]引申了这一观点，提出了“能量转移”论（the energytransfer theory），指出“人受伤害的原因只能是某种能量的转移”，并提出了能量逆流于人体造成伤害的分类方法。哈登将伤害分为两类：第一类伤害是由于施加了局部或全身性损害阈值的能量引起的，如表 2.2 所示；第二类伤害是由影响了局部或全身性能量交换引起的，主要指中毒窒息和冻伤，如表 2.3 所示。哈登认为，在一定条件下某种形式的能量能否产生伤害并造成人员伤亡事故，取决于能量大小、接触能量的时间长短、频率及力的集中程度。根据能量转移理论，可以利用各种屏蔽来防止意外的能量转移，从而防止事故的发生。

表 2.2 第一类伤害[67]

施加的能量类型	产生的原发性损伤	原因分析
机械能	移位、撕裂、破裂和压榨，主要损及组织	由于运动的物体和下落物体冲撞造成的损伤，由于运动的身体冲撞正在运动的、相对静止的物体造成的损伤，以及卷人、夹人、摩擦、滑倒等造成的损伤
热能	炎症、凝固、烧焦和焚化，伤及身体任何层次	火灾、灼烫造成第一度、第二度、第三度烧伤
电能	干扰神经、肌肉功能及凝固、烧焦和焚化，伤及身体任何层次	触电造成电击、电伤，以及电磁场伤害、雷击
辐射能	细胞和亚细胞成分与功能的破坏	放射性物质作用造成的伤害
化学能	伤害一般要根据每一种或每一组的具体物质而定	动物性或植物性毒素引起的急性中毒、化学烧伤，某些元素、化合物、有机物在足够剂量时产生的多种类型的伤害

能量转移理论阐明了事故发生的物理本质，认为事故是一种不正常的或不希望的能量释放并转移于人体或设备，指明防止事故就必须管理好能量，如果意外释放的能量作用于人体并超过人体的承受能力，则造成人身伤害；如果作用于设备、建筑物等物体并超过它们的抵抗能力，则造成损坏；能量是否产生人员伤害，除了与能量大小有关外，还与人体接触能量的时间、频率、部位及能量集中度有关；各种形式的能量是造成伤害或损坏的直接原因。

表 2.3　第二类伤害[67]

影响能量交换的类型	产生的伤害或障碍的种类	范围分析
氧的作用	生理损害、组织或全身死亡	全身：由机械因素或化学因素引起的窒息（如：溺水、一氧化碳中毒或氰化氢中毒）；局部："血管性意外"
热能	生理损害、组织或全身死亡	由于体温调节障碍产生的损害、冻伤、冻死

2.3.4　人失误主因模型

有关人失误的研究认为事故是由于人在信息处理过程中出现失误进而导致人的行为失误而引发的，提出了若干人误致因模型，如"瑟利模型"、"人失误的一般模型"和"金矿山人失误模型"等，其中瑟利模型较具有代表性。瑟利模型是一个 S-O-R 模型，如图 2.4 所示[68]。对于一个事故，瑟利模型考虑两组问题，每组问题共有三个心理学成分：对事件的感知（刺激，S）、对事件的理解（认知，O）、对事件的行为响应（输出，R）。第一组关系到危险的构成，以及与此危险相关的感觉的认识和行为的响应。如果人的信息处理的每个环节都正确，危险就能被消除或得到控制；反之，只要任何一个环节出现问题，就会使操作者直接面临危险。第二组关系到危险释放期间的 S-O-R 响应。如果人的信息处理过程的各个环节都是正确的，则虽然面临着已经显现出来的危险，但仍然可以避免危险释放出来，不会带来伤害或损害；反之，只要任何一个环节出错，危险就会转化成伤害或损害。瑟利模型从人的特征与机器性能和环境状态之间是否匹配和协调的观点出发，认为机械和环境的信息不断地通过人的感官反映到大脑，人若能正确地认识、理解、判断并做出正确决策和采取行动，就能化险为夷，避免事故和伤亡；反之，如果人未能觉察、认识所面临的危险，或判断不准确而未采取正确的行动，就会发生伤亡和事故。

人失误主因模型提出了"人误"概念，揭示了人误的本质是错误地响应外界刺激，指出人误不一定会导致事故，还取决于各种机会因素，不足之处是忽略了造成人失误的客观原因，没有考虑应激源存在的潜在错误。

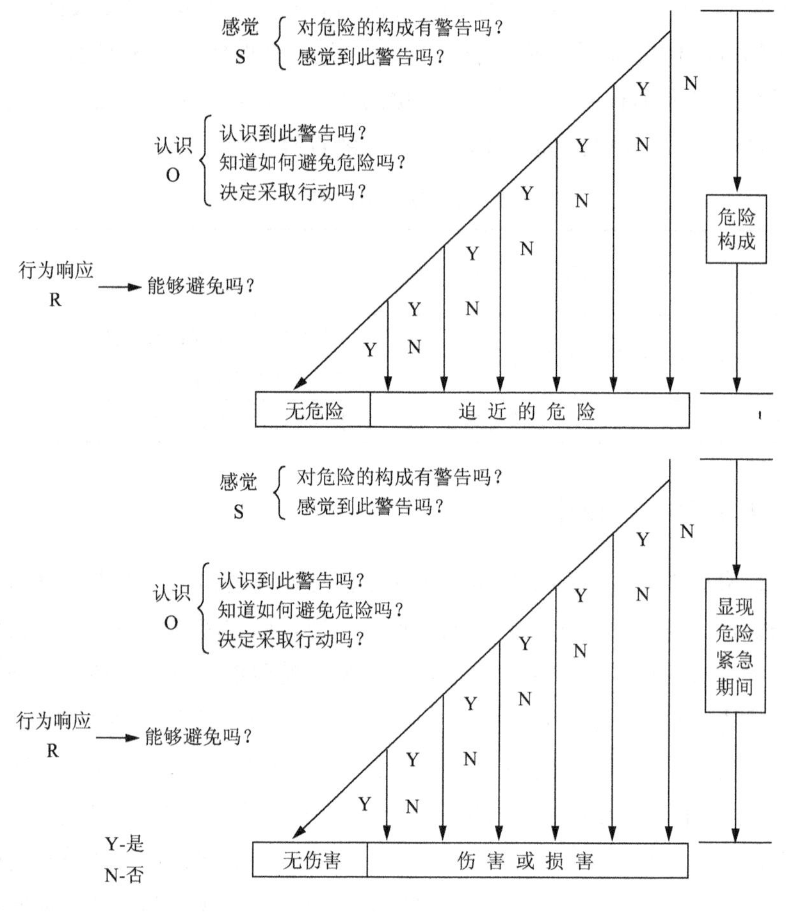

图 2.4　瑟利事故模型[68]

2.3.5　轨迹交叉理论

20 世纪 60 年代末至 70 年代初，日本劳动省调查分析了 50 万起事故的形成过程，总结出从人的系列分析，只有约 4%的事故与人的不安全行为无关；从物的系列分析，只有约 9%的事故与物的不安全状态无关。这些统计数字表明，大多数伤害事故的发生，既与人的不安全行为相关，也与物的不安全状态相关。于是，一些研究者提出了事故致因的轨迹交叉理论，模型见图 2.5。

轨迹交叉理论的基本思想是：伤害事故是许多相互关联的事件顺序发展的结

果，这些事件概括起来不外乎人和物两个发展系列，当人的不安全行为和物的不安全状态在各自发展过程中（轨迹），在一定时间、空间发生了接触（交叉），能量“逆流”于人体时，伤害事故就会发生。而人的不安全行为和物的不安全状态之所以产生和发展，又是受多种因素作用的结果。多数情况下，在直接原因的背后，往往存在着企业经营者、监督管理者在安全管理上的缺陷，这是造成事故的本质原因。图中，起因物与施害物可能是不同的物体，也可能是同一个物体，同样，肇事者与受害者可能是不同的人，也可能是同一个人。根据轨迹交叉理论，预防事故可以防止人、物运动轨迹的交叉、控制人的不安全行为和控制物的不安全状态三个方面来考虑。

轨迹交叉理论强调人和物的因素在事故原因中占有同等重要地位，通过消除人的不安全行为、物的不安全状态或避免二者运动轨迹交叉均可避免事故的发生，为事故预防指明了方向。但系统中人与物两大系列的运动往往是相互关联、互为因果、相互转换的，有时人的不安全行为促进了物的不安全状态的发展或导致新的不安全状态出现；物的不安全状态也可以引发人的不安全行为。因此，轨迹交叉理论难以解释事故中复杂的因果关系。

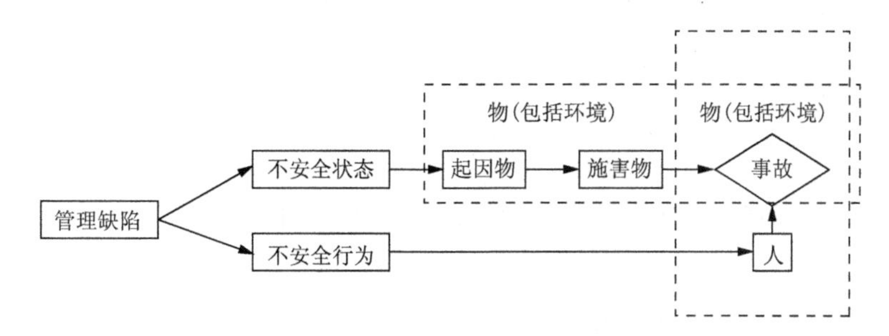

图 2.5 轨迹交叉理论模型

2.3.6 复杂社会-技术系统事故因果模型

20 世纪 90 年代，Reason 提出复杂社会-技术系统的事故因果模型[69]，如图 2.6 所示认为复杂社会-技术系统中，在纵深防御条件下，任何技术失效、人误、违章都只是事故的必要条件而非充分条件，它们只是事故的触发器，只有当这些触发器与纵深防御系统的能限及管理的缺陷机会重合时，才会发生事故。在事故的所有贡献因素中，最不易觉察到、危险最大的是系统中的“潜在错误”，也就是管理错误。当没有发生其他技术失效或人误时，这些管理错误似乎并未对系统的安全构成威胁，因而往往不被觉察到，或者是不被认为是错误。当事后追查事故的原因时，由于那些作为事故触发器的技术失效或人误最为明显，更易被人们认定为事故的直接原因，而潜在的管理错误的作用则往往被忽略了。该模型首次提出了“管理错误”的概念，开创了组织错误理论研究的先河，推翻了以往人们关于复杂系统的过于简单化的事故致因模型，探讨了导致事故发生的深层次原因，指出各种因素只是事故的必要而非充分条件，只有组织潜在错误与触发器在时间上重合时才会导致事故发生。但模型未能深入论述管理错误的形成路径和作用路径，因此，不能有效指导人们解决组织管理错误问题。

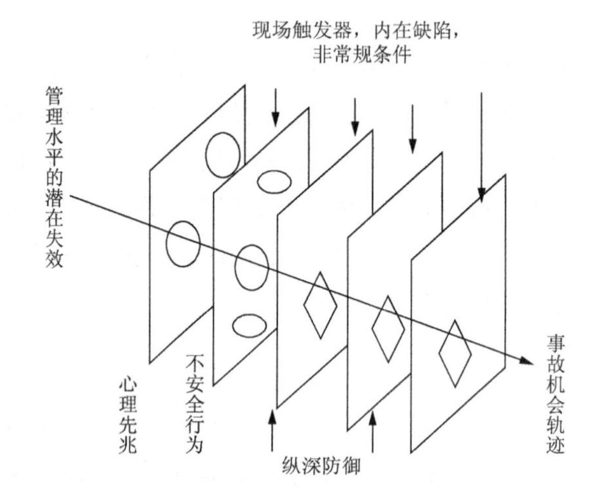

图 2.6　Reason 的复杂社会-技术系统事故因果模型[69]

2.3.7　安全流变-突变理论

何学秋和马尚权根据事故安全状态随时间演化的特征，提出事物安全流变-突变理论，认为一个事物从诞生到消亡是一个“安全流变与突变”的过程[70]。事物安全与危险的矛盾运动受内外因素的影响，其中，内在危险因素决定事物“安全流变与突变”的性质和程序，而外部危险因素则决定事物“安全流变与突变”的速度和形式。“流变-突变”（R-M）的全过程如图 2.7 所示。当某一新事物诞生后的初期（*OA* 阶段），损伤量随时间呈减速递增，新秩序在此期间逐渐形成和完善；当新秩序发展到成熟阶段时（*AB* 阶段），完善的新秩序使损伤量匀速缓慢增加；经过一个稳定增加的时期后，原秩序将再次向无序方向发展，进而使损伤量开始加速增大（*BC* 段）。任何事物都具有其固有的损伤量承受能力或界限。超出此限后，事物将发生安全突变，事物发生安全突变时的损伤值即为该事物的临界损伤量。当原秩序被破坏后，事物又开始回归到一个新的安全状态，即损伤量为新的近似零值，原事物的秩序消失，从而又形成了另一个同类新事物诞生的起点（*D* 点）。物质世界就是在安全到危险的无限循环中存在和发展的。

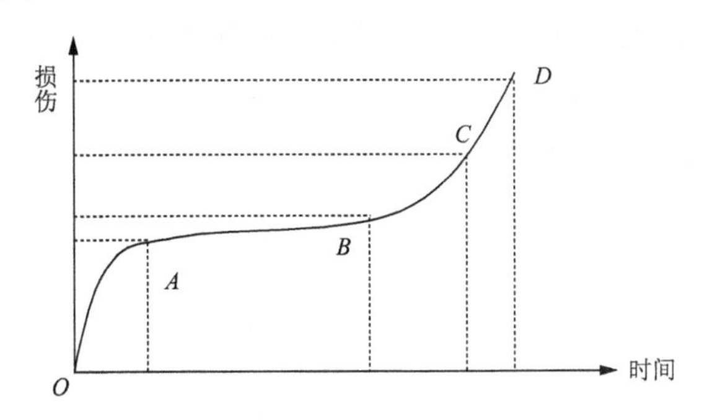

图 2.7　安全流变-突变图

安全流变-突变理论认为物质世界具有多样性、运动性，物质在质量变化的世界里不断流变中突变，一切流变-突变现象离不开空间内物质的相互作用，不论这种相互作用是微观的、细观的还是宏观的，其共性总是在时空中要表现出来。一些研究者先后应用安全流变-突变理论分析和解释系统事故、交通事故、矿山事故、爆炸事故等。但在实际工作中，怎样控制事故内部、外部的危险因素，怎样实现安全目的，还需深入地探索和研究。

总之，事故致因理论的模型把同类事故逻辑抽象为模式，从本质上阐明事故发生的机理，为事故的分析、预测和预防奠定了基础，有助于人们认识事故的发生、发展和形成过程，对指导安全生产及预防事故具有重要作用。

2.4　动态计量分析技术

2.4.1　数据平稳性及其检验

平稳序列的均值、方差和协方差等数字特征不随时间的变化而变化，其在各个时间点上的随机性服从一定的概率分布。因此，可以通过时间序列上过去时间点的信息，建立模型拟合过去信息，进而预测未来的信息。然而，非平稳时间序列的数字特征则随着时间的变化而变化，即非平稳时间序列在各个时间点上的随机规律是不同的，难以通过序列已知的信息去掌握时间序列整体上的随机性。并且，由于非平稳的时间序列不具有有限方差，所以高斯-马尔科夫定理不再成立，用普通最小二乘法（OLS）得到的参数估计不再是一致的。通常一个方程中含有非平稳变量将导致非平稳变量的 t 值和方程总体拟合度的潜在增加，从而出现虚假相关和伪回归现象，使得看起来毫无意义的、几乎没有联系的序列出现较大的相关性。因此，为避免回归分析的虚假结果，在对时间序列进行分析前，需要判别序列的平稳性。常用的检验时间序列平稳性与否的方法是 ADF 检验方法。

ADF 检验考虑如下三种回归形式[71]：

$$Y_t = \gamma Y_{t-1} + \sum_{j=1}^{p} \lambda_j \Delta Y_{t-j} + v_t \tag{2.2}$$

$$Y_t = \alpha_0 + \gamma Y_{t-1} + \sum_{j=1}^{p} \lambda_j \Delta Y_{t-j} + v_t \tag{2.3}$$

$$Y_t = \alpha_0 + \alpha_1 t + \gamma Y_{t-1} + \sum_{j=1}^{p} \lambda_j \Delta Y_{t-j} + v_t \tag{2.4}$$

对式（2.2）、式（2.3）和式（2.4）取不同的 p 值分别进行估计，ADF 检验的零假设为 $H_0: \beta = 0$。若 ADF 的检验统计量小于或等于某一显著水平下的临界值，则认为序列是平稳的；反之，认为序列是非平稳的。如果一个序列是非平稳的，但其一阶差分是平稳的，则称此序列为一阶单整序列；类似的，如果其必须经过 d 次差分后才能平稳，则此序列为 d 阶单整序列。

2.4.2 结构向量自回归模型（VAR）

本书的实证分析手段主要通过建立结构向量自回归模型（VAR），利用协整检验、格兰杰因果检验、脉冲响应函数及方差分解等 VAR 模型的检验，来刻画经济增长与事故灾害之间的关联性[72]。

结构向量自回归模型 VAR 是基于数据的统计性质建立的模型，它是一种非理论性的模型，通过把系统中每一个内生变量作为系统中所有内生变量的滞后值的函数来构造模型，常用于预测相互联系的时间序列系统及分析随机扰动对变量系统的动态冲击，从而解释各种冲击对变量的影响。

结构向量自回归模型 VAR（p）的数学表达式是

$$\boldsymbol{y}_t = \boldsymbol{A}_1 \boldsymbol{y}_{t-1} + \cdots + \boldsymbol{A}_p \boldsymbol{y}_{t-p} + \boldsymbol{B}\boldsymbol{x}_t + \boldsymbol{\varepsilon}_t, \qquad t = 1,2,\cdots,T \tag{2.5}$$

式中，$\boldsymbol{y}_t$ 为 k 维内生变量向量；$\boldsymbol{x}_t$ 为 d 维外生变量向量；p 为滞后阶数；T 为样本个数。$\boldsymbol{\varepsilon}_t$ 是 k 维扰动向量，$k \times k$ 维矩阵 $\boldsymbol{A}_1, \boldsymbol{A}_2, \cdots, \boldsymbol{A}_p$ 和 $k \times d$ 维矩阵 $\boldsymbol{B}$ 是要被估计的系数矩阵，它们相互之间可以同期相关，但不与自己的滞后值相关及不与

等式右边的变量相关。

假设 $\boldsymbol{\Sigma}$ 是 ε_t 的协方差矩阵，是一个 $k\times k$ 的正定矩阵。式（2.5）可以展开表示为

$$\begin{bmatrix} y_{1t} \\ y_{2t} \\ \vdots \\ y_{kt} \end{bmatrix} = \boldsymbol{A}_1 \begin{bmatrix} y_{1t-1} \\ y_{2t-1} \\ \vdots \\ y_{kt-1} \end{bmatrix} + \boldsymbol{A}_p \begin{bmatrix} y_{1t-p} \\ y_{2t-p} \\ \vdots \\ y_{kt-p} \end{bmatrix} + \cdots + \boldsymbol{B} \begin{bmatrix} x_{1t} \\ x_{2t} \\ \vdots \\ x_{dt} \end{bmatrix} + \begin{bmatrix} \varepsilon_{1t} \\ \varepsilon_{2t} \\ \vdots \\ \varepsilon_{kt} \end{bmatrix}, \quad t = 1,2,\cdots,T \tag{2.6}$$

即含有 k 个时间序列变量的 VAR（p）模型由 k 个方程组成。

模型中的误差项 $\boldsymbol{\varepsilon}_t$ 是 k 维扰动向量，是不可观测的白噪声向量，没有结构性的含义，可以被看作是不可解释的随机扰动。

1980 年西姆斯（Sims）[73]将 VAR 模型引入到经济学中，推动了经济系统动态性分析的广泛应用。此后，VAR 模型在很多研究领域取得了成功，在一些研究课题中，该模型取代了传统的联立方程模型，被证实为实用且有效的统计方法。

2.4.3　结构向量自回归模型（VAR）的检验

1. 协整检验

根据 Engle 和 Granger（格兰杰）提出的协整理论[74]，如果 x_t 、y_t 序列同为 d 阶求和的过程，且存在着线性组合序列 $\boldsymbol{\alpha} x_t + \boldsymbol{\beta} y_t$ 为 $d-b$ 阶求和过程，则 x_t 、y_t 存在协整关系[75]，记为：x_t 、$y_t \sim \mathrm{CI}(d,b)$，向量（$\boldsymbol{\alpha},\boldsymbol{\beta}$）为协整向量。

变量序列之间的协整性能够衡量两个变量变化趋势之间的长期稳定关系。其意义在于：尽管两个变量具有各自的长期波动规律，但只要它们是协整的，那么，两者之间就存在一个长期稳定的比例关系。

协整检验提供了一种检验变量间是否具有长期均衡稳定关系的检验方法。协整关系的检验与估计有许多具体的技术模型，其中，常用的协整检验方法是 Johansen 极大似然法检验。

对于 p 阶 VAR 模型

$$y_t = \boldsymbol{A}_1 y_{t-1} + \cdots + \boldsymbol{A}_p y_{t-p} + \boldsymbol{B}\boldsymbol{x}_t + \boldsymbol{\varepsilon}_t \tag{2.7}$$

式中，y_t 为 m 维非平稳 $I(1)$ 序列；$\boldsymbol{x}_t$ 为 d 维确定性向量；$\boldsymbol{\varepsilon}_t$ 是随机误差。经过变形，可将其改为

$$\nabla \boldsymbol{y}_t = \sum_{i=1}^{p-1} \boldsymbol{\Gamma}_t \nabla y_{t-i} + \boldsymbol{\Pi} y_{t-1} + \boldsymbol{B}_t + \boldsymbol{\varepsilon}_t \tag{2.8}$$

式中

$$\boldsymbol{\Pi} = \sum_{i=1}^{p} A_i - I_m$$

$$\boldsymbol{\Gamma}_t = -\sum_{j=i+1}^{p} A_j$$

由于经过一阶差分的内生变量向量中各序列都是平稳的，所以若构成 $\boldsymbol{\Pi} y_{t-1}$ 的各变量都是 $I(0)$ 时，才保证随机误差是平稳过程。因此可得系数矩阵的秩满足 $0 < R(\boldsymbol{\Pi}) = r \times m$，此时，存在两个 $m \times r$ 阶矩阵 $\boldsymbol{\alpha}$ 和 $\boldsymbol{\beta}$，使得 $\boldsymbol{\Pi} = \boldsymbol{\alpha\beta}'$，其中两个分解矩阵的秩都是 r。矩阵 $\boldsymbol{\beta}'$ 决定了协整关系的个数与形式，它的秩 r 是线性无关的协整向量的个数，它的每一行构成一个协整向量。矩阵 $\boldsymbol{\alpha}$ 称为调整系数矩阵。

与单变量时间序列可能出现均值非零、包含确定性趋势或随机趋势一样，协整方程也可以包含截距和确定性趋势，方程可能有以下几种形式。

（1）序列 y 没有确定性趋势且协整方程无截距

$$H_2(r): \boldsymbol{\Pi} y_{t-1} + B\boldsymbol{x}_t = \boldsymbol{\alpha\beta}' y_{t-1}$$

（2）序列 y 没有确定性趋势且协整方程有截距

$$H_1^*(r): \boldsymbol{\Pi} y_{t-1} + B\boldsymbol{x}_t = \boldsymbol{\alpha}(\boldsymbol{\beta}' y_{t-1} + \rho_0)$$

（3）序列 y 有线性趋势且协整方程只有截距

$$H_1(r): \boldsymbol{\Pi} y_{t-1} + B\boldsymbol{x}_t = \boldsymbol{\alpha}(\boldsymbol{\beta}' y_{t-1} + \rho_0) + \boldsymbol{\alpha}^* \gamma_0$$

（4）序列 y 和协整方程都有线性趋势

$$H^*(r): \boldsymbol{\Pi} y_{t-1} + B\boldsymbol{x}_t = \boldsymbol{\alpha}(\boldsymbol{\beta}' y_{t-1} + \rho_0 + \rho_1 t) + \boldsymbol{\alpha}^* \gamma_0$$

（5）序列 y 有二次趋势且协整方程有线性趋势

$$H(r): \boldsymbol{\Pi} y_{t-1} + Bx_t = \boldsymbol{\alpha}(\boldsymbol{\beta}' y_{t-1} + \rho_0 + \rho_1 t) + \boldsymbol{\alpha}^* (\gamma_0 + \gamma_1 t)$$

其中，$\boldsymbol{\alpha}^*$ 是 $m \times (m-r)$ 阶矩阵，并且满足 $\boldsymbol{\alpha}'\boldsymbol{\alpha}^* = 0$ 且 $\mathrm{rank}(|\boldsymbol{\alpha}|\boldsymbol{\alpha}^*) = m$，对于给定的秩 γ，上述 5 种情况的检验严格性递减。

协整似然比检验假设为

$$H_0：至多有\ r\ 个协整关系；H_1：有\ m\ 个协整关系$$

检验秩统计量为

$$Q_r = -T \sum_{i=r+1}^{m} \ln(1 - \lambda_i) \tag{2.9}$$

式中，λ_i 为大小排第 i 的特征值；T 为观测期总数。

这不是独立的一个检验，而是对应于 r 的不同取值的一系列检验。从检验不存在任何协整关系的零假设开始（此时原假设 $r=0$），然后是最多一个协整关系（此时原假设 $r=1$），直到最多 $m-1$ 个协整关系，共进行 m 次检验，备择假设不变。

2. 格兰杰因果关系检验

VAR 模型的一个重要应用是分析时间序列变量之间的因果关系。常用的检验变量之间因果关系的方法是格兰杰因果关系检验。其基本思想为：X 的变化引起 Y 的变化，则 X 的变化应该发生在 Y 的变化之前。X 是否引起 Y，主要看现在的 Y 能够在多大程度上被过去的 X 解释，加入 X 的滞后值是否使解释程度提高。如果 X 在 Y 的预测中有帮助，就可以说“X 是 Y 的格兰杰因”。需要注意的是，“X 是 Y 的格兰杰因”并不意味着 Y 是 X 的效果或结果，而是说 X 在格兰杰意义下对 Y 有因果关系，反之如果 X 在 Y 的预测中没有帮助，则称“X 不是 Y 的格兰杰因”，或者说，X 对 Y 是外生的。

设 X、Y 是两个时间序列，则建立格兰杰检验模型为

$$\hat{X}_t = D_1 + \sum_{j=1}^{m} \alpha_j y_{t-j} + \sum_{j=1}^{n} \beta_j x_{t-j} + \varepsilon_t \tag{2.10}$$

$$Y_t = D_2 + \sum_{j=1}^{m} \gamma_j y_{t-j} + \sum_{j=1}^{n} \theta_j x_{t-j} + \xi_t \tag{2.11}$$

式中，α_j 、β_j 、γ_j 和 θ_j 为常数；ε_t 和 ξ_t 为白噪声。

要检验 X 和 Y 之间的因果关系，就是要检验 $\beta_j=0$ 和 $\theta_j=0\,(j=1,2,\cdots)$。如果两个假设检验都不能被拒绝，则 X、Y 就是两个独立的序列；如果两个变量都被拒绝，则 X、Y 之间互为因果。若拒绝前者而接受后者，则存在从 Y 到 X 的单向因果关系，反之，则存在从 X 到 Y 的单向因果关系。

检验 Y 到 X 的单向因果关系的步骤如下。

（1）检验假设即零假设，表示为 $H_0:\beta_j=0, j=1,2,\cdots,n$。

（2）检验统计量为

$$F = \frac{(\sum X_t^2 - \hat{\sum} X_t^2)[N-(m+n+1)]}{n\sum e_t^2} \tag{2.12}$$

服从自由度为 $n, N-(m+n+1)$ 的 F 分布。

根据样本，利用普通最小二乘法对模型进行估计：

$$\hat{X} = \hat{C} + \sum_{j=1}^{m} \alpha_j X_{t-j} + \sum_{j=1}^{n} \beta Y_{t-j} + \varepsilon_t \tag{2.13}$$

$$\hat{X}_t = \hat{C} + \sum_{j=1}^{m} \hat{\alpha}_j X_{t-j} + \sum_{j=1}^{n} \hat{\beta} Y_{t-j} + \varepsilon_t \tag{2.14}$$

$$X_t = \hat{X}_t + e_t \tag{2.15}$$

式中，e_t 为回归残差项，同时可得 $\sum \hat{X}_t^2$ 和 $\sum e_t^2$ 。然后利用普通最小二乘法，将 $X_t, X_{t-1}, \cdots, X_{t-m}$ 回归得

$$\hat{X}_t = \hat{C} + \sum_{j=1}^{m} \hat{\alpha}_j X_{t-j}$$

同时可得 $\sum \hat{X}_t^2$ ，最后计算 F 样本值，其中 N 为所采用的有效样本观测值的个数。

判别规则：给定显著水平 α，查 F 分布表可得临界值 $F_\alpha = F_\alpha(n, N-m-n-1)$。若样本值 $F > F_\alpha$，则拒绝零假设，表示 $Y_{t-1}, \cdots, Y_{t-n}$ 对 X_t 的联合影响是显著的，意味着 Y 是 X 的原因。若样本值 $F < F_\alpha$，则接受零假设，表示 Y 不是 X 的一个直接原因。

3. 脉冲响应函数

由于 VAR 模型是一种非理论性的模型，无需对变量作任何先验性的约束，因此，在分析 VAR 模型时，往往不分析一个变量对另一个变量的影响如何，而是分析当一个误差项发生变化或者模型受到某种冲击时对系统的动态影响，这种分析方法称为脉冲响应函数方法。脉冲响应分析根据模型具有特殊的功态结构性质来识别一个变量的扰动是如何通过模型影响其他所有变量而最终又反馈到自身上来的。脉冲响应函数描述的是在扰动项上加上一个单位标准差大小的新息冲击对内生变量的当前值和未来值所带来的影响。脉冲响应函数是追踪系统对一个变量的冲击效果。

对于两变量的 VAR 模型：

$$\begin{cases} x_t = a_1 x_{t-1} + a_2 x_{t-2} + b_1 z_{t-1} + b_2 z_{t-2} + \varepsilon_{1t} \\ z_t = c_1 x_{t-1} + c_2 x_{t-2} + d_1 z_{t-1} + d_2 z_{t-2} + \varepsilon_{2t} \end{cases} \tag{2.16}$$

式中，$t = 1, 2, \cdots, T$；a_i、b_i、c_i、d_i 为参数；扰动项 $\varepsilon_t = (\varepsilon_{1t}, \varepsilon_{2t})'$。假定是具有下面这样性质的白噪声向量：

$$\boldsymbol{E}(\varepsilon_{it}) = 0, \text{对于 } \forall t, \quad i = 1, 2$$

$$\mathrm{VAR}(\varepsilon_t) = \boldsymbol{E}(\varepsilon_t \varepsilon_t') = \boldsymbol{\Sigma} = \{ \sigma_{ij} \}, \quad 对于\ \forall t \tag{2.17}$$

$$\boldsymbol{E}(\varepsilon_{it}\varepsilon_{is}) = 0, 对于\ \forall t \neq s, \quad i = 1,2$$

假定上述系统从0期开始活动，且设 $x_{-1} = x_{-2} = z_{-1} = z_{-2} = 0$，又设第0期给定了扰动项 $\varepsilon_{10} = 1, \varepsilon_{20} = 0$，并且其后均为0，即 $\varepsilon_{1t} = \varepsilon_{2t} = 0 (t = 1,2,\cdots)$，称此为第0期给 x 以脉冲，下面讨论 x_t 与 z_t 的响应，$t=0$ 时：$x_0 = 1$，$z_0 = 0$，将其结果代入式（2.16），$t = 1$ 时：$x_1 = a_1$，$z_1 = c_1$；再把此结果代入式（2.16），$t = 2$ 时：$x_2 = a_1^2 + a_2 + b_1 c_1, z_2 = c_1 a_1 + c_2 + d_1 c_1$。继续这样计算下去，设求得结果为 $x_0, x_1, x_2, x_3, x_4, \cdots$，称为由 x 的脉冲引起的 x 的响应函数。脉冲响应函数将描述系统对冲击（或新息）扰动的动态反应，并从动态反应中判断变量间的时滞关系。

4. *方差分解*

脉冲响应函数是随着时间的推移，观察模型中的各变量对于冲击是如何反应的，而方差分解则提供了另外一个描述系统动态的方法。不同于脉冲响应函数追踪系统对一个内生变量的冲击效果，方差分解将系统均方误差分解成各变量冲击所做的贡献[75]。

对于多变量的 VAR(p) 模型

$$y_t = (I_k - A_1 L - \cdots - A_p L^p)^{-1} \varepsilon_t, \quad t = 1,2,\cdots,T \tag{2.18}$$

y_t 的第 i 个变量 y_{it} 可以写成

$$y_{it} = \sum_{j=1}^{k} (c_{ij}^0 \varepsilon_{jt} + c_{ij}^1 \varepsilon_{jt-1} + c_{ij}^2 \varepsilon_{jt-2} + c_{ij}^3 \varepsilon_{jt-3} + \cdots), \quad i = 1,2,\cdots,k; t = 1,2,\cdots,T \tag{2.19}$$

式中，各个括号中的内容是第 j 个扰动项 ε_j 从无限过去到现在时点对 y_i 影响的总和，求其方差，假定 ε_j 无序列相关，则

$$\boldsymbol{E}[(c_{ij}^{(0)} \varepsilon_{jt} + c_{ij}^{(1)} \varepsilon_{jt-1} + c_{ij}^2 \varepsilon_{jt-2} + \cdots)^2] = \sum_{q=0}^{\infty} (c_{ij}^{(q)})^2 \sigma_{ij}, \quad i,j = 1,2,\cdots,k \tag{2.20}$$

这是把第 j 个扰动项对第 i 个变量从无限过去到现在时点的影响，用方差加以评价的结果。此处还假定扰动项向量的协方差矩阵 $\boldsymbol{\Sigma}$ 是对角矩阵，则 y_i 的方差是上述方差的 k 项简单和：

$$\mathrm{VAR}(y_{it}) = \sum_{j=1}^{k} \left[\sum_{q=0}^{\infty} (c_{jj}^{q})^2 \sigma_{jj} \right], \quad i = 1,2,\cdots,k; t = 1,2,\cdots,T \tag{2.21}$$

y_i 的方差可以分解成 k 种不相关的影响，因此为了测定各个扰动项相对 y_i 的方差有多大程度的贡献，定义了如下尺度：

$$\mathrm{RVC}_{j\to i}(\infty)=\frac{\sum_{q=0}^{\infty}[c_{ij}^{(q)}]^2\sigma_{jj}}{\mathrm{var}(y_{it})}=\frac{\sum_{q=0}^{\infty}[c_{ij}^{(q)}]^2\sigma_{jj}}{\sum_{j=1}^{k}\left[\sum_{q=0}^{\infty}(c_{ij}^{q})^2\sigma_{jj}\right]},\qquad i,j=1,2,\cdots,k \tag{2.22}$$

式中，RVC 为相对方差贡献率（relative variance contribution），是根据第 j 个变量基于冲击的方差对 y_i 的方差的相对贡献度来观测第 j 个变量对第 i 个变量的影响。RVC 大，意味着第 j 个变量的冲击对第 i 个变量的影响大。

2.5 本章小结

本章通过概括经济增长理论及其演进，明确经济增长的涵义，指出土地、劳动、资本、技术进步、规模经济、制度变迁等是推动经济增长的动力因素，各个经济增长要素在经济发展的不同阶段对经济增长发挥着不同程度的影响作用。社会-技术系统理论认为组织目标的有效实现依赖于社会系统和技术系统的协调，强调技术系统与社会系统优化配合，为理解经济增长与事故灾害风险的关系提供了一定的指导方法和思路。众多的事故致因理论从不同视角阐释了事故发生的机理，为研究事故灾害演化提供了理论依据。动态计量技术的发展为书中的实证研究提供了有效的分析工具和手段。

第3章 安全系统与经济增长系统的耦合特征

经济增长是人类努力改造自然、征服自然、创造财富的结果。人类创造精神和物质财富的一切活动都是在安全和不安全的矛盾中进行的。经济系统、安全系统和灾害事故之间存在着耦合关系。本章利用复杂适应性理论、系统理论及经济学理论讨论安全与经济增长相关的必然性。

3.1 安全与经济增长系统耦合于社会生产系统

耦合是物理学的一个基本概念，是指两个或两上以上的系统或运动方式之间通过各种相互作用而彼此影响以至联合起来的现象，是在各子系统间的良性互动下，相互依赖、相互协调、相互促进的动态关联关系。例如两个单摆之间连一根弹簧，它们的震动就此起彼伏、相互影响，这种相互作用被称为单摆耦合。两个线圈之间的互感是通过磁场的耦合。类似地，可以把安全与经济增长两个系统通过各自的耦合元素(耦合现象的出现具有一定的客观条件)产生相互作用、彼此影响的现象定义为安全-经济增长耦合。

人类社会经济活动就是人们对自然资源和环境条件利用与改造，经济增长是人类努力改造自然、征服自然、创造财富的结果。安全系统是由人、机器和环境共同组成的设计系统，安全系统的目的是为了保护经济活动顺利进行。安全系统耦合于社会生产系统，事故灾害是社会生产系统失衡的应急反应。人类创造精神财富和物质财富的一切活动都是在安全和不安全的矛盾中进行的。图3.1描述了经济系统、安全系统和灾害事故之间的耦合关系。

3.1.1 安全与经济发展既相互依赖又相互制约

一方面，安全活动离不开经济活动，人类的安全水平很大程度上取决于经济水平，经济问题是安全的重要根源之一。安全发展需要的大量投入有赖于经济发展的支撑，例如，安全设施的维护、保养和更新换代，员工的安全培训等，均需要在人、财、物等方面加大投资，如果经济不发展，没有足够的资金，安全投入

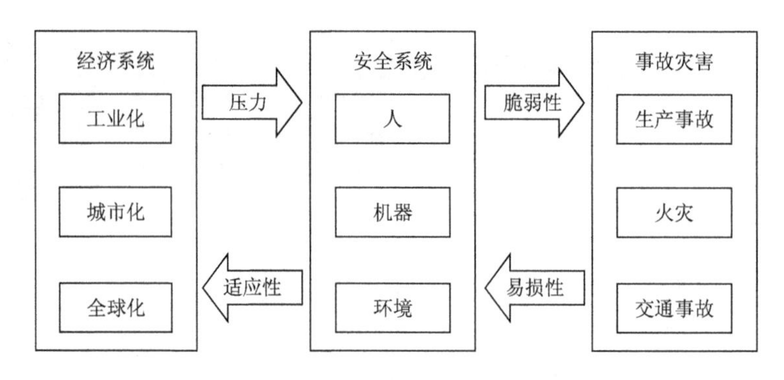

图 3.1　安全与经济增长系统的耦合

就无从谈起，因此，安全发展必须依靠经济发展的支撑。

另一方面，安全问题制约着经济发展。当人类历史上发生第一次蒸汽锅炉爆炸、第一次电的伤害和第一次快速火车翻车事故时，事故开始警示人们，技术进步在带来经济增长的同时，也无法避免地伴随着安全问题的出现。在创造社会财富的时候，事故灾害毫不留情地暴露人们在生产技术和管理上存在的缺陷。

安全问题存在于经济社会活动和生产过程之中，安全生产已经成为当代经济运行、生产运作的前提条件，一次小的失误或微小的缺陷可能引起一场灾难。1986 年 1 月 28 日，美国“挑战者”号航天飞机升空 72s 后突然爆炸，7 名机组人员全部遇难。事故的发生源于一个小小的密封圈失效；美国在 1993 年发射的一台气象卫星，就因为一个价值 10 美分的元件绝缘击穿失效，导致 7700 万美元的气象卫星升空之后，成了太空中的一堆垃圾；1984 年 12 月 3 日，印度博帕尔市一农药厂的甲基异氰酸酯毒气外泄事故，原因是 12 月 2 日甲基异氰酸酯储罐温度上升，蒸气压增大，储罐上自动安全阀失灵，事故阀未能发挥作用，3 日凌晨 1 点，安全阀破裂，气体涌向洗涤器，因一个洗涤器正在检修，只有一个洗涤器运转，而一个洗涤器不能应付如此大量喷出的气体，最后一道防线是将排放的气体烧掉，但火炬又未能点燃，因而导致大量毒气外泄，造成世界工业史上罕见的重大伤亡事故[76]。

现代高科技的应用必须在攻克安全难题的基础上才能实现产业化和社会化才有实际意义。安全问题制约着经济的发展和企业的繁荣。许多重大技术的利用和推广，许多科学成果的产业化和工业化，得益于安全技术与工程的突破。在第二次世界大战期间，美国政府采用球罐盛装城市民用液化石油气，当时低温下的容器钢没有解决，球罐在运行中对罐体缺陷的监控技术还不完善，低温介质和天气的影响会导致球罐母体冷脆断裂。1944 年 10 月，美国东俄亥俄州发生液化天然气储罐破裂爆炸事故，死亡 128 人，直接经济损失 680 万美元。经专家论证、鉴定后，罗斯福总统决定在全国范围停止使用球罐。20 世纪 60 年代开始，日本政府为了配合海上 20 万 t 级船队的运载容量，研制 50 万 m^3 的超大型油罐，投入了巨大的财力和技术力量，在投入运行前的评价论证中，许多专家提出，一旦罐体断裂泄漏或者在战争状态下，这种罐的安全问题将如何解决，当时没有人能够回答这个问题，日本通产省最后决定停止使用这种超大型的油罐，通过建造小而多的串联罐群来解决这个问题。

通过采取落后的技术来索取高额的经济回报，可能会付出安全代价，甚至造成经济的不可持续，而科学先进的安全技术将促进经济可持续发展。1986 年 4 月 26 日，前苏联乌克兰的切尔诺贝利核电站第 4 号机组在夜间计划维修期间，反应堆的能量突然增加，蒸气的大量产生和随之发生的反应导致氢气的生成和爆炸，致使反应堆破坏和放射性物质泄漏。事故最初阶段有 31 人丧生，因核辐射病住院 237 人，其中又有 28 人死亡。泄漏的放射性尘埃扩散到北欧，同年 28 日，芬兰的辐射程度比正常情况高 5～10 倍，瑞典大气里的放射性尘埃比平常高 4 倍，挪威首都奥斯陆的辐射程度比平常高 50%以上。前苏联发表的公报认为事故是由于工作人员违章引起的。西方核专家认为，事故发生的根本原因是落后的技术工艺，该核电站采用过时的压力管式石墨、慢化沸水堆，这种落后的技术工艺不具有安全可靠性，并且缺乏先进的、完整的安全控制与事故预防系统。虽然对 4 号机组设计和制造了综合的保护屏障，但是事故隐患并没有消除，最终不得不把切尔诺贝利核电站全部关闭[76]。

3.1.2　安全与经济耦合网络日趋复杂

安全系统通过人、机器和环境等耦合元素与经济系统间存在着诸多相互依赖、相互制约以至相互促进的动态关联的现象。经济发展使得安全与经济越来越明显地交织在一起，形成耦合网络。例如，随着科技进步与经济社会不断发展，社会各组成单元之间的依赖性日益加强；经济全球化发展促使高度依存的世界体系正逐步形成，不同国家与地区经济单元间的依赖性日益增强，产业链环节增多并趋于庞大；城市化的发展使得越来越多的人工作和生活在道路纵横、管网密布、复杂设备和高技术严密包裹的环境中。人类面临的安全问题越来越多元化，安全问题已经延伸到生产、生活、环境、技术、信息等社会各个领域，社会风险的构成及其后果趋于复杂，自然灾害、工业事故、卫生防疫、社会安全之间没有截然的分界线，相互依赖的加强和时空距离的缩短加剧了事故的扩散效应，某一风险的发生往往会引发其他风险，综合风险日益突出。2005年11月13日，中石油吉林石化分公司双苯厂发生爆炸事故，造成8人死亡，60人受伤，并引发松花江水污染事件。2011年3月11日，日本近海发生9.0级强烈地震，地震之后，福岛核电站的主要电力系统被破坏，为核电站供电的电力系统不能发挥作用。此时，核电站的备用电池和柴油发电机开始工作，靠电池维持了核电站一段时间的供电后，很快应该由柴油发电机供电，但这时海啸又接踵而至，备用发电机全部失灵，核电站的冷却系统不能正常工作，1号机组核反应堆内的氢气开始溢出，在厂房内聚集，12日以爆炸的形式冲破了厂房楼顶，接着3号机组、2号机组及4号机组相继出现了同样问题。突发的核电站事故比地震海啸更加直接地影响了福岛周边各县和整个东京圈。日本的这一场核事故，很快就推进演变成了一场全世界范围对于核能安全的高度关注[77]。

工业化、城市化和经济全球化等因素使得经济系统不断发生着变化，这些变化可能通过对安全系统元素的影响，作用于安全系统，为安全系统带来一定的压力，也使得工业灾害发生的环境及现象日趋复杂，造成严重经济损失，例如，城市化和工业化的快速发展，城市人口剧增，城市空间不断扩张；由于城市规划和管理滞后于城市的快速发展，致使不少原本处于城市边缘的老化工工业区已经被城市包围，化工灾害隐患已经成为危及城市安全的突出问题；城市燃气调压站、液化石油气储备站、灌装站等布点与周围建筑物的间距不够；燃气输配系统没能按城市和区域的总体规划进行设计等，无形中增大了灾害侵袭和损失的概率。2010年7月28日，因盲目施工，南京原第四塑料厂发生丙烯管道燃爆事故，造成13人死亡、100多人受伤，爆炸点周围近$2km^2$范围内的3000多户居民的住房及部分商店玻璃、门窗不同程度破碎，建筑物外立面受损，少数钢架大棚坍塌。在工厂周边，早在十多年前就集聚着多家化工厂、液化气厂、加油站等。而这些工厂都是二十多年前陆续兴建的，那时迈皋桥地区还是一片农村景象。但是，随着南京城区规模扩大，迈皋桥地区建起了大量的居民小区和商铺。不仅是南京，在我国其他一些大中城市，由于城市扩容，目前仍有一些危险化工企业留在新扩展的城区，与居民住宅混杂，还有相当数量的有毒有害工业原料等经铁路、公路、内河、海运等方式运抵相关城市，在这些城市中转或储存，这无疑使所在城市发生化工灾害事故的危险性大大增加。此外，近年来，一些沿海城市大力发展临海化工业，一些化工园区迅速扩张，也对所在城市的化工安全控制提出了严峻考验。

灾难性事故已经成为社会生活、经济发展中的一个十分敏感的问题。事故灾害的发生造成巨大的人财物损失，破坏生产秩序，对经济发展构成约束效应，使得安全对经济的制约作用凸显出来，安全已经成为当代经济系统、生产运行系统的前提条件，安全在多重尺度上通过反馈来影响经济系统，安全问题已经成为重大经济技术决策的核心问题。

安全系统对经济系统的适应性或弹性已经成为维持经济系统平稳健康发展的基础条件。作为经济系统的风险控制器，安全系统对包括经济系统在内的环境变化的适应能力是维护经济系统持续和稳定运行的前提和保证。在压力的作用下，一旦安全系统适应性降低，其脆弱性便会导致生产事故、火灾等灾害事故的发生，而灾害事故将对安全系统和经济系统造成一定程度的损害。因此，事故灾害可以被看成经济系统和安全系统出现失衡状况的应急反应。

3.2　安全发展与经济增长系统的共生互动与协同演化

3.2.1　技术发展推动经济发展的同时，也不断向人类提出安全问题

从历史看，安全问题随着生产的出现而产生，随着生产和技术的发展而发展。随着生产的不断发展，依次出现了同各个历史时期生产状况大体相适应的安全技术措施。安全科学伴随着人类社会的发展和生产技术的进步逐步从低级走向高级，从经验走向科学，这个过程大致可以分为 4 个阶段，如表 3.1 所示。

表 3.1　社会发展与安全科学的演化

文明进程	财富主要来源	基本组织特征	技术特征	认识论	方法论	安全科学的特点
农业时代	土地	奴隶制 封建制	农牧业 及手工业	宿命论	无能为力	被动承受自然与人为的灾害和事故，对安全现象的感性认识
第一次工业革命	资本	等级制度	蒸汽机时代	局部安全	亡羊补牢，事后型	建立在事故与灾难的经验上的局部安全意识
第二次工业革命	资本	等级制度	电气化时代	系统安全	综合对策及系统工程	建立了事故系统的综合认识，认识到人、机、环、管综合要素
第三次工业革命	知识	网络结构 扁平结构	信息化时代	安全系统	本质安全化，预防型	从人与机器和环境的本质安全入手，建立安全的生产系统

远古时代，人类主要靠渔猎和采集生存，生产力水平极其低下，大自然中充满着令人恐怖的力量，人类的生存随时可能受到威胁。原始人为了生存就不得不

随时冒险，强大的敌对部落、凶猛的野兽、蔓延的林火、肆虐的山洪就构成了他们随时面临的风险来源。在强大的自然力面前，人类感到自身的力量非常弱小，人类的命运主要受制于自然的支配，这是自然控制人类力量最强大的时期。面对不确定的自然风险，人们认为风险来自于强大的自然力，是自然神灵的一种安排，人在这种强大的自然面前，只能顺从、听命于自然，由于畏惧自然界的力量，因而不可避免地产生了一种对自然界中的动物、植物和神奇现象的崇拜，通过这种自然崇拜来保佑平安，避免风险。

进入农业时代，大部分人口以农业为生；矿业开始也是农业的一项副业，采量很小。能源大都还深埋在地下，煤炭只有埋在地下不深的地方，才偶尔掘出作燃料。运载工具还很原始，从矿区把煤运出，由于道路荒芜，受到很大阻碍。在能源贫乏的时代，还谈不上有连续工序的企业。制造业主要还是手工操作，或只用最简单的技术辅助工具操作。随着手工业的出现和发展，生产中的安全问题也随之而来。但是，由于生产力水平低下，那时人类对自然界的认识还仅仅停留在表面现象上，对安全现象的认识只是一些零碎而互不联系的感性认识。

第一次产业革命推动人类社会从农业时代进入工业时代，伴随着人类理性的启蒙和科学技术的发展，工业实践活动成为人类活动的主导方式，工业取代农业成为人类文明发展的强大物质基础和推动力量。蒸汽动力机械代替手工成为人类社会的基本生产工具，使手工作坊转变为工厂。煤炭、冶金、机器制造、交通运输等工业部门兴起并迅速发展。蒸汽机拉开了工业化的序幕，奠定了现代化的经济基础，促进了工厂制度的初步形成。实际上不仅是工厂，而是整个社会正在按这一模式构建起来。

随着工业化的深入，人们发现蒸汽机作为动力存在着笨重、肮脏、传递距离有限等缺陷。1831 年，法拉第发现电磁感应现象，他设计了通电导线在磁场中转动的装置，一个圆筒形线圈和一根磁铁棒，当把磁铁棒塞进或拉出圆筒时，线圈里就产生了电流。此后，麦克斯韦提出了电磁理论。1866 年，德国科学家西门子制成一部发电机，后来几经改进，逐渐完善，到 19 世纪 70 年代，实际可行的发电机问世。电动机的发明，实现了电能和机械能的互换。随后，电灯、电车、电钻、电焊机等电气产品在社会生产中广泛应用。电力、电气技术引发了第二次工业革命，大大推进了工业化的进程。内燃机技术推动交通运输行业的快速发展，新兴产业和新的产品不断出现和迅速成长，拉动相关能源和材料工业的发展，从而使产业结构发生迅速转换和升级，进而形成了以重工业、新兴工业和化学工业等产业为主导的工业体系，科技对生产力和经济社会发展的推动作用越来越显著，科学技术推动工业化向纵深发展。新的生产技术推动企业组织和制度的创新。用机床装备起来的大规模制造业具有两个基本特征：互换性标准化和装配作业。流水线的作业生产方式把动力、准确性、经济性、系统性和高速运转等原则应用到制造业。泰罗在此基础上提出了标准的操作方法。随后德国的马克斯·韦伯（Max Weber）提出了工业组织理论，认为要用大工业的行政管理体制代替传统的经验管理制度。显然，科技的发展不断地促进社会经济发展，也不断地改变工作环境和工作状态。

随着人类“征服自然”的实践活动愈演愈烈，人类的生存状况正经历着深刻的变化。工业生产方式既提高了人类改造自然的能力，使人类不断摆脱对自然界的被动依赖，也增强了人类制造风险的能力，加重了人类破坏自然的程度，工业生产中的安全问题突出起来。科学技术的进步在很大程度上改变了灾害的原有属性，使许多自然灾害成为人为灾害。火药、炸药的发明和应用不仅改变了战争形式，也使人类面临的安全问题复杂起来。1884 年 3 月 18 日，美国新泽西州吉布斯敦附近的杜邦炸药工厂，1t 硝化甘油在处理硝化器中发生失控反应，由于爆炸本身和它所产生的破碎，5 名现场人员在事故中丧生。1917 年 12 月 6 日，加拿大新斯科舍省（Nova Scotia）的哈利法克斯港，由于误解了信号，比利时运送救济物资的一艘货船撞上了“蒙特布兰克号”法国货船，后者正装载着用于战争的 2500t 炸药（苦味酸和 TNT），撞击产生的火花引燃了货舱内可燃的液体和炸药，爆炸摧毁了哈利法克斯北部区域，造成 2000 人死亡，其中包括船员和哈利法克斯居民。1921 年 5 月 21 日，德国奥帕 BASF 化肥厂发生化肥堆爆炸事故，一堆硝酸铵和硫酸铵的混合物由于日晒雨淋而板结了很厚的一层外壳，工人们用爆破的方法从中取下一部分，在此之前工人们已经使用过 15000 次这种办法，都没有发生过事故，然而这一次化肥堆发生了爆炸，摧毁了工厂，并造成 561 人死亡。

石油化学工业的快速发展为人类生产生活提供越来越多的产品。目前，在已知的 1100 万种化学品中，有 10 万种上了工业生产线，并且每年有 1000 种新的化学品投入市场。在 2500 种批量生产的化学品中，有近 85%的年生产量超过 1000t。然而随着危险化学品的生产、运输、使用和排放单位急剧增加，化学品的失控性反应、爆炸、火灾、泄漏和喷出事故不断地给人类带来灾难。迄今为止，人类历史上最严重的化学事故是博帕尔灾难，1984 年 12 月 3 日凌晨 1 时许，印度博帕尔市北郊的一家专门制造农药杀虫剂的美国大型化工厂，存储 MIC（异氰酸甲酯）气体罐的自动安全阀门失灵，约 1.8 万升的 MIC 毒气全部泄出，很快在工厂上空形成了一团蘑菇状的气团。这些致命的毒气笼罩了约 $40km^2$ 的地区，波及 11 个居民区。惨案发生 3 年后，因这场事故死亡的人数达 2850 人，5 万多人的眼睛受到损伤，1000 多人双目失明，12.5 万人不同程度地遭到毒害，约 10 万人终身致残。

原子能的和平利用引起了动力革命，为人类提供了新型能源。用反应堆生产的各种放射性同位素，也广泛应用于工业、农业、医疗等方面。核武器的杀伤力是毁灭性的，民用核反应堆和同位素容器，一旦发生事故，泄漏出放射性物质，同样可以造成致命的后果。由于设计上的问题或违反操作规程，世界上已经发生过 8 次核电站事故。1979 年美国三里岛核事故尽管没有导致伤亡，却因此拟定十多万人的疏散计划，引起极大的恐慌。事故的经济损失严重，仅二号反应堆的总清理费用就高达 10 亿美元。1986 年 4 月 26 日凌晨，由于工人违章操作，苏联乌克兰境内的切尔诺贝利核电站发生大爆炸，大量放射性物质泄漏，成为核电时代以来最大的事故。事故后 15 年内有 6 万～8 万人死亡，13.4 万人遭受各种程度的辐射疾病折磨。在之后的十几年中，虽用坚固的水泥将核源固化为坟丘，但是仍然免不了多次发生核泄漏、核爆炸。2011 年 3 月在日本宫城县东方外海发生的强烈地震与海啸导致福岛第一核电站中一系列设备损毁、堆芯熔毁及辐射释放等灾害事件，对生态环境、居民健康以及社会发展都产生了难以估量的严重影响。彻底消除核事故危害已成为一个涉及诸多因素的综合性问题。

汽车、火车、船舶、飞机等交通工具在为人类带来巨大经济效益和许多生活便利的同时，航空事故、车祸和海难造成人数众多的死亡事故也给人类带来难以愈合的伤痛和更多的思索。自 1886 年世界上第一部汽车问世的 100 多年以来，迅猛发展的道路交通工具极大地推进了现代文明的发展，然而也带来了巨大的灾难，至今，全球已有 3000 余万人死于车轮之下，远远超过第二次世界大战的死亡人数。目前全世界每年有 50 万人死于交通事故，虽然我国汽车保有量只占全世界的 1.9%，但事故死亡人数却占全世界的 15%左右，每年有 10 多万人因交通事故致死。1912 年 4 月 14 日晚 23 时 40 分，世界上最大的客轮、号称“永不沉没”的英国银星公司超级远洋客轮“泰坦尼克”号在其驶往纽约的处女航途中撞上一座冰山，次日清晨 2 点 20 分沉入洋底，出事地点在纽芬兰的大浅滩以南 95 千米，除了 695 人（多为妇女和儿童）爬上救生艇得以生还外，1513 名乘客与船员葬身大海。1994 年 9 月，“爱沙尼亚”号渡轮沉没，因机器出现故障而使船体侧倾，船上 1049 名乘客中仅 197 人获救生还，是欧洲海运史上的一次重大海难。

1987 年 11 月 8 日，英国伦敦皇十字街地铁站因自动扶梯下面的机房内产生电火花，引燃自动扶梯的润滑油，浓烟沿着楼梯通道四处蔓延，由于行驶列车带动的气流及圆筒状自动扶梯的通风作用，致使火越烧越烈，人们争先恐后地冲向出口，许多人被烧、压、窒息而死。这次火灾使 32 人丧生（包括一名消防员），100 多人受伤，地下二层的两座自动扶梯和地下一层的售票厅被烧毁。1995 年 10 月 28 日，阿塞拜疆巴库地铁因机车电路故障，诱发火灾，殃及列车第 3、4 节车厢着火，由于司机缺乏经验，紧急刹车把列车停在了隧道里，给乘客逃生和救援工作带来不便，加之，20 世纪 60 年代生产的车辆使用的大部分材料都是易燃物，燃烧时产生大量烟雾和有毒气体，这场火灾造成 558 人死亡，269 人受伤。2000 年 11 月 11 日，奥地利萨尔茨堡州基茨施坦霍恩山，一列满载旅客的高山地铁列车在隧道内运行时发生火灾，死亡 155 人，受伤 18 人，由于通讯指挥信号失控，正当这列上行线列车燃烧时，一列下行线列车驶来，在此相撞造成车毁人亡。事后调查认定火灾是由于列车上的电暖空调过热，使保护装置失灵引起的，此处高山地铁运营长度为 3800 米，海拔 3029 米。沿着一个 45°角的铁轨上行或下行，是世界上有名的高山地铁。该地铁内安全标准过低，没有火灾自动报警系统，没有安全疏散指示标志和避难间，这也是造成众多人员伤亡的重要因素之一。1992 年 11 月 24 日，中国南方航空公司一架波音 737 型 2523 号飞机，从广州白云机场起飞，执行 3943 航班飞往桂林的任务，约于 7 时 54 分在广西阳朔县杨堤乡土岭村后山粉碎性解体，机上 133 名乘客和 8 名机组人员全部遇难。2000 年 7 月，法国协和航空公司超音速运输机坠毁，飞机起飞时轮胎被跑道上的钛金属碎片扎破。10 磅[①]重的轮胎碎片击中飞机左翼的燃料箱，撞击在燃料中引起冲击波，从内壁击破了燃料箱。燃料迅速泄漏进引擎的通风口。燃料蒸气和火焰进入左引擎，导致丧失动力，事故中 113 人遇难。1961 年 4 月 21 日，第一艘载人宇宙飞船飞上太空，开始了人类航天新纪元。然而，人类在实现飞天梦想、挑战太空的科学探索中付出了沉重的代价。1986 年“挑战者”号失事，是迄今航天事故中最惨重的一次，舱内 7 名宇航员全部遇难，直接经济损失 12 亿美元。

残酷无情的技术灾害使人们深刻认识到：现代科学技术是一把“双刃剑”，

---

① 1 磅=0.4539237038kg。

一方面，技术安全高效的利用能够给人类带来现代文明和巨大财富；另一方面，技术失控或失策也可能导致前所未有的各种灾难。技术风险成为人类必须面对和解决的根本性问题。

20世纪初，许多西方国家建立了与安全科学有关的组织和科研机构，形成了安全科学研究群体，进行了大量的资料总结和事故统计，研究工业生产中事故预防技术和方法，相继发明了各种防护装置、保险设施、信号系统及预防性机械强度检验等。西方各国先后颁布劳动安全方面的法律和改善劳动条件的有关规定，强制资本所有者重视安全工作，在技术、设备上采取措施，保障工人的人身安全，改善工人的劳动条件，保证生产的顺利进行。

城市化的发展使得越来越多的人工作和生活在道路纵横、管网密布、复杂设备和高技术严密包裹的环境中。以往的高风险系统不存在第三类和第四类的受害者。明朝贸易商船不可能污染渤海湾，二战期间的轰炸机也不可能载着核武器和建筑物相撞，老式的化工厂，不像今天有那么大的规模，那么大量地生产易爆或剧毒的化学品，也没有那么近地靠居民区。城市化和工业化的发展，使得高风险系统与公众的距离在缩短。基因等技术的研究和应用甚至可能危及未来几代人。总之，无论从空间还是时间维度来看，安全风险都是没有边界的。

经济全球化发展促使高度依存的世界体系正逐步形成，世界范围内社会联系的增强、各种现代化的高科技手段及其他跨越时空的社会连接物的全球延伸，使得不同国家与地区经济单元间依赖性日益增强，社会各组成单元之间的依赖性日益加强，产业链环节增多并趋于庞大。在当代社会，人类面临的安全问题越来越多元化，安全问题已经延伸到生产、生活、环境、技术、信息等社会各个领域，社会风险的构成及其后果趋于更加复杂，自然灾害、工业事故、卫生防疫、社会安全之间没有截然的分界线，相互依赖的加强和时空距离的缩短加剧了事故的扩散效应，某一风险的发生往往会引发其他风险，综合风险日益突出，从而产生一系列的安全和可持续发展的问题。灾难性事故已经成为社会生活、经济发展中的一个十分敏感的问题。安全已经成为当代经济系统、生产运行系统的前提条件，安全问题已经成为重大经济技术决策的核心问题。

人们逐渐认识到局部安全缺陷，传统的建立在事故统计的基础上的经验型的安全工作方法和单一的安全技术已经远不能满足现代化生产与科技研究的要求，必须以一种全新的方法来取代或至少补充传统的被动式反应方法，需要从技术和社会综合视角分析当代安全和风险问题。

3.2.2　安全与经济增长系统协同演化的多层特征

安全起源于人类直接或间接的生存需求。安全依附于生产过程，伴随着生产过程而存在。科技发展不断向人类提出安全问题，人类通过在生产过程中不断探寻，实现安全生产的技术和手段，以维持生产的顺利进行和保障自身健康、生命和财产的安全。任何安全问题都是在特定的社会生产关系条件下产生的，都必然依存于一定的社会因素和社会条件，体现一定社会生产关系的特定要求。由于安全系统和经济系统均根植于同一个社会生产系统，这种根植性使得二者之间存在着密不可分的关系，它们彼此间的相互影响与相互作用，形成了具有耦合特性的复杂适应系统。不同层次的安全与经济发展之间存在着立体的多维的影响关系，在共生互动中协同演化，如图 3.2 所示。

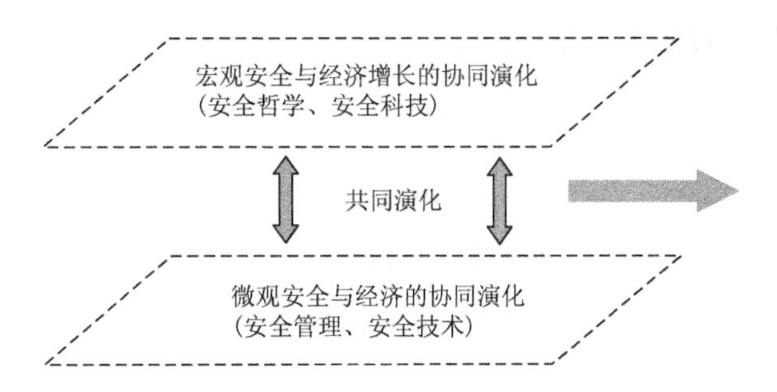

图 3.2　不同层次的安全与经济增长的共生互动和协同演化

安全生产是整个经济社会大系统中的一个重要子系统，是人类生产经营活动中最重要的基本前提，在不同发展阶段、不同经济特征条件下，对应不同的安全生产状况，与安全生产之间存在着密切关系。作为社会生产系统不可分割的组成部分，安全与经济系统在发展过程中除了受到自身组织机制的支配，还受到自然规律的制约和人类不断变化的需求的影响。安全系统的结构和功能属性需要适应不断变化的经济环境，安全系统随着经济环境的变迁而演替。因此，安全与经济发展是共生互动和协同进化的。这些变化类似于自然系统中的协同进化，捕食者或猎物的每一点进步都会成为一种选择压力促进对方发生变化，即协同进化。因此，我们借鉴生物协同进化的思想，将生物中协同进化的概念引申到安全科学，将安全系统为了适应经济系统的进化而进化的现象称为安全系统与经济系统的协同进化。

3.2.3 安全需求是推动安全与经济增长系统协同演化的动力机制

“安全”是人们最常用的词汇，从汉语字面上看，“安”指“无危则安”，不受威胁，没有危险等；“全”指“无损则全”，完满、完整、齐备或指没有伤害、无残缺、无损坏、无损失等。显然，“安全”通常是指人和物在社会生产生活实践中没有、不受或免除了侵害、损伤和威胁的状况。

马斯洛提到人的动机由多种不同层次与性质的需求组成（图 3.3），包括生理需求、安全需求、社交需求、尊重需求和自我实现需求等。生理需求是人们最原始、最基本的需要，这些需求若不满足，则有生命危险。安全需求要求劳动安全、职业安全、生活稳定、希望免于灾难、希望未来有保障等，如操作安全、劳动保护、保健待遇、失业、意外事故、养老和希望免受不公正待遇等。安全是人及群体生存与发展的基本条件和保证。

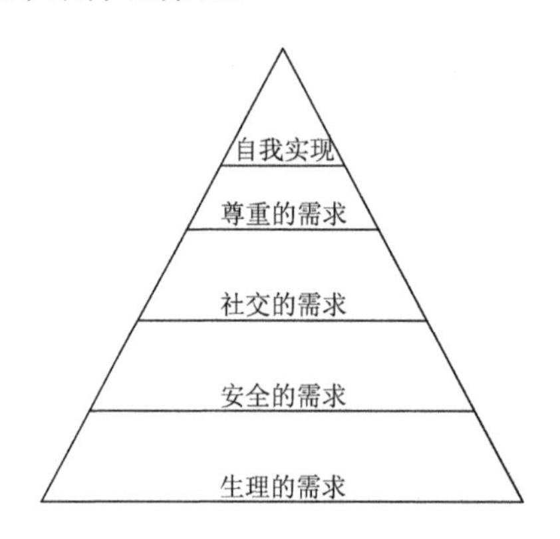

图 3.3　马斯洛对需求的分类

科学技术发展使得人类社会生产方式不断变化，经济增长赖以生存的技术系统不断更新。生产和科研过程中不断发生的事故灾害为人类提出安全需求。由于人类对危险的认识与控制受到社会、自然或自身条件的限制，因此，安全是一个相对概念，其内涵和标准随着人类社会的发展而变化，不同的时代，人类面临的安全问题是不一样的，安全的内涵不断地演变。在人类社会的不同历史发展阶段，人们对安全内涵的理解与安全标准存在很大差异。

在人类历史的早期，人们对安全的需求只体现为求生、保健的功能。在有了狩猎、畜牧、农耕和矿冶等生产活动以后，生产动力主要靠人、畜，在某些地方用到了火、水、风力，生产方式比较简单、水平低下、规模狭小甚至是个体劳动。为了防止野兽、环境、生产工具的伤害，人们不得不注意自我保护，研究、掌握一定的安全技术。

到了 18 世纪，以蒸汽机为标志的产业革命变革了经济增长的动力，人畜动力、手工工具逐渐被大型机器所替代，进入“人＋机器”的时代。机器虽然极大地放大了人力、解放了人、提高了生产力，但也造成人的严重伤亡和财产损失。19 世纪 40 年代，电的应用进一步推动了产业革命的发展，同时又提出了如何防止电气伤人和电火灾等安全问题。化学工业的发展更是带来了一系列的化工安全问题。汽车行业的发展改变了人类的生活和工作方式，开拓了人类的活动范围，促进了贸易的发展，也带来了严重的交通事故问题。可以说，每个产业部门的出现和发展，都同时有它相应的安全问题相伴随。在 200 年的时间里，人们为了同事故灾害作斗争，逐渐从“被动挨打”的状态中走出来，开始自觉地、积极地研究安全问题，从而初步认识了一些安全规律，建立了各学科、各行业近代的产业安全技术和管理体系，例如，以海因里希的“1∶29∶300”法则为代表的理论的传播，防止机械、电气、矿山、化学、放射性等事故灾害的法规、标准、指示、报警、阻隔防护装置与措施等。但这些安全技术和管理体系主要还是着眼于一些局部或单元，方法仍主要是直观、表面、凭经验与事后处理，从总体上看还处在单学科研究的局部认知阶段。

20 世纪 60 年代以后，信息技术迅速发展，人们把系统工程、信息论、控制论的理论和方法及电子计算机技术应用于从规划、设计到组织、管理的产业全过程，使生产规模更加大型化、机械化、连续化、自动化，因而更加复杂化，形成了“人＋机器”和知识密集、能量密集、资本密集的产业态势，生产周期缩短，产业技术更新换代日新月异。在这种情况下，传统的产业安全经验、技术及方法固然重要，但远不能满足现代科学技术及其武装起来的产业的需要，于是现代安全科学技术便应运而生。

在现代技术系统中，安全的本质是反映作为该系统的要素的人、物、机、环境及它们之间关系的协调发展和适应的问题。安全问题呈现出的随机性、动态性和复杂性等诸多特性，必须用现代安全科学技术才能予以解决。

3.2.4　安全观与经济增长系统协同演化

安全观是世界观的一个重要组成部分，包括对安全的看法、态度、价值取向、道德标准、行为规范，安全思维与方法论，安全的精神与物质、偶然与必然、相对与绝对等。人类对安全的认知是与人类社会经济的发展密切相关的。

在人类历史进程中，伴随着人类改造自然和经济社会的发展，人类安全活动的认识论和方法论一直伴随着人们世界观的发展而发展。人类以鲜血和生命为代价，从事故的经验、灾害的毁损中，不断发展对安全与减灾的运动规律和本质的理解和认识，从低级发展到局部有知阶段，再到系统的认识阶段。不同时代、不同的历史时期，人们的安全观是不同的，在同一历史时期，不同人群的安全观也存在明显差异[78]。

1. 早期的安全宿命观

17世纪以前，人类对于安全问题的认识具有宿命论和被动承受型的特征。所谓安全宿命观，简单地说就是“听天由命”。安全宿命观的产生与时代特点有关，远古时期，生产力水平低下，科技水平尚处在初始阶段，人们面对天灾人祸无能为力，表现出人们的一种无奈、无知和软弱，因而只能听天由命。一方面，宿命论所强调的服从命运的主张具有消极的一面；另一方面，它强调人要适应自然，要按照自然规律改造自然却具有一定的积极意义。从历史过程来看，相对于大自然，人的力量毕竟是有限的，所以无论到何时，人要顺应自然，才能实现安全。

2. 安全经验论与安全知命观

17世纪末期至20世纪初，技术的发展，使人们的安全认识论提高到经验论水平，在事故的策略上有了“事后弥补”的特征，这种由被动变为主动，由无意识变为有意识的活动，不能不说是一种进步。

安全知命观，其中的“命”说的是天命。反映了人们开始依据经验，把握安全的特点和规律。人们通过自己的实践活动，总结积累事故的经验教训，从而得出与某事相关联的“命运”的好坏和安全活动的局部预知。早在公元前的战国或秦汉时期，我国就出现了朴素的辩证的儒家作品《周易》。《周易》通过八卦形式（象征天、地、雷、风、水、火、山、泽）的自然现象，推测自然和社会变化，认为阴阳两种势力的相互作用是产生万物的根源。提出“刚柔相推，变化其中矣”等朴素辩证的安全活动预知观点。到了欧洲工业革命时代，人类在生产活动中，又总结了农业、工业、工程技术和管理的相关安全经验，掌握了保护自身安全的技术、方法和措施，人们也就成了安全生产活动的有知者。安全知命观具有时代特点，因为经验在不断总结、不断升华。经验始终是指导安全工作的宝贵财富，人们常说的吸取事故教训以指导安全工作就是安全知命观的具体体现。

3. 综合安全认识观

20 世纪初至本世纪 50 年代，电气时代的出现和军事工业的发展，使人类的安全认识进入了综合安全认识观的水平。其活动特征表现为从局部专业的安全处理方式转变为综合分析和系统考虑的科学运作，如在矿山、化工、石油、机械等行业，机械安全与电气安全交叉、物理安全与化学安全交叉等形式的安全综合对策和技术得到了发展并趋于成熟，从而促进了系统综合安全技术的发展，为进入现代安全科学阶段奠定了基础。但这一阶段的综合安全认识观也存在着一定的缺陷，这就是安全对于技术系统、生产系统等还处于辅助性、被动性和滞后性的状态，这与 20 世纪 50 年代以后发展起来的航天技术领域是不相适应的，因为航天技术不可能在经验和统计学的基础上来发展。因此，人类的安全认识又面临着挑战。

4. 系统论与安全系统观

20 世纪 50 年代以后，随着宇航技术、核技术、信息技术等高科技的不断推广和应用，生产生活中出现的安全问题变得极端复杂。现代高技术系统和宇航技术的可靠性和安全性要求人们改变综合安全认识阶段的安全辅助性、被动性和滞后性的认知，将安全视为生产系统和技术系统的核心，使得安全具有超前性和主动性，安全的自组织和重构功能充分得以实现。

人类是自然界的产物，人类运用自己的智慧，通过劳动，不断地利用自然、适应自然，创造新的存在条件。但由于人类在认识、利用或改造自然中受到许多社会条件的限制，永远不可能穷尽对客观世界的认识，完全掌握不断发展变化的客观世界规律，因而其认识总会有盲区和无知，其实践活动难免有盲目性和冒险性，在利用自然、创造财富的过程中，安全问题总是被滞后地认识。此外，社会、心理、教育等众多因素也会影响人们对风险的态度和行为，使人们不自觉地接受或制造各种危险。事故的发生或者同类事故的连续重复，既体现了人类在探索和发展中付出的代价，又表现出人类自身的无奈和无知，表现出科学技术进步和经济社会发展所付出的代价或表现出科学技术的落后和社会管理的缺陷。不断发生的事故刺激人类对安全的需求，迫使人们去分析事故现象、研究事故规律和掌握安全技术，不断消除隐患、遏制事故，保护劳动者的生命安全健康。

3.3 安全目标与经济增长目标的权衡取舍与协同互补

由于社会生产主体在特定条件下拥有的资源具有稀缺性，因此，社会生产主体对于经济与安全的投入面临着此消彼长的矛盾权衡。所谓此消彼长，通俗地说，便是鱼与熊掌不可兼得的道理。也就是说，如果选择了安全保护，增加安全投入，就必须以牺牲一定的经济增长作为代价；如果追求经济增长，则必须接受安全系统退化或事故增加的后果。治理事故灾害和改善安全状况必然要占用经济发展资金。此外，事故灾害恶化会增大政府安全管制的压力，为了安全发展，政府出台更严格的法律、法规，制定更加严格的安全标准，限制或终止某些产品的生产和某些资源的利用。而这些控制行为可能会降低经济增长的速度，进而影响经济增长的可持续性[79,80]。这表明，在受到资源约束的条件下，所要求的安全资源存量越高，那么，所能够取得的经济增长就越低；相反，如果对安全资源存量的要求不是特别高，则会增加经济增长（图 3.4）。这实际是一种转换关系，即安全资源存量（Y）与经济增长（X）之间的相互转换，这种转换率（a）为

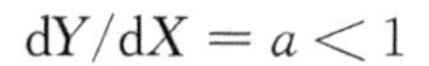

$$\mathrm{d}Y/\mathrm{d}X = a < 1$$

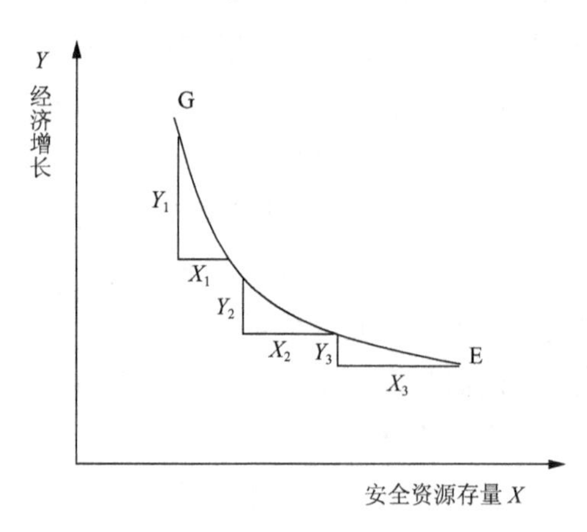

图 3.4　取舍消长关系

安全与经济的权衡取舍关系在现实中是存在的。没有安全资源的投入，正常的生产持续难以保证，就谈不上经济增长。在此，我们需要注意，由于安全资源只是

一个生产要素，经济增长还要受到资本、劳动力、技术等因子的制约，单位安全资源利用量对经济增长的边际贡献并不是等量的。对于给定的资本和劳动力投入量，安全资源存量越大，则在边际水平上资源存量增加对经济增长的边际贡献越小，即

$$|Y_1/X_1|>|Y_2/X_2|>|Y_3/X_3|$$

但在另一方面，我们又不能说安全资源存量水平越低，经济增长速度就越快。因为失去安全资源的保障，经济持续发展也就成为不可能了。因此，从长远来看，权衡取舍的矛盾关系只能在某一限度内存在。

经济增长与安全之间互为促进的关系也是存在的。经济增长为进一步增加安全投入、改善劳动条件创造了物质和技术前提。经济发展水平提高了，部分经济增长又可转变为安全资源，可以投入更多的资源进行技术改造或引进先进的安全生产技术，加大安全投入的力度，增强生产系统的本质安全，促进经济安全发展。相反，如果经济发展水平低下，很可能滥用和过度开发利用资源，降低安全要素的支撑能力，引发事故灾害，影响生产的顺利进行，抑制经济增长，这又可能导致一种逆向的恶性循环。这种关系在平面几何上类似于 $G'E'$ 曲线，如图 3.5 所示。究竟是向 E' 端的良性发展还是向 G' 端的恶性循环，则可能取决于安全与经济增长之间的权衡取舍关系。尤其对于发展中国家而言，经济增长始终是发展的中心问题。只有在经济发展到一定程度时，才能有更多的资金投入到事故灾害治理中去，改善工作条件，促进社会进步。

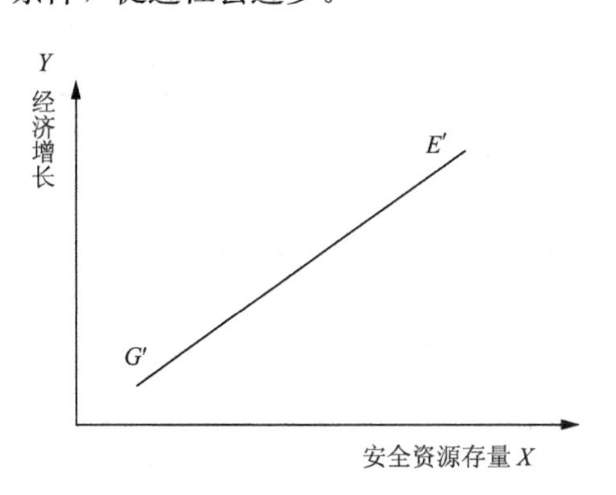

图 3.5　协同互补关系

总之，经济增长与安全的矛盾既对立又统一。因此，安全与经济增长是互动反馈的关系，两者在不断地协调，通过耦合形成了不同的发展模式，具有不同的特征。

3.4 安全与经济系统交互作用的时空特性

安全与经济系统交互作用具有时间与空间两方面的意义。同一区域经济发展与安全呈现二者交互作用的时间意义，而一段时间内不同区域经济发展与安全则呈现出二者交互作用的空间意义。

3.4.1 安全与经济系统交互作用的时间特性

一般来说，安全伴随着经济活动而存在，二者之间存在着时序的协调性，彼此之间一方的生存和发展以另一方为依托，任何一方过度超前或滞后都会对另一方造成负面影响，不利于安全与经济的协调发展。如果经济发展速度过快，超出安全系统耐以消化与承载的能力，安全系统则出现恶化，灾害事故的发生带来较大的人财物损失，经济发展最终被遏制；如果安全投资速度过快，不符合资金利用的最优经济原则，经济正常发展速度因资金的缺乏而不能跟上，安全也将最终失去建设的依托。在二者良性互动的情况下，经济发展能够为安全提供物质支撑。没有经济的高度发展，就没有安全赖以存在的物质基础条件。

图 3.6 描述了社会生产系统经济增长与安全生产的时序耦合。

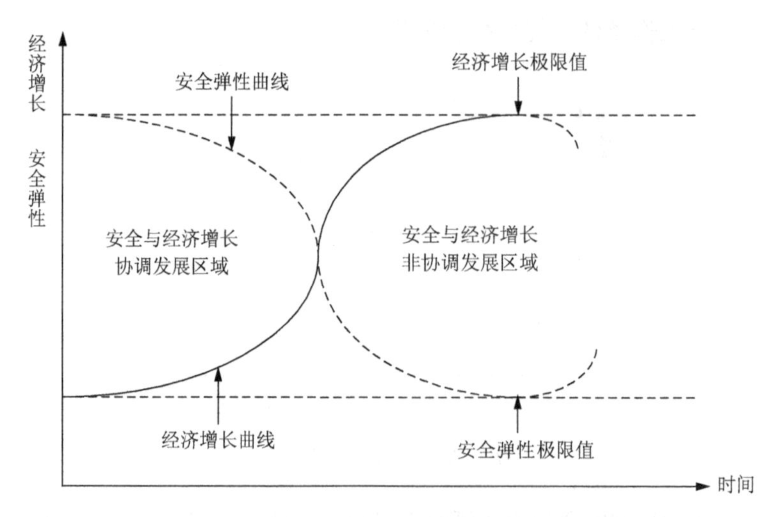

图 3.6 社会生产系统经济增长与安全生产的时序耦合

纵坐标正方向表示经济增长，用增长速度或产量增加表示；一般地，经济增长的变化有发展、巩固、停滞、衰落或复兴等周期性现象。负方向表示系统安全弹性的增加，横坐标表示时间变化。在经济发展的每一阶段，由于生产速度和产量的不断变化，都会对生产系统的安全弹性造成不同程度的影响，一旦经济增长速度或产量超出了安全弹性阈值，便会产生事故隐患甚至导致事故发生，进而影响生产的顺利进行和经济持续增长。围绕经济增长边界和安全弹性合理阈值发展是实现安全发展的重要手段。因此，经济与安全具有的互为影响、互为依存、互为对应的关系，成为耦合在社会生产系统中的重要因素，并围绕着经济增长边界与系统安全弹性合理阈值这一平衡点上下波动。由于经济波动是任何产业发展过程中的常态，经济活动存在上下波动的周期性变动特征（即经济周期），若经济增长与安全之间存在较强的耦合关联度，经济繁荣或衰退与经济速度或产量的需求之间存在着水涨船高的关系，而经济速度或产量的波动会通过影响安全承载力，最终可能导致安全生产发展相应出现周期性波动现象。因此，经济需求最终也会引起安全生产发展的周期性。

3.4.2　安全与经济系统交互作用的空间特性

经济与安全系统在空间分布上相互结合，构成了由安全和经济链交叉融合的立体网络，这一立体网络由资源和要素流动网络、企业网络和城市网络编织在一起，并使地理区位、要素禀赋和产业结构不同的区域承担不同的经济功能和安全功能。由于受资源禀赋、历史基础、区位条件和社会条件等多种因素的影响，不同区域中的生产力要素，包括物质、人力、能量、信息及资本的流动速度和组合程度不相同，安全与经济的耦合、协同范围和程度存在差异，使得安全与经济空间耦合呈现出地域性特征。

3.5　本章小结

本章以社会技术理论、经济学理论、复杂适应性理论和安全科学理论为基础，从理论角度探讨了事故灾害与经济增长的关联性，指出安全系统与经济增长耦合于社会生产系统，事故灾害是社会生产系统失衡的应急反应，安全与经济增长之间存在权衡取舍与协同互补的关系，这种矛盾推动着安全与经济增长的共生互动与协同演化，并使事故灾害与经济增长交互作用，在时间与空间上呈现出某些特性。

事故灾害与经济增长的基本特征比较

第4章

自1978年以来，中国经济持续快速增长的同时，频繁发生的事故灾害也引起社会的广泛关注。经济安全发展成为各界关注的焦点。那么，事故灾害与经济增长之间究竟有什么样的关系呢？经济增长会增加事故灾害风险吗？未来中国事故灾害的治理途径是什么？要回答这些问题，首先需要对中国事故灾害的整体状况进行评价，不仅要和自身进行比较，还要和国外进行比较以找出差距。本章首先叙述了国内工伤事故、火灾和交通事故的历史演变特征。

4.1 我国事故灾害历史演变轨迹及特征

4.1.1 改革开放前事故灾害主要指标的波动幅度较大

改革开放前，我国各类事故灾害呈现出比较鲜明的波动特征。图4.1和图4.2分别是各类事故灾害造成的死亡人数和事故发生频率的演变轨迹。从图中可以看出，工伤事故发生频率及其造成的死亡人数的波动幅度最大，火灾次之，交

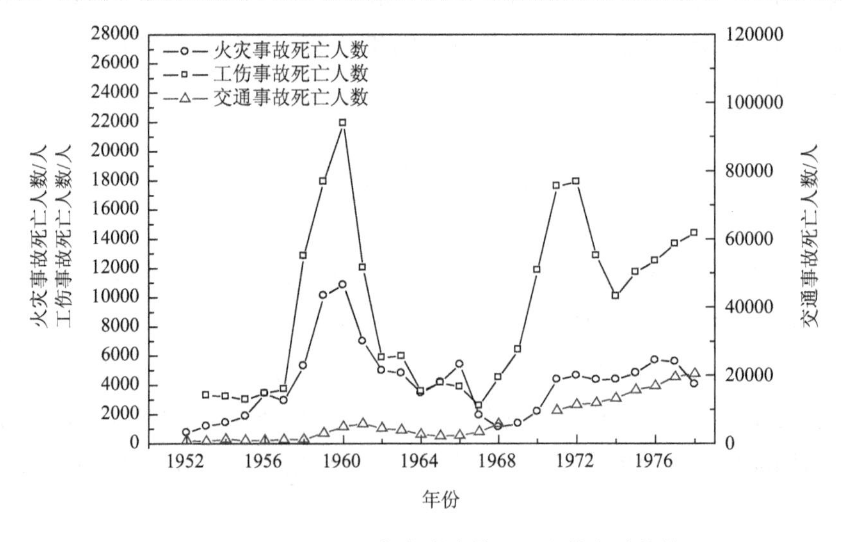

图4.1 1952～1978年各类事故死亡人数变动趋势

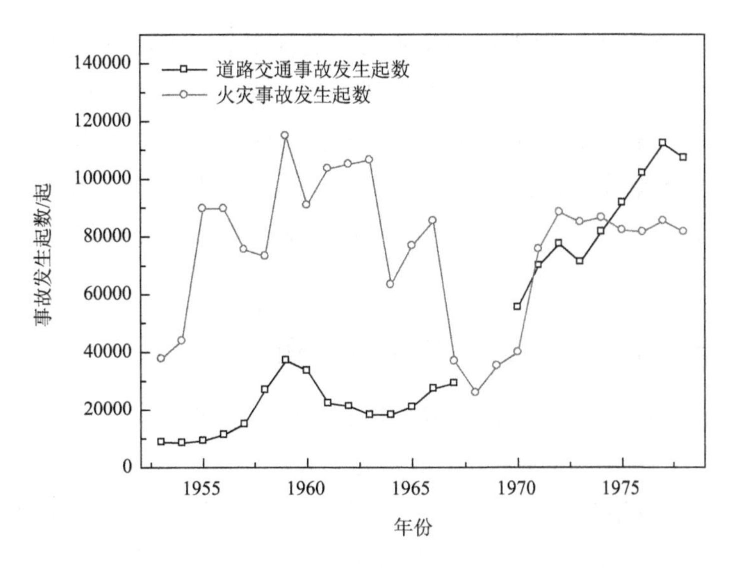

图 4.2　1952～1978 年各类事故发生频率变化趋势

通事故的波幅最小。各类事故灾害的波动期均出现在 1958～1961 年“大跃进”期间和 1970～1979 年“文化大革命”时期，工伤事故和火灾造成的死亡人数均在 1960 年和 1972 年达到峰值，并且，两者呈现出相似的演变趋势。与工伤事故和火灾相比，交通事故发生的频率及其造成的死亡人数变化的波动特征较弱，主要表现为较明显的缓慢上升趋势。

图 4.3 是各类事故相对指标的变动情况。在 1952～1978 年，交通事故

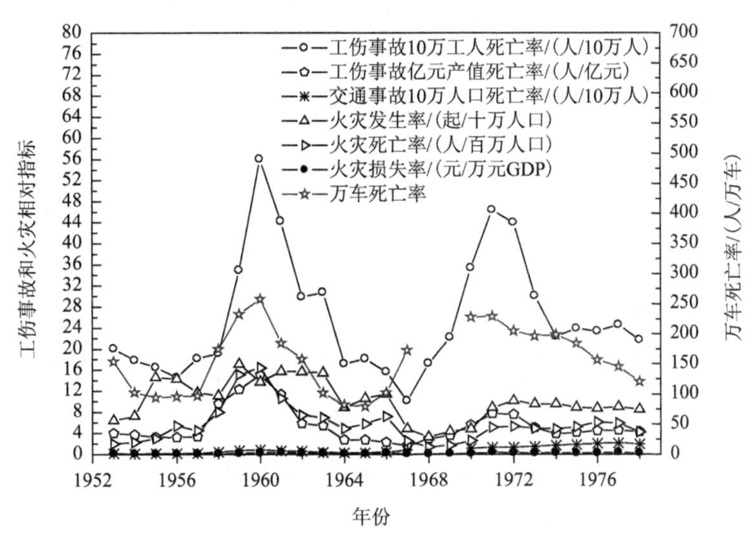

图 4.3　1952～1978 年各类事故相对指标变动趋势

10万人口死亡率和火灾损失率变化不大。其他事故相对指标，诸如工伤事故10万工人死亡率、工伤事故亿元产值死亡率、火灾发生率、火灾死亡率和交通事故万车死亡率等则出现比较明显的波动特征，且波动期均出现在“大跃进”和“文化大革命”时期。其中，波幅由大到小依次为工伤事故10万工人死亡率、交通事故万车死亡率、火灾发生率、火灾死亡率和工伤事故亿元产值死亡率。

4.1.2 改革开放后事故总量仍在高位徘徊

改革开放以后至2002年，交通事故和火灾发生的频率呈现快速波动上升趋势，如图4.4所示。各类事故造成的死亡人数变化如图4.5所示。从图中可以看出，交通事故增长最快，每年因交通事故死亡的人数从1990年的49271人上升到2002年的109831人，在短短13年中增加了一倍多，平均每年增加4658人；工伤事故造成的死亡人数由1990年的7759人上升到2002年的14924人，平均每年增加551人，年递增幅度为7.1%。20世纪90年代以后，每年火灾事故发生起数虽然呈现快速增长的趋势，但是因火灾造成的死亡人数变化不大。

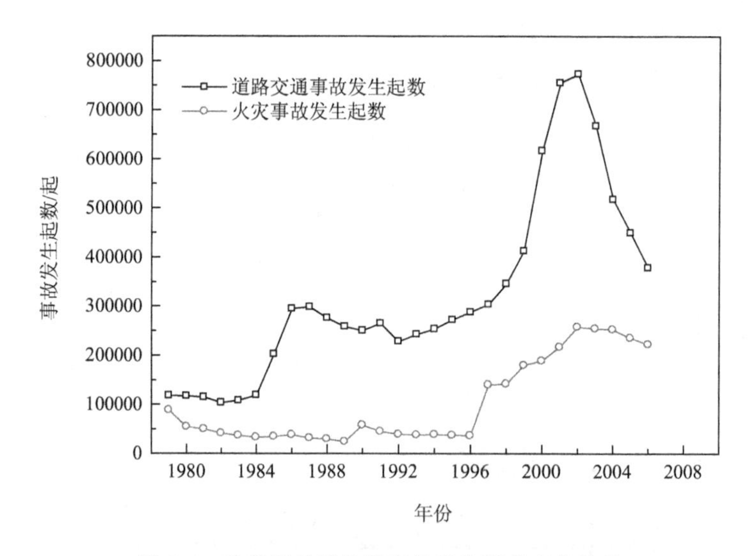

图4.4 改革开放后各类事故发生频率变化趋势

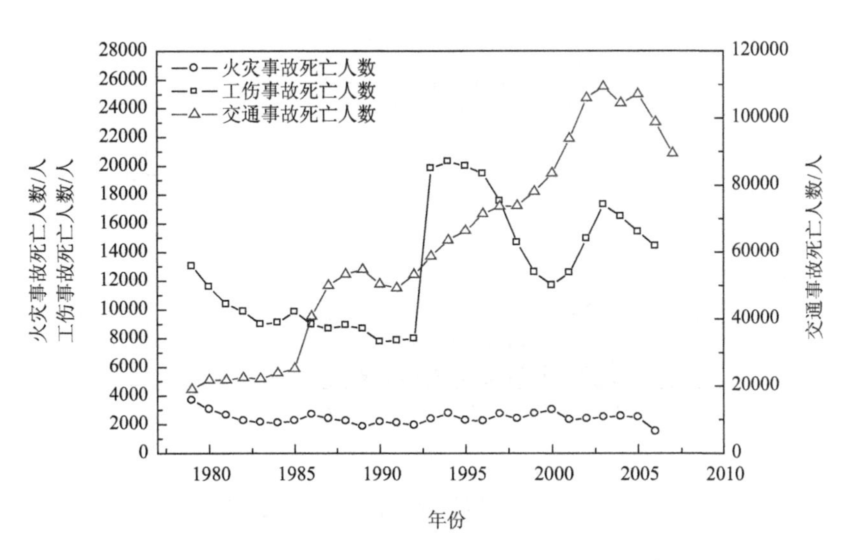

图 4.5　改革开放后各类事故死亡人数变化趋势

为了控制安全生产的严峻形势，2001 年以后，党中央、国务院对我国安全生产工作采取了一系列重大举措。如：成立了国务院安全生产委员会，组建了国家安全生产监督管理局（国家煤矿安全检察局），颁布了《安全生产法》、《国务院关于特大安全事故行政责任追究的规定》等法规，针对安全生产上的薄弱环节和突出问题，集中开展五项安全专项整治工作，特别是加大关闭整顿小煤矿和非法生产烟花爆竹的小厂（作坊）力度，构建了“政府统一领导、部门依法监督、企业全面负责、群众参与监督、全社会广泛支持”的安全工作格局，全面落实科学发展观，坚持统筹兼顾、协调发展的原则，从体制、机制、规划、投入等方面，采取一系列举措加强安全生产，将安全发展纳入国家经济社会发展的大局之中[76]。2003 年出现事故总量下降的“拐点”后，各类事故死亡人数均呈现明显的下降趋势，但是事故发生的总量及其死亡人数绝对值仍然在高位徘徊。图 4.6 描述了各类事故相对指标的变动情况。其中，万车死亡率呈现比较明显的下降趋势，且降幅最大。工伤事故 10 万工人死亡率和火灾死亡率基本呈下降趋势。交通事故 10 万人口死亡率、火灾发生率和火灾损失率均呈现较明显的上升趋势。

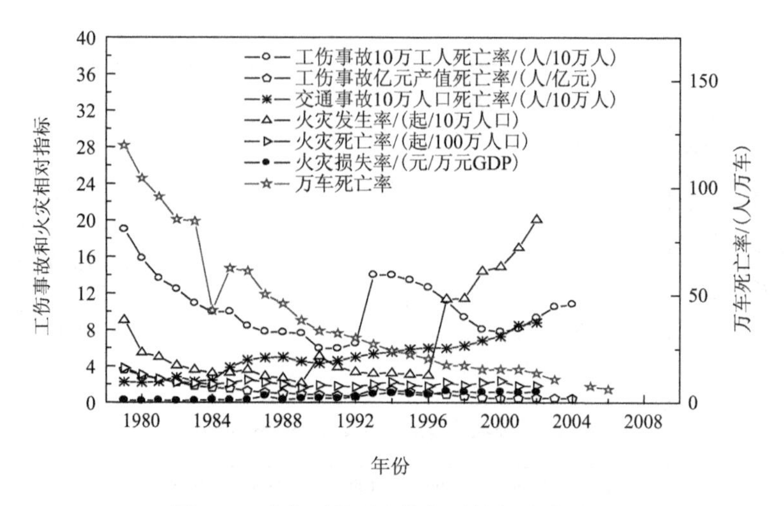

图 4.6　改革开放后事故相对指标变化趋势

4.1.3　事故灾害呈现鲜明的行业特征

在国民经济各行业中，发生工伤事故最多的依次是采矿业、制造业和建筑业。其中采矿业事故起数和死亡人数均居第一位，其次是制造业和建筑业。2008 年，采矿业发生事故 3370 起，造成 5283 人死亡，分别占全部工伤事故发生起数和死亡人数的 32.3%和 41.1%；制造业事故发生起数和死亡人数分别占 31.7%和 25.1%；建筑业发生 2266 起事故，造成 2702 人死亡。排在第 4 位的电力、燃气及水生产和供应业，发生事故 286 起，造成 339 人死亡。如图 4.7 和图 4.8 所示。

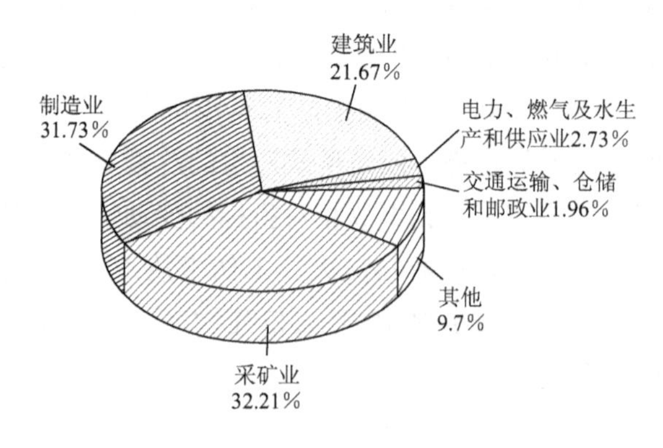

图 4.7　2008 年工伤事故发生起数行业分布

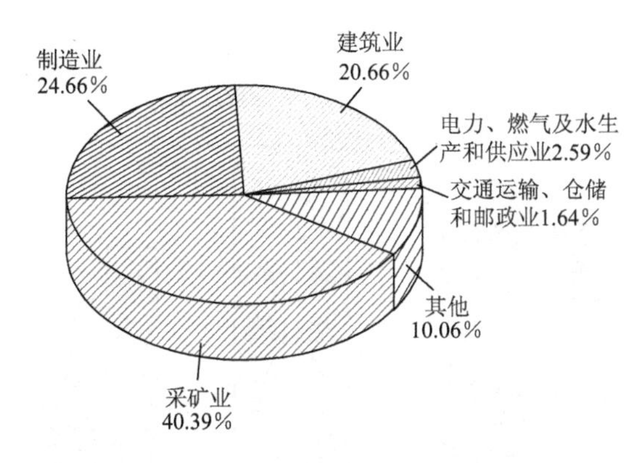

图 4.8　2008 年工伤事故死亡人数行业分布

在采矿业中，煤炭行业是生产伤亡事故最严重的行业，事故居全国各行业的首位，重大事故多发。图 4.9 和图 4.10 分别描述了采矿业内部事故发生起数和事故死亡人数的分布变化趋势。可以看出，煤矿发生事故的频率和死亡人数均高于金属与非金属矿山，2008 年煤矿发生 1954 起事故，死亡 3215 人，分别占采矿业事故发生起数与死亡人数的 58%和 60.9%。

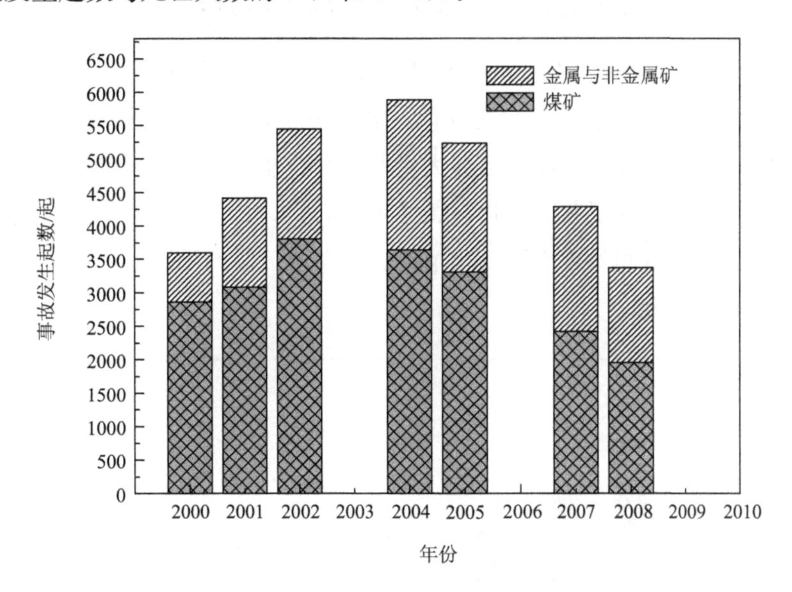

图 4.9　采矿业事故发生起数分布及变化

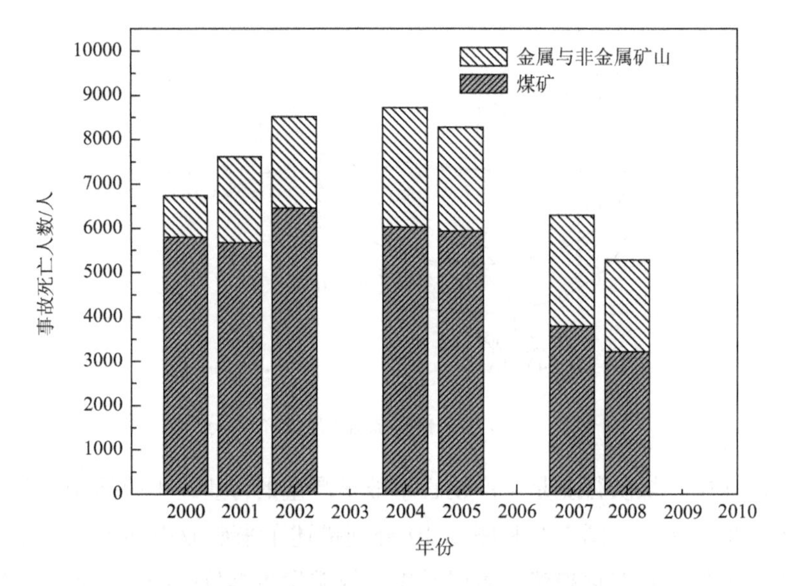

图 4.10　采矿业事故死亡人数分布及变化

4.1.4　不同经济性质的企业事故灾害的风险差异较大

改革开放以后，我国实行了一系列经济体制改革，中国市场化改革不断深入，中国的企业成分发生了巨大的变化，乡镇企业和私营、外资企业大量增加，形成了多种所有制并存的局面。随着大量非国有企业的快速发展和劳动用工制度的改革，安全生产出现了新的变化。图 4.11 和图 4.12 描述了不同经济类型企业的工伤事故发生起数和死亡人数变化情况。排在前三位的依次是私有经济、有限责任公司和国有经济。

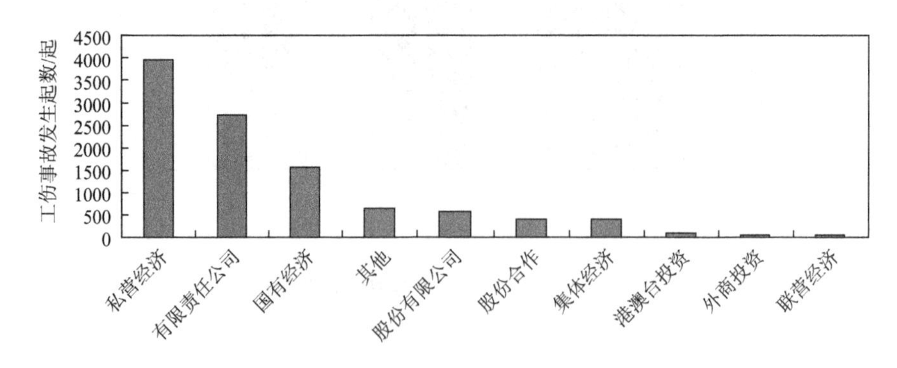

图 4.11　2008 年我国不同经济类型工伤事故发生起数分布

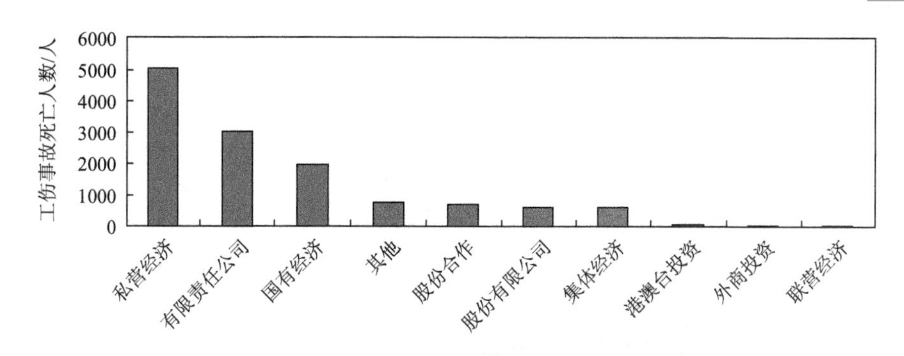

图 4.12　2008 年我国不同经济类型工伤事故死亡人数分布

4.2　事故灾害状况的国际比较

国际劳工组织报告指出，近年来，全球范围内每年至少发生 2.5 亿起职业事故，平均每天死亡 3000 人，每年增加的职业病人 1.6 亿例，职业事故和职业病一起，每年死亡的人数 1200 万人；由职业事故和职业危害引发的财产损失、赔偿、工作日损失、生产中断、培训和再培训、医疗费用等经济损失巨大。例如，美国制造业部门，每年工伤事故的经济损失高达 1900 亿美元以上；德国每年工伤事故和职业病的直接损失为 560 亿马克；澳大利亚每年工伤和职业病的损失费用在 150～370 亿澳元；据欧洲职业安全卫生机构统计，欧盟成员国的工伤和职业病造成的经济损失达到国民生产总值（GNP）的 2.6%～3.8%。根据国际劳工组织的估计，全球每年因事故造成的经济损失约占全球国内生产总值的 4%[81]。表 4.1 和图 4.13 分别描述了职业事故在全球五大洲的分布。从中可以明显地看出，发展中国家聚集的亚洲发生的职业事故及其造成的死亡人数总量最高，发达国家聚集的欧洲则较少。

表 4.1　2001 年全球职业事故分布[77]

大洲	经济活动人口/人	就业人口/人	死亡事故/起	导致缺工 3 天以上的事故/起
非洲	318316458	55167825	59332	45279851
美洲	377130379	342183607	47047	35904311
亚洲	1787131698	1610670803	223407	170494538
欧洲	335653016	305917255	20377	15550859
澳大利亚及大洋洲	14813853	11152749	1040	793712
全球	2833045404	2325092239	353204	268023272

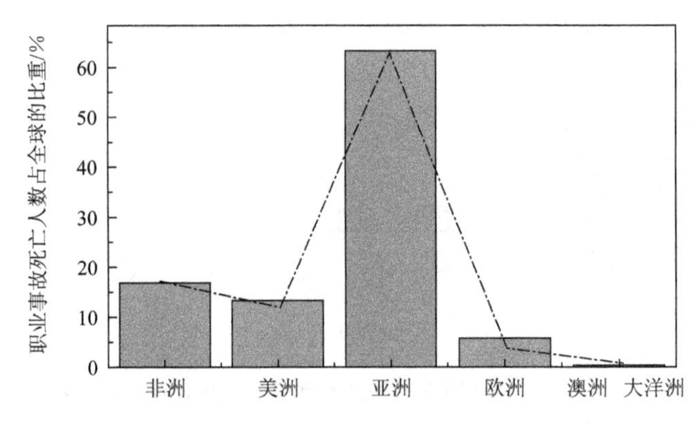

图 4.13 2001 年职业事故在全球的空间分布[82]

各国的职业事故状况存在较大的差异。发达国家的职业安全状况明显好于发展中国家。从事故引起的死亡率看，发达国家职业事故死亡人数已经得到了有效控制，很少发生一次死亡 3 人以上的重大事故，工伤事故 10 万工人死亡率一般在 6 以下，并呈缓慢下降趋势，发展中国家和新兴工业化国家工伤事故率依然居高不下，工伤事故 10 万工人死亡率一般在 10 左右。世界上有 75%的劳动者分布在发展中国家，由于贫困和失业，广大劳动者的安全和健康往往很难得到保障。据《亚太职业健康与安全新闻》2003 年统计，发展中国家 70%的工作场所处于不利于健康或危险的状况。图 4.14 比较了 1994～2004 年世界部分国家 10 万人死亡率变化。英国、美国等发达国家的 10 万人死亡率明显低于发展中国家。

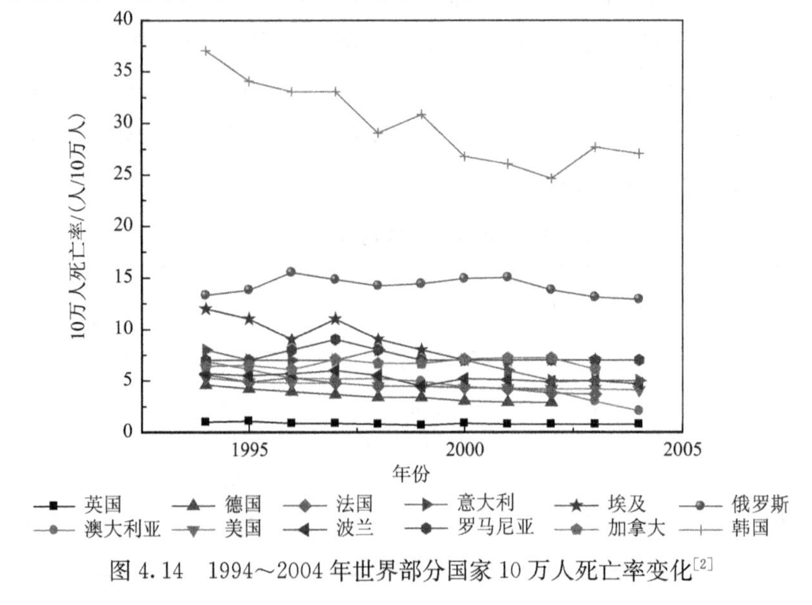

图 4.14 1994～2004 年世界部分国家 10 万人死亡率变化[2]

和发达国家比较，我国安全生产仍有很大差距。依据国际劳工组织 2001 年《劳动统计年鉴》，从工伤事故死亡人数上分析，死亡千人以上的国家有 12 个，中国死亡人数为 12578 人，占全球事故死亡人数之和的 28%，居世界第一位。工矿企业每 10 万从业人员事故死亡率远远高于工业发达国家。表 4.2 比较了 1990～2004 年美国、印度、中国、南非、波兰与俄罗斯的煤矿开采过程中死亡人数与死亡率的变化。我国煤矿生产死亡率不仅高于美国等发达国家，而且也远远高于俄罗斯、印度等发展中国家。

表 4.2　1990～2004 年部分国家煤矿事故死亡人数（人）和百万吨死亡率（人/100 万 t）[2]

年份	中国		美国		印度		南非		波兰		俄罗斯	
	死亡人数	百万吨死亡率	死亡人数	百万吨死亡率	死亡人数	百万吨死亡率	死亡人数	百万吨死亡率	死亡人数	百万吨死亡率	死亡人数	百万吨死亡率
1990	6515	6.16	66	0.07	166	0.78	51	0.29	75	0.51	279	0.72
1991	5446	5.21	61	0.07	143	0.60	43	0.24	68	0.32	252	0.73
1992	4942	4.65	55	0.06	183	0.73	46	0.26	52	0.26	318	0.97
1993	5283	4.78	47	0.06	176	0.58	90	0.49	68	0.38	325	1.09
1994	7016	5.15	45	0.05	241	0.90	54	0.28	33	0.25	282	1.08
1995	6387	5.03	47	0.05	219	0.77	31	0.15	34	0.23	273	1.09
1996	6404	4.67	39	0.04	146	0.48	45	0.22	45	0.25	179	0.74
1997	6753	5.10	30	0.03	165	0.52	40	0.19			241	1.06
1998	6134	5.02	29	0.03	146	0.46	42	0.19	33	0.28	139	
1999	5518	5.30	34	0.03	138	0.43	28	0.13	20	0.18	104	0.44
2000	5798	5.86	38	0.039	134	0.42	30	0.13	28	0.26	115	0.46
2001	5670	5.20	42	0.042	165	0.5	19	0.09	24	0.19	132	0.5
2002	6995	5.02	27	0.027	150	0.5	19	0.09	33	0.32	85	0.34
2003	6434	3.71	30	0.028	145	0.41	22	0.10	28	0.28	100	0.38
2004	6027	3.08	28	0.028	99	0.30	20	0.084	10	0.10	148	0.51

4.3　本章小结

本章首先描述了国内事故灾害的演变历史和现状，并与国际安全生产状况进行比较。尽管 2003 年以后我国事故灾害每年造成的死亡人数明显下降，但是相对于发达工业国家，事故总量仍然处于高位徘徊状态，并且呈现鲜明的行业特征，在国民经济各行业中，发生工伤事故最多的依次是采矿业、制造业和建筑业。职业事故在全球的地理分布呈现鲜明的区域特征，发展中国家聚集的亚洲发生的职业事故及其造成的死亡人数总量最高，发达国家聚集的欧洲则较少。发展中国家和新兴工业化国家工伤事故风险明显高于发达国家。

第5章 事故灾害、经济增长规模与经济周期

经济增长具有规模增长和周期波动两个基本时序特征。经济周期和经济增长是经济发展在短期和长期中的不同表现，是中国现代经济增长的最重要的两大特征。熊彼特（Schumpeter）[83]在经济发展理论中认为：经济的增长过程是在经济周期中生成的，周期是长期增长的必然阶段。本章采用统计方法描述我国事故灾害与经济增长规模及周期的演变轨迹，运用动态计量模型论证经济增长规模、经济周期与事故灾害之间的关联性。

5.1 安全生产阶段论与安全库兹涅茨曲线

5.1.1 安全生产阶段论

在职业事故与经济增长的关联性方面，世界上工业化发达国家职业安全数据的统计大多呈现不同的阶段性特征。图 5.1 描述了英国工业事故、美国煤矿事故、日本职业事故和中国工矿企业事故年死亡人数随着时间的变化，均呈现出先增加到峰值，然后不断下降的倒“U”形曲线。其中日本在 1918～2004 年职业事故死亡人数演变特征鲜明。在 1948～1960 年，日本处于工业化初级阶段，人均国内生产总值从 300 美元增加到 1420 美元，年均增长 15.5%，职业事故急剧增加，13 年间职业事故死亡率增长了 146.1%。1961～1968 年处于工业化中级阶段，人均国内生产总值从 1420 美元增加到 5925 美元，事故高发势头得到一定控制，但在工业、制造业人口仅 5000 万人左右的情况下，职业事故死亡人数仍在 6000 人左右的高位波动。1969～1984 年进入工业化高级阶段，事故死亡人数大幅度下降到 2635 人，平均每年减少 5.2%。之后，日本进入后工业化时代，事故死亡人数保持平稳下降趋势，2002 年为 1689 人。进入 21 世纪后，每年工伤死亡已低于 1700 人。

图 5.2 描述了 1950～2002 年日本交通事故年死亡人数和人均 GDP 的变化。在 1950～1970 年，日本处于工业化初级和中级阶段，人均国内生产总值从 3947

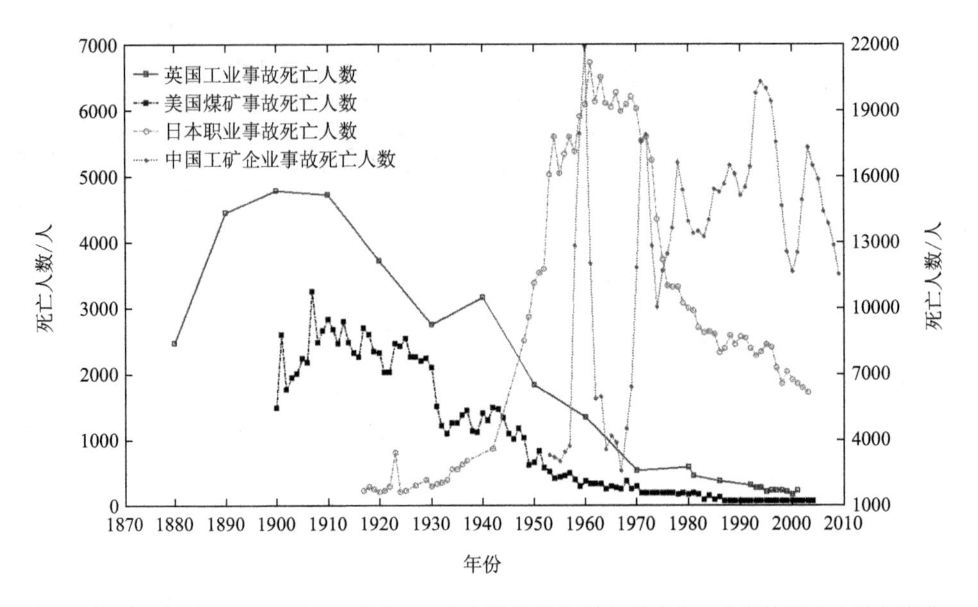

图 5.1　英国工业事故、美国煤矿事故、日本职业事故和中国工矿企业事故死亡人数年变化

日本 1950～1989 年数据源自矢野恒太纪念会编的《日本 100 年》，北京：时事出版社，1984：532；日本 1990～2004 年数据及英国、美国和中国数据源自王显政主编的《安全生产与经济社会发展报告》，北京：煤炭工业出版社，2006

千日元增加到 75092 千日元，交通事故死亡人数急剧增加，1970 年后，日本开始进入工业化高级阶段，交通事故死亡人数基本呈现下降趋势。

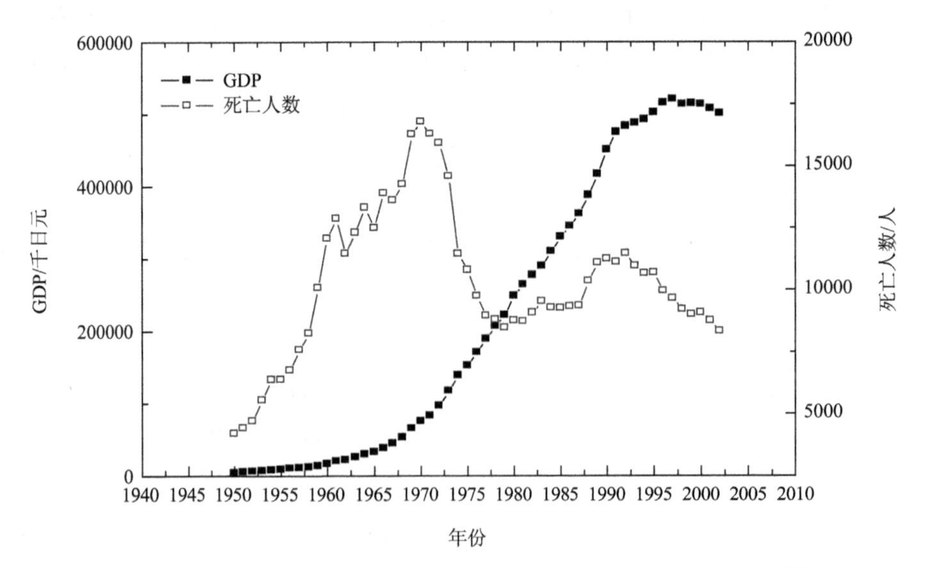

图 5.2　1950～2002 年日本交通事故年死亡人数和人均 GDP 变化[2]

2008 年，王显政[2]的研究提出了“安全生产阶段性理论”。该理论认为：安全生产与经济社会发展水平关系密切，呈非对称抛物线函数关系，如图 1.2 所示。阶段Ⅰ是以农业经济为主的发展阶段，即工业化前期及初期阶段，职业事故较少；阶段Ⅱ是工业化中级发展阶段，这个阶段，一方面经济快速发展，工业化进程加快，社会生产活动和交通运输规模急剧扩大，另一方面安全法制尚不健全，政府安全监管机制不尽完善，科技和生产力水平较低，企业和公共安全基础仍然比较薄弱，教育和培训落后，这些因素导致职业事故多发，事故死亡人数呈快速上升趋势，因此，阶段Ⅱ是职业事故的“易发期”；阶段Ⅲ是工业经济发展高级阶段，事故将趋于稳定并出现波动下降趋势，为事故波动期；阶段Ⅳ，非对称抛物线右侧快速下降阶段，为后工业化时代，安全事故快速降低；阶段Ⅴ为信息化社会发展阶段，职业安全与健康形势已经发生了根本性的好转，事故死亡人数很少，职业病等是造成作业人员人身伤害的主要因素。

5.1.2　安全库兹涅茨曲线

在 20 世纪 50 年代中期，西蒙·库兹涅茨（Kuznetscurve)[41]在研究经济增长与收入差异时，提出了这样一个假说：在经济增长的早期，收入差异会随经济增长而加大，随后，当经济增长到达某一点时，这种差异开始缩小，即两者之间存在着倒“U”形关系。这一关系后来被大量的实证研究的统计数据证实，通常被称为库兹涅茨曲线。国外一些实证研究发现交通安全与经济增长之间存在着类似于库兹涅茨曲线的关系，即伴随着经济增长，交通事故死亡人数和死亡率等指标呈现出先增加到峰值，到达峰值后下降的倒“U”形关系。2000 年，van Beeck 等[16]分析了 1962～1990 年 21 个工业化国家的交通事故死亡率、交通工具数量与经济发展水平之间的关系，发现交通安全指标与国民收入之间存在着非线性关系，交通事故死亡率随着国民收入的增加先上升到峰值，而后下降。2007 年，Leonard 等[11]对 44 个国家的经济发展与交通事故死亡率的关系进行了统计分析，结果发现低收入国家在人均国民收入达到 2000 美元及千人汽车拥有量为 100 辆时，交通事故死亡率达到峰值。2008 年，Moniruzzaman和 Andersson[10]采用回归模型分析了来自国际经济合作组织的部分国家在 1960～1999 年的国内生产总值（GDP）和伤害死亡率之间的关联性，发现各类伤害死亡率与经济发展之间存在倒“U”形演变特征。其中，中高收入国家的各种伤害死亡率均在 1972 年以前呈现上升趋势，1972 年达到峰值后下降，而 GDP 较低的工业化国家，其各种伤害死亡率则在 1977 年以前呈现上升趋势，在 1977 年达到峰值后下降。当人均国民收入在 3000～4000 美元，全部样本国家的各类伤害死亡率均呈现上升趋势，超过 4000 美元之后，则显著下降。不同国家伤害死亡率达到峰值的时间差异反应了它们在经济发展水平上的差异。2009 年，Lawa 等[12]采用固定效应面板回归模型分析了 1970～1999 年 25 个国家的交通事故死亡人数和经济发展指标面板数据，证明了交通事故死亡人数与经济发展之间存在着库兹涅茨倒“U”形曲线关系，即交通事故死亡人数起初伴随着动力化的发展而不断上升，最后则在追求安全可靠的技术和政策安排等因素的共同作用下不断下降。

值得说明的是，安全库兹涅茨曲线尽管揭示了经济增长与安全生产之间的一种联系或一种转化规律，但我们必须谨慎地看待这些发现。首先，尽管研究表明经济增长最终会改善安全生产水平，但没有理由相信这一过程会自动发生，富裕国家或地区之所以享有更加安全的生产生活环境，严格的安全标准和监管制度是重要的因素；其次，既定形式的库兹涅茨曲线反应特定时期的经济、政治和技术条件，它不是一成不变的，而是动态变化的过程，政府的安全生产监管制度、经济政策等在改变安全库兹涅茨曲线的走势和形状上具有重要意义。因此，安全库兹涅茨曲线并不意味着发展中国家的安全生产状况到一定增长阶段必然会得到改善。

此外，安全库兹涅茨曲线只描述收入水平与生产安全状态的关系，并未涉及经济增长机制和经济结构等深层次的原因。收入尽管十分关键，但只是决定生产安全状态的一个因素。如若单纯地强调安全库兹涅茨曲线，而忽视其内在的深层次原因，容易产生一种误导，认为一旦收入达到一定水平，安全生产水平就自然会改善，从而将改善安全生产问题简化为实现经济增长以尽快越过安全生产不利的发展阶段，抵达安全库兹涅茨曲线中对生产安全有利的发展阶段。这种对安全生产问题听之任之的观点和政策并非最优选择，原因在于使生产安全状况恶化而不是改善的曲线中的上升区域可能需要很长的时间才能越过，事故高发频发带来巨大的财产和人员生命健康损失等代价，不仅可能威胁生产安全和社会稳定，而且可能影响经济的可持续发展。

5.2　经济周期波动对安全风险的影响

数百年来，市场经济运行过程中总是出现扩张与紧缩的交替更迭，循环往复。经济周期，一般是指经济运行过程中的一种经济扩张与经济收缩交替、反复的现象。一个经济周期通常可分为四个阶段：衰退、萧条、扩张、繁荣。衰退阶段是指经济总体水平的下降阶段，萧条是指经济总体水平下降的终点，此点时的经济活动下降到该周期的最低点，并由此开始转为扩张和上升。因此，萧条也被看作收缩和扩张两大基本趋势的转折点。扩张阶段是经济总体水平的上升阶段，繁荣是经济总体水平上升的终点，在这点，经济活动上升到该周期最高点，并由此开始转为收缩和衰退。因此，繁荣也被看作收缩和扩张两大基本趋势的转折点。

有关经济周期与安全的研究不多。国外一些研究者发现经济波动与事故率波动之间存在着某种关联性。1996 年，Wilde and Simonet[26]采用差分自回归移动平均模型（autoregressive integrated moving average model，ARIMA）分析了 1963～1993 年瑞士经济和交通事故率之间的关联性，发现在经济繁荣时期，交通事故死亡率和损失率上升。Silvestre[24]在研究 1888～1939 年安大略湖制造业的职业安全问题时，发现 1916～1917 年的经济扩张引起事故死亡率上升，而战后严重的经济危机及 20 世纪 30 年代的大萧条则是造成事故死亡人数下降的重要因素。José and Granados[25]发现第二次世界大战以后日本各类死亡率与经济周期波动之间有一定的关联性，各类死亡率随着经济的繁荣或衰退而升高或下降。Neumayer[13]分析了 1980～2000 年德国的经济增长率与各种死亡率之间的关系，发现包括交通事故死亡率在内的各种原因引起的死亡率，均伴随着经济衰退呈现下降趋势。Thomas 等[8]对韩国经济危机后各种原因导致的人口死亡率的变化进行了细致的分析，发现经济危机与交通事故死亡率之间存在一定联系，在经济危机期间及经济危机发生后的 1 年内，交通事故死亡率明显下降，随后又恢复到经济危机前的水平。

5.3 我国事故灾害与经济增长时序演变轨迹与特征

5.3.1 改革开放前经济增长缓慢，事故灾害波动明显

改革开放前，我国人均 GDP 增长缓慢。工伤事故、火灾和道路交通事故等灾害造成的死亡人数在剧烈波动中缓慢上升，如图 5.3 所示。其中，工伤事故死亡人数的波动最为剧烈。1974 年以前，事故灾害造成的死亡人数中，工伤事故居第一位，其次是道路交通和火灾；1974 年后，道路交通事故造成的死亡人数超过工伤事故造成的死亡人数，并呈现较快的增长趋势。

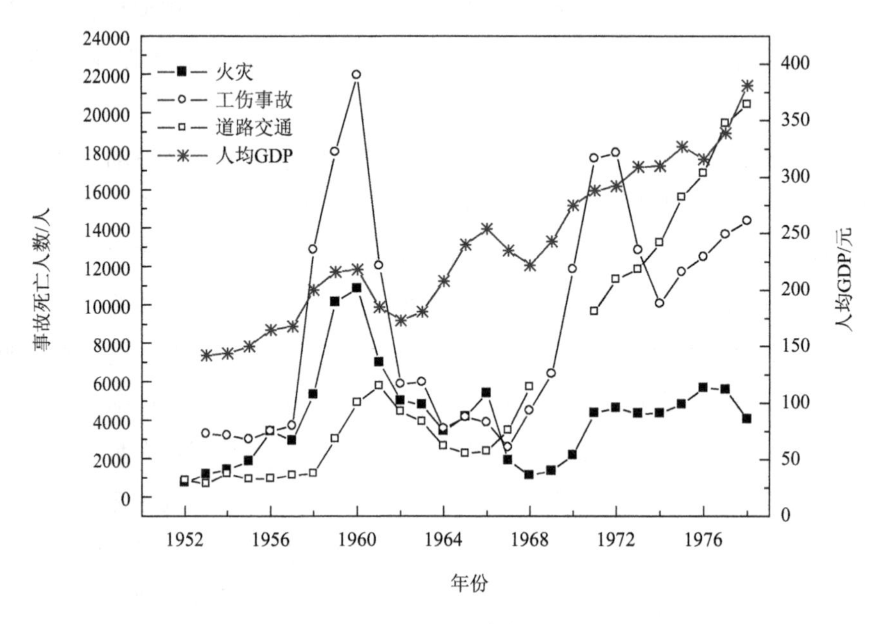

图 5.3 1978 年前各类事故死亡人数与人均 GDP 的演变轨迹

5.3.2 改革开放后经济增长迅速，事故灾害呈现不同幅度的增长趋势

改革开放以后，伴随着我国 GDP 总量与人均 GDP 呈指数形式高速增长，交通事故造成的死亡人数迅速上升，工伤事故和火灾造成的死亡人数也呈现一定的增长趋势，但是增长幅度不如交通事故明显，如图 5.4 所示。事故灾害相对指标的变化存在一定差异，其中，伴随着人均 GDP 的迅速增长，万车死亡率快速下降，工伤事故 10 万工人死亡率和亿元产值死亡率在 20 世纪 90 年代均呈现增长

趋势，2003 年后迅速下降，如图 5.5 所示。

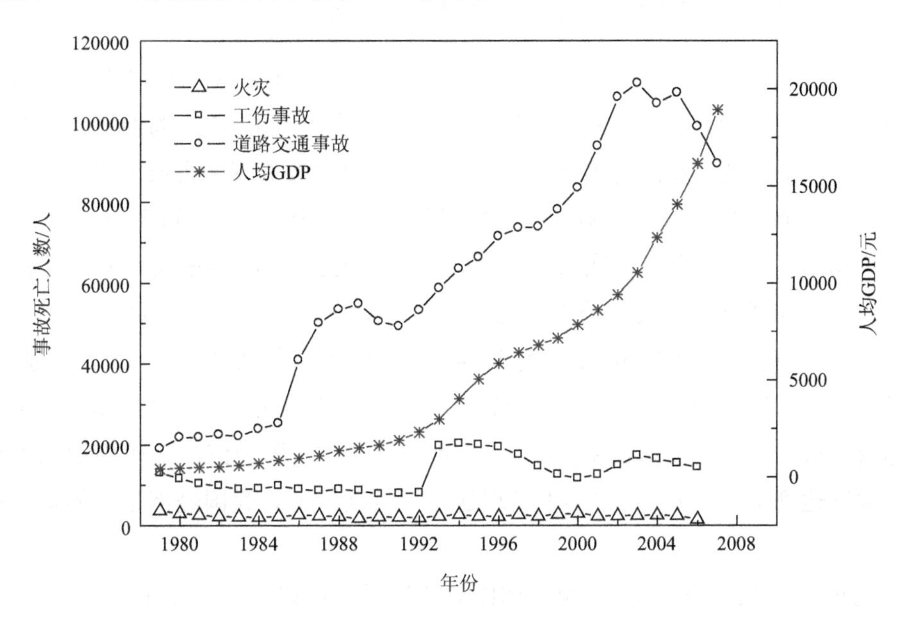

图 5.4　1978 年后各类事故死亡人数与人均 GDP 的演变轨迹

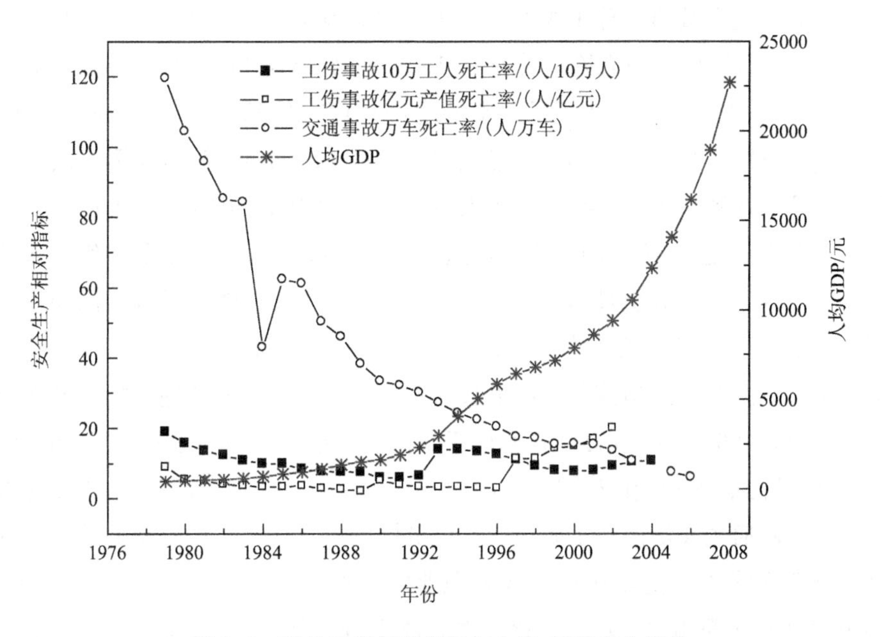

图 5.5　事故灾害相对指标与人均 GDP 变化趋势

5.3.3 事故灾害和经济周期波动特征的趋同性

新中国成立以来，我国国民经济在波动起伏中迅速发展。从 1953 年开始大规模的工业化建设，到现在我国经济增长率波动共经历了 10 个周期。改革开放前，我国经济周期波动的突出特点是大起大落，且主要表现为古典型周期（即在经济周期下降阶段，GDP 绝对下降，呈现负增长）。从 1953 年到 1976 年，经历了 5 个周期。其中，曾有 3 次大起大落，每次“大起”，经济增长率的峰位都在 20％左右。综观改革开放前的 5 轮经济周期，共有 3 轮周期波动属于古典型波动，即第 2 轮、第 3 轮和第 5 轮周期，经济运行在低谷的增长率分别为 －27.3％、－5.7％和－1.6％。只有第 1 轮和第 4 轮周期为增长型周期，经济周期运行在低谷时其经济增长率仍有 4.2％和 3.8％。我国经济前 5 轮周期的平均波动幅度达到了 21.98％，总体上呈现强幅型波动特征，我国经济运行的稳定性较差[84-88]。

观察同期我国工伤事故状况，如图 5.6 所示，可以看出工伤事故波动较大，事故死亡人数、10 万工人死亡率和亿元产值死亡率均呈现强幅型波动特征。新中国成立时，党和政府十分重视劳动者的安全健康，1953～1957 年，10 万工人死亡率与亿元 GDP 稳中有降，分别从 1953 年的 20.1 和 3.98 下降到 18.14 和 3.34。1958 年“大跃进”破坏了正常的生产秩序，伴随着 1958～1961 年 GDP 增长率急剧下降，10 万工人死亡率急剧上升。1958～1961 年出现第一次生产事故高峰，死亡人数从 1957 年的 3704 人急剧上升到 1958 年的 12850 人，1960 年达到 21938 人，是 1957 年的 5.9 倍，这次高峰持续了 4 年，年平均死亡人数高达 16189.5 人，职业病也日趋严重。1961 年 GDP 增长率降到低谷，同期工伤事故死亡人数、10 万工人死亡率与亿元 GDP 死亡率达到峰值。1961～1965 年，国家采取了一系列紧急措施控制生产事故的发生，事故死亡人数绝对指标和相对指标逐年下降，1965 年，10 万工人死亡率和亿元产值死亡率分别由 1960 年 56.02 和 15.04 下降到 18.08 和 2.72。1970～1979 年，出现第二次高峰，“文化大革命”时期无政府主义泛滥，工矿企业安全机构撤销，安全生产领域的综合管理和法制建设全面瘫痪。企业伤亡事故和职业病状况恶化，GDP 增长率急剧下降，工伤事故死亡人数和 10 万工人死亡率急剧上升，1971 年事故死亡人数上升到 17610 人，10 万工人死亡率上升到 46.35。

改革开放后，市场经济逐渐增强了我国经济系统的缓冲能力和自我调节能

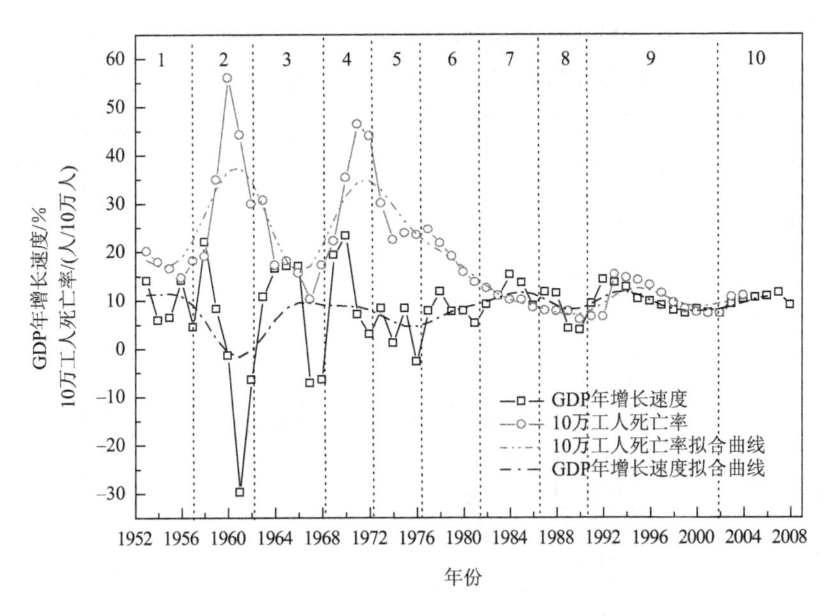

图 5.6　我国工伤事故 10 万工人死亡率与经济周期波动比较

力，我国经济周期波动特征由强幅型波动转变为小幅波动，出现了“高位—平缓”型波动[81,82]，并由古典型增长周期转变为增长型周期（即在经济周期的下降阶段，GDP 并不绝对下降，而是增长率下降）。改革开放前后相比，反映波动幅度的标准差由 10.5 个百分点下降到 2.9 个百分点，下降了 7.6 个百分点。2002 年，经济增长率回升到 8.3%，开始进入新一轮周期。2002～2006 年，我国连续保持 9%的速度平稳增长。

这一时期，我国安全生产正常工作秩序开始逐渐恢复，法制建设也步入正轨，工伤事故死亡人数绝对指标与相对指标均持续稳定下降，事故死亡人数、10 万工人死亡率和亿元产值死亡率波动幅度平缓，1992 年生产事故死亡人数由 1978 年的 14363 下降到 7994，10 万工人死亡率和亿元产值死亡率由 1978 年的 21. 71 和 4.27 分别下降到 6.47 和 0.68。1993 年后，工伤事故的统计对象从国有及县以上集体企业乡镇企业扩展到乡镇企业。1993～2000 年，工伤事故死亡人数与 10 万工人死亡率呈波动下降趋势，2000 年死亡人数由 1993 年的 19820 人下降到 11681 人，10 万工人死亡率由 14 下降到 7.8。2001～2003 年，事故死亡人数与 10 万工人死亡率均出现逐年增加的现象。2003 年出现事故总量下降的“拐点”后，事故死亡人数持续降低，并且每年降低的幅度也比较大。比较同期工伤事故与经济周期运行轨迹，可以看出两者均呈现减幅平缓波动，尤其工伤事故10万工人死亡率伴随GDP增长率波动形态吻合，呈现出某种一致性。

图5.7比较了火灾事故与经济周期波动的变化趋势，可以从图中看出，两者间存在相似的波动特征。图5.8比较了交通事故与经济周期波动趋势，可以看出，尽管交通事故存在一定的波动特征，但主要表现为持续上升，其变化趋势与经济周期的波动特征不同。

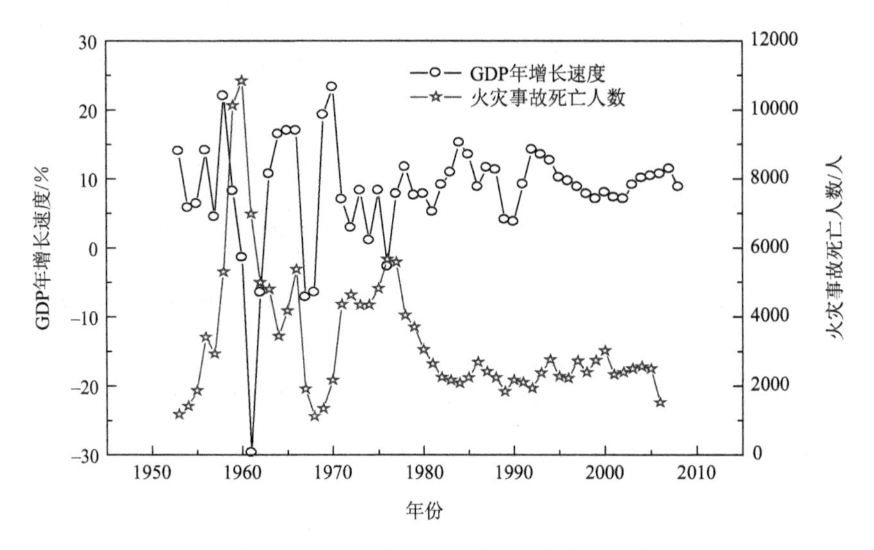

图5.7 火灾事故死亡人数与经济周期比较

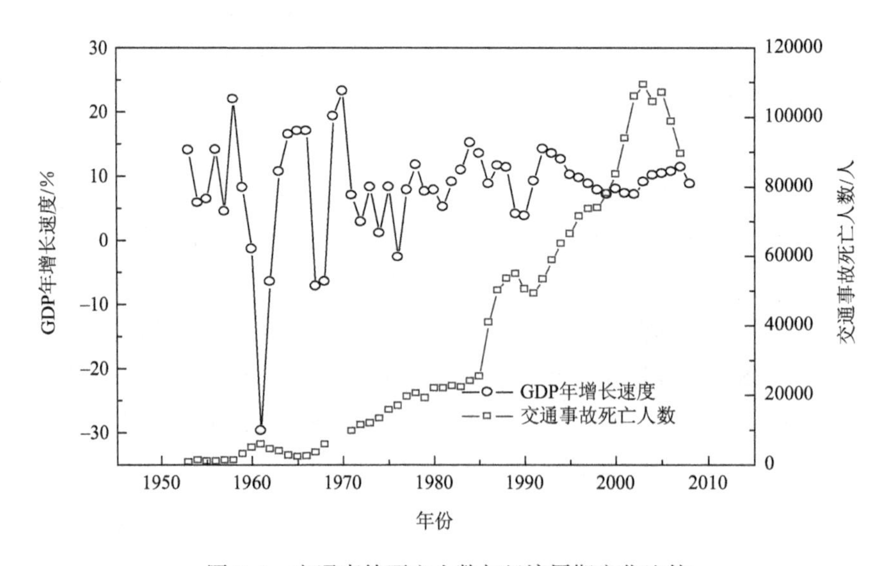

图5.8 交通事故死亡人数与经济周期变化比较

5.4　我国事故灾害与经济周期的动态计量分析

5.4.1　数据来源

鉴于经济增长时序特征主要表现为规模和周期波动，本书采用人均 GDP 描述经济增长规模；采用 GDP 年增长速度描述经济增长周期，其自然对数序列变量分别记为 LAGDP 和 LVGDP。对于事故灾害风险的描述，目前主要有两种指标，一是事故发生起数和事故死亡人数等绝对指标，二是 10 万工人死亡率、亿元产值死亡率等相对指标。本书选择工伤事故死亡人数、工伤事故 10 万工人死亡率与亿元产值死亡率作为描述工伤事故的指标，其自然对数序列变量分别记为 LONF、LOFRW 与 LOFRE。选择交通事故死亡人数、万车死亡率和交通事故 10 万人口死亡率作为描述交通事故的指标，其自然对数序列变量分别记为 LT-NF 、LTFRV 与 LTFRP。选择火灾事故死亡人数、火灾发生率和火灾死亡率作为描述火灾事故的指标，其自然对数序列变量分别记为 LFNF 、LFR 与 LFFR。采用 Eviews6.0 计量分析软件分析。

由于改革开放前后，经济增长制度性因素发生了较大的变化，本文采用改革开放前后 2 个样本分别对安全生产与经济增长的时间序列进行分析。有关工伤事故的统计数据来源于《中国安全生产年鉴》，1951～1994 年交通事故的统计数据来源于《全国道路交通事故统计资料汇编》，1995 年后的交通事故统计数据来源于《中国统计年鉴》。火灾事故的统计数据来源于各年《中国火灾统计年鉴》，经济增长的统计数据则来源于各年《中国统计年鉴》。

5.4.2　数据稳定性与 VAR 模型

本书采用 ADF 检验方法分别对改革开放前后的样本进行单位根检验。两个样本区间变量的单位根检验结果如表 5.1 所示。对于所有变量的水平值序列，ADF 检验都不能拒绝存在单位根的原假设，表示这些变量的时间序列大都是非平稳的。

表 5.1 变量的 ADF 单位根检验结果

序列	1953～1978 年样本区间			1979～2008 年样本区间		
	ADF 检验值	1%临界值	是否平稳	ADF 检验值	1%临界值	是否平稳
LAGDP	−0.004	−3.769	否	−0.883	−3.724	否
LVGDP	−2.246	−4.803	否	−4.400	−3.737	是
LONF	−2.403	−3.737	否	−1.670	−3.679	否
LOFRW	−4.173	−3.769	是	−2.910	−3.689	否
LOFRE	−3.185	−3.808	否	−1.857	−3.679	否
LTNF	−0.701	−3.808	否	−2.802	−3.724	否
LTFRV	−3.990	−3.857	是	−0.718	−3.679	否
LTFRP	−0.419	−4.121	否	−4.405	−3.724	是
LFNF	−3.048	−3.737	否	−2.458	−3.679	否
LFR	−2.038	−3.724	否	−0.703	−3.679	否
LFFR	−2.787	−3.737	否	−4.326	−3.679	是

分别以事故灾害变量为因变量，以经济增长规模或经济增长速度为自变量，建立 VAR 模型：

$$y_t = A_1 y_{t-1} + \cdots + A_p y_{t-p} + Bx_t + \varepsilon_t \tag{5.1}$$

式中，y_t 分别表示 LONF、LOFRW、LOFRE、LTNF、LTFRV、LTFRP、LFNF、LFR 和 LFFR；x_t 表示 LAGDP 或 LVGDP。

5.4.3 协整检验

1. 工伤事故和经济增长时序特征的协整检验

采用 Johansen 极大似然估计法，对样本进行协整检验，检验结果如表 5.2 所示。可以看出，对于 1953～1978 年样本构成的变量系统，在滞后 1 阶、方程不包含截距和序列 y_t 没有确定性趋势的条件下，工伤事故死亡人数、工伤事故 10 万工人死亡率和亿元产值死亡率分别与经济增长时序特征之间存在一个协整关系。对应的协整方程如下：

$$\text{LONF} = 1.82\text{LAGDP} - 0.72\text{LVGDP} \tag{5.2}$$

标准误差 (0.03) (0.11)

$$\text{LOFRW} = 0.77\text{LAGDP} - 0.79\text{LVGDP} \tag{5.3}$$

标准误差 (0.06) (0.21)

$$LOFRE = 0.44LAGDP - 0.69LVGDP \quad (5.4)$$

标准误差　(0.04)　(0.13)

上述协整方程表明，在 1953～1978 年，工伤事故死亡人数、10 万工人死亡率和亿元产值死亡率与经济增长规模和周期之间存在一种长期稳定关系。人均 GDP 每增加 1%，工伤事故死亡人数、10 万工人死亡率和亿元产值死亡率分别上升 1.82%、0.77%和 0.44%。GDP 年增长速度每增大 1%，工伤事故死亡人数、10 万工人死亡率和亿元产值死亡率分别下降 0.72%、0.79%和 0.69%。

表 5.2　工伤事故和经济增长时序特征 Johansen 协整检验结果

工伤事故变量	1953～1978 年样本				1979～2008 年样本			
	原假设	特征根	迹统计量（P 值）	λ－max 统计量（P 值）	原假设	特征根	迹统计量（P 值）	λ－max 统计量（P 值）
LONF	None	0.81	30.83* (0.006)	24.80* (0.003)	None	0.57	45.11* (0.003)	23.86* (0.03)
LOFRW	None	0.68	26.39* (0.02)	17.13* (0.06)	None	0.50	41.78* (0.008)	19.42 (0.12)
LOFRE	None	0.77	28.27* (0.01)	21.96* (0.01)	None	0.52	44.55* (0.003)	20.76 (0.084)

* 表明在 5%的显著性水平下拒绝原假设。

对于 1979～2008 年样本构成的变量系统，在滞后 1 阶、方程包含截距和序列 y_t 没有确定性趋势的条件下，工伤事故死亡人数、工伤事故 10 万工人死亡率和亿元产值死亡率均与经济增长时序特征之间存在协整关系。对应的协整方程如下：

$$LONF = 0.15LAGDP + 0.99LVGDP + 6.56 \quad (5.5)$$

标准误差　(0.04)　(0.25)　(0.53)

$$LOFRW = -0.08LAGDP + 1.48LVGDP + 0.76 \quad (5.6)$$

标准误差　(0.064)　(0.376)　(0.831)

$$LOFRE = -0.39LAGDP + 1.28LVGDP + 0.19 \quad (5.7)$$

标准误差　(0.06)　(0.37)　(0.79)

上述协整方程表明，在 1979～2008 年，工伤事故死亡人数、10 万工人死亡率和亿元产值死亡率与经济增长规模和周期之间存在一种长期稳定关系。人均 GDP 每增加 1%，工伤事故死亡人数上升 0.15%，而工伤事故 10 万工人死亡率和亿元产值死亡率则分别下降 0.08%和 0.39%。GDP 年增长速度每增大 1%，工伤事故死亡人数、10 万工人死亡率和亿元产值死亡率分别增加 0.99%、1.48%和 1.28%。显然，与经济增长规模相比较，在 1979～2008 年，经济增长速度是影响工伤事故的显著因素。

综上所述，协整检验的结果表明改革开放前后虽然工伤事故与经济增长之间均具有长期关系，但是关联性有显著差异。在 1953～1978 年，工伤事故指标随着经济规模的增加而上升，随着经济增长速度的上升而下降；在 1979～2008 年，尽管工伤事故绝对指标随着经济规模的增加而上升，但是工伤事故相对指标却随着经济规模的增加而下降；工伤事故绝对指标与相对指标均随着经济增长速度的上升而增加。

2. 交通事故和经济增长时序特征的协整检验

采用 Johansen 极大似然估计法，对样本进行协整检验，检验结果如表 5.3 所示。

表 5.3　交通事故和经济增长时序特征 Johansen 协整检验结果

VAR 模型变量	1953～1978 年样本				1979～2008 年样本			
	原假设	特征根	迹统计量（*P* 值）	λ－max 统计量（*P* 值）	原假设	特征根	迹统计量（*P* 值）	λ－max 统计量（*P* 值）
LTNF	None	0.76	25.88 (0.35)	18.50 (0.16)	None	0.63	43.83* (0.00)	27.01* (0.01)
LTFRV	None	0.90	57.75* (0.000)	32.56* (0.005)	None	0.55	40.46* (0.01)	21.62* (0.06)
LTFRP	None	0.90	51.31* (0.005)	32.76* (0.005)	None	0.62	40.32* (0.01)	24.90* (0.02)

* 表明在 5%的显著性水平下拒绝原假设。

可以看出，对于 1953～1978 年样本构成的变量系统，交通事故死亡人数和经济增长时序特征之间不存在协整关系。在滞后 1 阶、方程和序列 y_t 都有线性趋势的条件下，交通事故万车死亡率和 10 万人死亡率分别与经济增长时序特征存在一个协整关系。对应的协整方程如下：

$$\text{LTFRV} = 15.75\text{LAGDP} - 0.25\text{LVGDP} - 0.57 \tag{5.8}$$

标准误差　　(1.68)　　(0.11)　　(0.06)

$$LTFRP = 27.7LAGDP - 0.06LVGDP - 0.92 \tag{5.9}$$

标准误差　(3.13)　0.21　0.11

协整方程表明，在 1953～1978 年，交通事故万车死亡率和 10 万人死亡率与经济增长规模和周期之间存在一种长期稳定关系。人均 GDP 每增加 1%，交通事故万车死亡率和 10 万人死亡率分别上升 15.75%和 27.7%。GDP 年增长速度每增大 1%，交通事故万车死亡率和 10 万人死亡率分别下降 0.25%和 0.06%。

对于 1979～2008 年样本构成的变量系统，在滞后 2 阶的条件下，交通事故死亡人数、万车死亡率和 10 万人死亡率分别和经济增长时序特征变量存在一个协整关系。对应的协整方程如下：

$$LTNF = 0.59LAGDP - 0.07LVGDP + 5.41 \tag{5.10}$$

标准误差　(0.04)　(0.36)　(0.11)

$$LTFRV = -0.68LAGDP - 0.25LVGDP + 9.73 \tag{5.11}$$

标准误差　(0.03)　(0.24)　(0.83)

$$LTFRP = 0.38LAGDP + 1.37LVGDP - 4.64 \tag{5.12}$$

标准误差　(0.06)　(0.54)　(1.03)

上述协整方程表明，在 1979～2008 年，交通事故死亡人数、万车死亡率和 10 万人死亡率与经济增长规模和周期之间存在一种长期稳定关系。人均 GDP 每增加 1%，交通事故死亡率和事故 10 万人死亡率分别上升 0.44%和 0.35%，而万车死亡率则下降 0.68%。GDP 年增长速度每增大 1%，交通事故死亡人数和万车死亡率分别下降 0.07%和 0.25%，而事故 10 万人死亡率上升 1.37%。

综上所述，协整分析的结果表明改革开放前后虽然交通事故与经济增长之间均具有长期稳定关系，但是关联性有一定差异。改革开放前后，交通事故死亡人数和 10 万人死亡率均会随着经济增长规模的增加而上升，随着经济增长速度的加快而下降，但万车死亡率在 1953～1978 年随人均收入增加而上升，在 1979～2008 年却随着人均收入的增加而下降。事故 10 万人死亡率在 1953～1978 年随着经济增长速度的提高而下降，在 1979～2008 年间随着经济增长速度的提高而增加。

3. 火灾事故和经济增长时序特征的协整检验

采用 Johansen 极大似然估计法，对样本进行协整检验，检验结果如表 5.4 所示。1953～1978 年样本，在滞后 2 阶的条件下，火灾事故指标均与经济增长时序特征变量有协整关系。协整方程如下：

$$LFNF = 1.58LAGDP - 0.81LVGDP \tag{5.13}$$

(0.08)　　(0.28)

$$LFR = -0.73LAGDP + 5.17LVGDP \tag{5.14}$$

(0.41)　　(1.35)

$$LFFR = -0.027LAGDP + 0.53LVGDP \tag{5.15}$$

(0.08)　　(0.27)

协整方程表明，在1953～1978年，火灾事故与经济增长时序特征之间存在长期稳定关系。人均GDP每增加1%，火灾死亡人数增加1.58%，火灾损失率和火灾死亡率分别下降0.73%和0.027%。GDP年增长速度每增大1%，火灾事故死亡人数下降0.81%，火灾损失率和火灾死亡率分别上升5.17%和0.53%。

表5.4　火灾事故和经济增长时序特征Johansen协整检验结果

VAR模型变量	1953～1978年样本				1979～2008年样本			
	原假设	特征根	迹统计量（P值）	λ－max统计量（P值）	原假设	特征根	迹统计量（P值）	λ－max统计量（P值）
LFNF	None	0.71	26.75* (0.02)	18.48* (0.03)	None	0.40	22.56 (0.26)	13.97 (0.36)
LFR	None	0.62	25.60* (0.03)	14.56* (0.14)	None	0.78	48.46* (0.00)	41.04* (0.00)
LFFR	None	0.68	26.27* (0.02)	16.91* (0.07)	None	0.69	41.37* (0.00)	31.48* (0.00)

*表明在5%的显著性水平下拒绝原假设。

对于1979～2008年样本，火灾事故死亡人数和经济增长时序特征变量之间没有协整关系。在滞后2阶的条件下，火灾事故损失率和火灾事故死亡率分别与经济增长时序特征存在协整关系。对应的协整方程如下：

$$LFR = 0.66LAGDP + 1.28LVGDP \tag{5.16}$$

标准误差　(0.03)　　(0.22)

$$LFFR = -0.027LAGDP + 0.53LVGDP \tag{5.17}$$

(0.01)　　(0.09)

协整方程表明，在1979～2008年，火灾损失率和火灾死亡率与经济增长规模和周期之间存在一种长期稳定关系。人均GDP每增加1%，火灾损失率上升

0.66%，火灾死亡率下降 0.027%。GDP 年增长速度每增大 1%，火灾损失率和火灾死亡率分别增加 1.28%和 0.53%。

综上所述，改革开放前后火灾事故均与经济增长时序特征变量存在长期稳定关联性。但关联性有一定差异。在改革开放前后，火灾死亡率均随着人均收入的增加而下降，火灾损失率和火灾死亡率均随着经济增长速度的升高而增加，但是，火灾损失率在 1953～1978 年随着人均收入的升高而下降，在 1979～2008 年却随着人均收入的增加而上升。

5.4.4　格兰杰（Granger）因果关系检验

1. 工伤事故与经济增长关联性的格兰杰检验

选择时滞 $i=2$，利用格兰杰因果关系检验方法分析 1953～1978 年样本（表 5.5）。检验结果如表 5.5 所示，可以看出，LAGDP、LVGDP 与 LONF 之间不存在格兰杰因果关系。LAGDP 与 LOFRW 或 LOFRE 之间没有格兰杰关联性。LVGDP 不是 LOFRW 和 LOFRE 的格兰杰原因，但是原假设“LOFRW 不是 LVGDP 格兰杰原因”及“LOFRE 不是 LVGDP 格兰杰原因”在显著性为 15%

表 5.5　工伤事故与经济增长变量的格兰杰因果检验结果

原假设	1953～1978 年样本		1979～2008 年样本	
	F 统计值	概率	*F* 统计值	概率
LONF 不是 LAGDP 的格兰杰原因	0.714	0.502	5.733	**0.009**
LAGDP 不是 LONF 的格兰杰原因	0.527	0.599	2.591	**0.097**
LOFRW 不是 LAGDP 的格兰杰原因	0.449	0.644	4.369	**0.025**
LAGDP 不是 LOFRW 的格兰杰原因	0.117	0.889	0.583	0.567
LOFRE 不是 LAGDP 的格兰杰原因	0.956	0.402	**3.765**	**0.039**
LAGDP 不是 LOFRE 的格兰杰原因	0.065	0.938	**4.660**	**0.020**
LONF 不是 LVGDP 的格兰杰原因	1.516	0.266	0.204	0.817
LVGDP 不是 LONF 的格兰杰原因	0.478	0.633	**1.293**	**0.129**
LOFRW 不是 LVGDP 的格兰杰原因	2.755	**0.121**	0.144	0.867
LVGDP 不是 LOFRW 的格兰杰原因	0.689	0.524	**2.822**	**0.080**
LOFRE 不是 LVGDP 的格兰杰原因	2.865	**0.104**	0.495	0.616
LVGDP 不是 LOFRE 的格兰杰原因	0.409	0.675	**1.207**	**0.137**

注：黑色加粗代表原假设通过格兰杰因果检验。

的条件下，均通过了格兰杰因果关系检验，说明 LOFRW 及 LOFRE 对 LVGDP 有一定影响。总之，改革开放前计划经济时期，经济增长规模和工伤事故之间没有关联性；经济周期与工伤事故之间的关联性是单向的，经济周期对于工伤事故是外生的，即经济周期对工伤事故没有影响，而工伤事故 10 万工人死亡率和亿元产值死亡率却是经济周期的传导变量。检验结果与实际情况是一致的。工伤事故造成生产过程中投入的劳动力资源的损失，工伤事故 10 万工人死亡率和亿元产值死亡率在一定程度上可以反映生产过程劳动力使用效率。在改革开放前计划经济时期，中国经济增长的每次扩张收缩周期背后都有突出的政策决策背景，各种政治动员和政治运动，对中国经济产生了较大的负面冲击。在缺乏技术进步的支撑，劳动效率低下的状况下，“政治动员冲击”和高投入、忽视效率的工业化方针的实施，社会生产简单依靠缺乏效率的“人海战术”，这种违背经济发展的客观规律的低效率行为不仅不能促进经济增长规模的增加，而且付出了沉重的生命代价，造成了经济生活的巨大波动。

1978～2008 年样本检验结果显示，LAGDP 与 LONF 互为格兰杰原因。LAGDP 不是 LOFRW 的格兰杰原因，但原假设“LOFRW 不是 LAGDP 的格兰杰原因”拒绝它犯第一类错误的概率是 0.0246，在显著性为 15%的条件下，拒绝原假设，说明 LOFRW 是 LAGDP 的格兰杰原因。LOFRE 与 LAGDP 互为格兰杰原因。LONF 不是 LVGDP 的格兰杰原因，而 LVGDP 对 LONF 有一定影响。LOFRW 不是 LVGDP 的格兰杰原因，而原假设“LVGDP 不是 LOFRW 的格兰杰原因”在显著性为 15%的条件下，通过格兰杰因果关系检验，LVGDP 是 LOFRW 的格兰杰原因。LOFRE 不是 LVGDP 的格兰杰原因，而 LVGDP 对 LOFRE 有一定影响。

综上所述，改革开放以后，工伤事故死亡人数与经济增长规模之间的关联性是双向的，两者之间存在着交互作用关系，并且工伤事故死亡人数对经济增长规模的影响相对显著。工伤事故 10 万工人死亡率与经济增长规模之间的关联性是单向的，经济增长规模是工伤事故 10 万工人死亡率的外生变量，而工伤事故 10 万工人死亡率是经济增长规模的引导变量。亿元产值死亡率与经济增长规模之间具有双向交互作用的关联性。工伤事故死亡人数、工伤事故 10 万工人死亡率和亿元产值死亡率与经济增长周期之间均具有单向的关联性，工伤事故指标是经济周期的外生变量，而经济周期却是影响工伤事故指标的变量。

总之，改革开放前后工伤事故灾害与经济增长之间的关联性发生了较大变化。在计划经济时期，经济增长规模与工伤事故之间关联性不显著。反映生产效率的工伤事故相对指标是经济周期的引导变量。进入市场经济时期，工伤事故灾害指标与经济增长的关联性增强。经济增长规模与工伤事故存在交互作用的关系，经济周期是工伤事故的引导变量。

2. 交通事故与经济增长关联性的格兰杰检验

表 5.6 是交通事故与经济增长变量的格兰杰因果检验结果，从表中可以看出，1953～1978 年样本中，LTNF 与 LAGDP 之间互为格兰杰原因。LAGDP 不是 LTFRV 的格兰杰原因，但原假设“LTFRV 不是 LAGDP 的格兰杰原因”在显著性为 15%的条件下，均通过格兰杰因果关系检验。LTFRP 不是 LAGDP 的格兰杰原因，原假设“LAGDP 不是 LTFRP 的格兰杰原因”在显著性为 15%的条件下，均通过格兰杰因果关系检验。LTNF、LTFRP 与 LVGDP 之间没有关联性，但原假设“LTFRV 不是 LVGDP 的格兰杰原因”通过格兰杰因果关系检验。

表 5.6　交通事故与经济增长变量的格兰杰因果检验结果

原假设	1953～1978 年样本		1979～2008 年样本	
	F 统计值	概率	F 统计值	概率
LTNF 不是 LAGDP 的格兰杰原因	2.309	**0.134**	0.101	0.904
LAGDP 不是 LTNF 的格兰杰原因	8.791	**0.003**	2.525	**0.102**
LTFRV 不是 LAGDP 的格兰杰原因	2.405	**0.124**	2.847	**0.078**
LAGDP 不是 LTFRV 的格兰杰原因	1.294	0.303	1.291	**0.294**
LTFRP 不是 LAGDP 的格兰杰原因	1.131	0.349	0.779	0.471
LAGDP 不是 LTFRP 的格兰杰原因	7.957	**0.004**	2.324	**0.121**
LTNF 不是 LVGDP 的格兰杰原因	0.542	0.601	4.389	**0.012**
LVGDP 不是 LTNF 的格兰杰原因	0.773	0.493	1.235	0.333
LTFRV 不是 LVGDP 的格兰杰原因	3.764	**0.065**	0.930	0.469
LVGDP 不是 LTFRV 的格兰杰原因	1.020	0.399	1.285	0.314
LTFRP 不是 LVGDP 的格兰杰原因	0.491	0.628	3.224	**0.038**
LVGDP 不是 LTFRP 的格兰杰原因	0.24320	0.7891	0.49858	0.737

注：黑色加粗代表原假设通过格兰杰因果检验。

总之，在改革开放前，交通事故死亡人数与经济增长规模之间存在交互作用关系，万车死亡率是经济增长规模的引导变量，而经济增长规模对万车死亡率没有影响。交通事故 10 万人口死亡率与经济增长规模之间的关联性是单向的，经济增长规模是交通事故10万人口死亡率的引导变量。交通事故死亡人数、交通事故10万人死亡率与经济增长周期没有关联性，而交通事故万车死亡率与经济增长周期之间存在单向的关联性，经济周期对万车死亡率没有影响，而万车死亡率是经济周期的引导变量。

1979～2008年样本中，LTNF不是LAGDP的格兰杰原因，但原假设“LAGDP不是LTNF的格兰杰原因”在显著性为15%的条件下均通过格兰杰因果关系检验。LAGDP均不是LTFRV的格兰杰原因，但原假设“LTFRV不是LAGDP的格兰杰原因”通过了格兰杰因果关系检验。LTFRP不是LAGDP的格兰杰原因，而原假设“LAGDP不是LTFRP的格兰杰原因”均在显著性为15%的条件下通过了格兰杰因果检验。LVGDP不是LTNF、LTFRV和LTFRP的格兰杰原因，而原假设“LTNF不是LVGDP的格兰杰原因”及“LTFRP不是LVGDP的格兰杰原因”均通过了格兰杰因果检验。

综上所述，进入市场经济时期，交通事故死亡人数与经济增长规模的关联性是单向的，交通事故死亡人数对经济增长规模没有影响，经济增长规模是交通事故死亡人数的引导变量。经济增长规模与万车死亡率之间的关联性是单向的，经济增长规模是万车死亡率的外生变量，万车死亡率是经济增长规模的引导变量。交通事故10万人死亡率与经济增长规模之间的关联性是单向的，经济增长规模对交通事故10万人死亡率有一定影响。经济周期与交通事故之间的关联性是单向的，交通事故死亡人数和10万人死亡率是经济周期的引导变量。

3. 火灾与经济增长关联性的格兰杰检验

火灾与经济增长变量的格兰杰因果检验结果如表5.7所示。

表5.7　火灾与经济增长变量的格兰杰因果检验结果

原假设	1953～1978年样本		1979～2008年样本	
	*F*统计值	概率	*F*统计值	概率
LFNF不是LAGDP的格兰杰原因	2.25	**0.133**	2.77167	**0.083**
LAGDP不是LFNF的格兰杰原因	0.551	0.585	0.21383	0.809
LFR不是LAGDP的格兰杰原因	0.795	0.466	0.17914	0.837
LAGDP不是LFR的格兰杰原因	1.202	0.322	12.1303	**0.0003**
LFFR不是LAGDP的格兰杰原因	2.644	**0.097**	2.62862	**0.093**
LAGDP不是LFFR的格兰杰原因	1.093	0.355	0.50777	0.608
LFNF不是LVGDP的格兰杰原因	1.051	0.385	1.03387	0.371

续表

原假设	1953～1978 年样本		1979～2008 年样本	
	F 统计值	概率	F 统计值	概率
LVGDP 不是 LFNF 的格兰杰原因	0.372	0.698	0.22568	0.799
LFR 不是 LVGDP 的格兰杰原因	0.943	0.421	0.38176	0.686
LVGDP 不是 LFR 的格兰杰原因	1.335	0.306	1.89355	**0.173**
LFFR 不是 LVGDP 的格兰杰原因	1.104	0.368	1.74012	**0.198**
LVGDP 不是 LFFR 的格兰杰原因	0.475	0.635	1.00161	0.383

注：黑色加粗代表原假设通过格兰杰因果检验。

在 1953～1978 年样本中，LAGDP 不是 LFNF 的格兰杰原因，而原假设“LFNF 不是 LAGDP 的格兰杰原因”在显著性为 15%的条件下，通过了格兰杰因果关系检验。LFR 与 LAGDP 之间没有关联性。LAGDP 不是 LFFR 的格兰杰原因，但原假设“LFFR 不是 LAGDP 的格兰杰原因”在显著性为 15%的条件下，通过了格兰杰因果关系检验。LFNF、LFR、LFFR 与 LVGDP 没有关联性。总之，计划经济时期，经济增长规模与火灾事故死亡人数之间的关联性是单向的，经济增长规模对火灾死亡人数没有影响，但火灾死亡人数却是经济增长规模的引导变量。火灾发生率与经济增长规模之间没有关联性，火灾死亡率与经济增长规模之间的关联性是单向的，经济增长规模对火灾死亡率没有影响，但火灾死亡率是经济增长规模的引导变量。火灾事故与经济周期之间没有关联性。

1979～2008 年样本中，原假设“LFNF 不是 LAGDP 的格兰杰原因”、“LAGDP 不是 LFR 的格兰杰原因”、“LFFR 不是 LAGDP 的格兰杰原因”、“LVGDP 不是 LFR 的格兰杰原因”和“LFFR 不是 LVGDP 的格兰杰原因”在显著性为 15%的条件下，均通过了格兰杰因果关系检验。火灾死亡人数与经济增长规模之间的关联性是单向的，经济增长规模是火灾死亡人数的外生变量，而火灾死亡人数则是经济增长规模的引导变量。火灾发生率与经济增长规模和速度之间的关联性是单向的，经济增长规模或速度是火灾发生率的引导变量，而火灾发生率则是经济增长规模和速度的外生变量。火灾死亡率与经济增长规模之间的关联性是单向的，经济增长规模是火灾死亡率的外生变量，而火灾死亡率是经济增长规模的引导变量。火灾死亡率与经济增长周期之间的关联性是双向的，说明两者间存在交互作用关系。

对比改革开放前后两个阶段样本的格兰杰因果检验结果，如表 5.8 所示。可以看出，改革开放前后经济、政治体制的变化使得一些事故灾害指标与经济增长之间的关系发生了较大变化。

在事故灾害与经济增长规模的关联性方面，计划经济时期，经济增长规模与工伤事故指标之间没有关联性。进入市场经济时代，工伤事故灾害与经济增长规模的关联性增强了，两者之间存在交互作用关系。在改革开放前后不同历史时期，交通事故、火灾与经济增长规模均表现出稳定而持续的关联性，但二者与经济增长规模的格兰杰因果关联性的方向存在差异。其中，经济增长规模是交通事故的引导变量，火灾是经济增长规模的引导变量。

表 5.8　改革开放前后不同事故灾害指标与经济增长之间的格兰杰关联性

时期	事故灾害指标与经济增长规模								
	工伤事故			交通事故			火灾		
	ONF	OFRW	OFRE	TNF	TFRV	TFRP	FNF	FR	FFR
1953～1978 年	无	无	无	TNF ↓↑ AGDP	TFRV ↓ AGDP	TFRP ↑ AGDP	FNF ↓ AGDP	无	FFR ↓ AGDP
1979～2008 年	ONF ↑↓ AGDP	OFRW ↓ AGDP	OFRE ↓↑ AGDP	TNF ↑ AGDP	TFRV ↓ AGDP	TFRP ↑ AGDP	FNF ↓ AGDP	FR ↑ AGDP	FFR ↓ AGDP

时期	事故灾害指标与经济增长周期								
	工伤事故			交通事故			火灾		
	ONF	OFRW	OFRE	TNF	TFRV	TFRP	FNF	FR	FFR
1953～1978 年	无	OFRW ↓ VGDP	OFRE ↓ VGDP	无	TFRV ↓ VGDP	无	无	无	无
1979～2008 年	ONF ↑ VGDP	OFRW ↑ VGDP	OFRE ↑ VGDP	TNF ↓ VGDP	TFRV ↓↑ VGDP	TFRP ↓ VGDP	FNF ↓ VGDP	FR ↑ VGDP	FFR ↓↑ VGDP

在事故灾害与经济增长周期方面，经济增长周期与工伤事故之间存在着单向的关联性，经济增长周期是工伤事故的引导变量，即经济增长周期的变动会影响工伤事故指标随之变化；交通事故与经济周期之间存在交互作用，不同交通事故指标与经济周期之间的格兰杰因果方向存在差异，交通事故死亡人数和 10 万人死亡率是经济增长周期的引导变量，而经济增长周期与交通事故万车死亡率互为

引导变量；经济增长周期与火灾之间存在交互作用，不同的火灾事故指标与经济周期的格兰杰因果方向存在差异，火灾死亡率与经济增长周期之间存在交互作用，互为引导变量，火灾死亡人数是经济增长周期的引导变量，而经济增长周期是火灾损失率的引导变量。总之，进入市场经济时期，事故灾害与经济增长之间的关联性更加密切，经济增长周期是影响事故灾害的重要因素。

5.4.5　改革开放后经济增长与事故灾害的动态效应

协整检验证明了经济增长与事故灾害之间存在着长期关系。格兰杰因果关系检验证明了事故灾害与经济增长之间存在复杂交互作用关系，相对于经济增长规模，经济增长周期是影响事故灾害的重要因素。为了能从动态角度更好地深入分析两者间的互动关系，我们在 VAR 模型的基础上，进一步绘制脉冲响应函数图，衡量来自随机扰动项 ε_t 的一个标准差通过模型影响事故灾害或经济增长指标的动态过程。

1. 经济增长冲击引起的事故灾害的动态效应

1）经济增长冲击引起的工伤事故的动态效应

图 5.9 描述了在期内工伤事故对来自经济增长的一个标准差的正向冲击的脉冲响应。横轴表示冲击作用的滞后期间数，纵轴表示工伤事故灾害指标。实线表示脉冲响应函数，代表了工伤事故灾害指标对相应的经济增长的冲击的反应，虚线表示正负两倍标准差偏离带。从图中可以看出，当在本期给经济增长一个正冲击后，LONF、LOFRW 及 LOFRE 均会在短期内（前三期）迅速增加并达到峰值，之后冲击效应逐渐减小。这表明工伤事故的发生及其严重程度与经济周期的变化是一致的，当国民经济增长速度明显加快时，工伤事故死亡人数指数也明显上升。经济的高速发展是工伤事故增加的重要推动器。经济增长速度下降或经济萧条时期，工伤事故造成的死亡人数会下降。

造成上述现象的可能原因是，在经济萧条时期，大量小规模企业破产，导致危险源减少了，裁员的结果使得有经验、受过高等训练的员工被留下了，而没有经验、受训练较少的员工则被解雇了，造成人因事故的减少；此外，萧条时期平均工作时间趋于减少，疲惫作为工伤事故的原因也减少了，这些原因综合作用的结果导致事故总量与严重程度的下降。反之，在经济繁荣时期，大量小规模企业进入生产领域，导致危险源增加，旺盛的市场需求促使企业通过招聘临时工和增

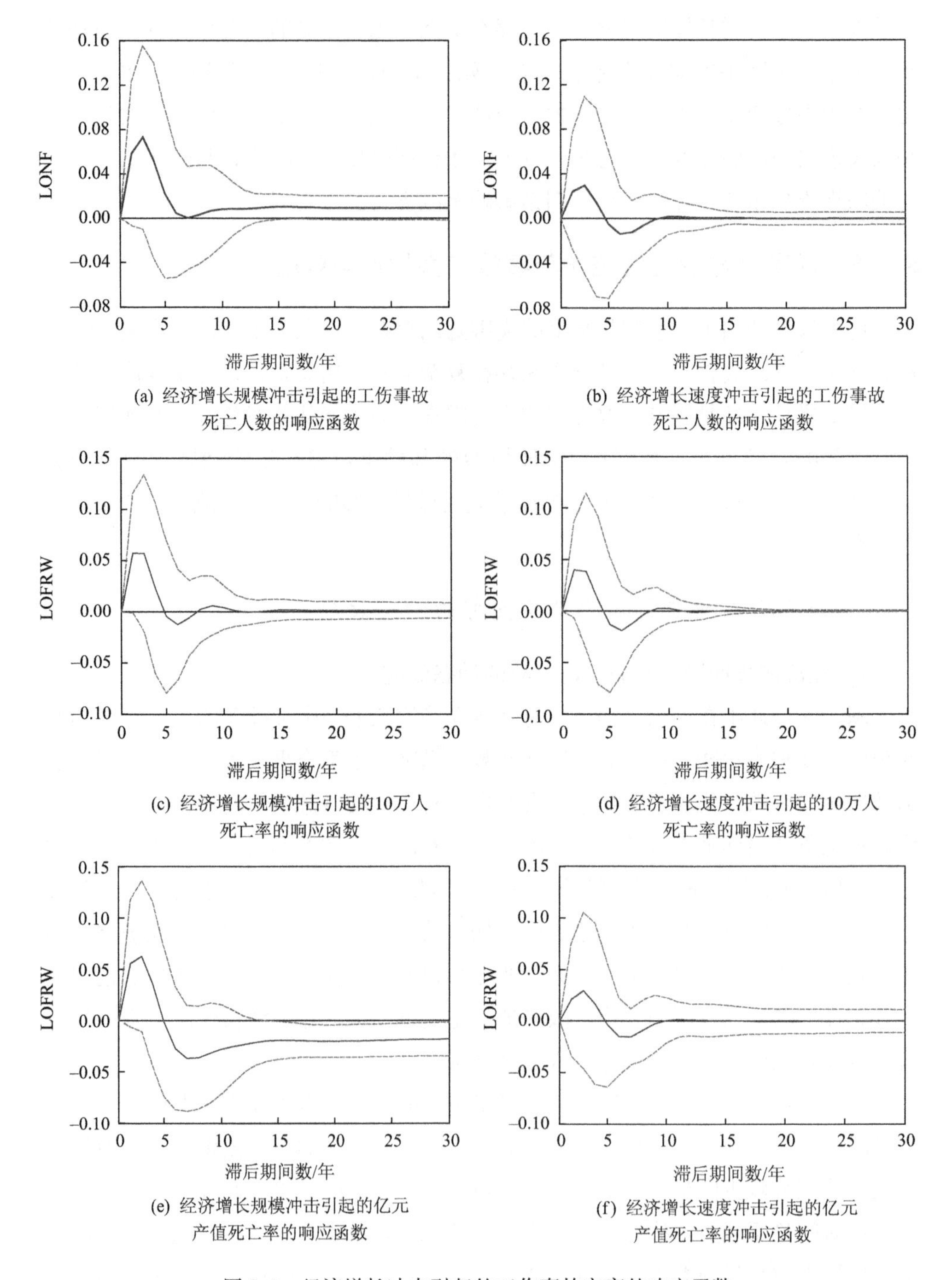

图 5.9　经济增长冲击引起的工伤事故灾害的响应函数

加工作时间等方式扩大产量，造成人因事故的增加，这些因素的综合作用导致事故总量和严重程度的增加。

2）经济增长冲击引起的交通事故的动态效应

图 5.10 描述了在期内交通事故对来自经济增长的一个标准差的正向冲击的脉冲响应。从图中可以看出，当在本期给经济增长一个正冲击后，LTNF 和 LT-FRP 会在短期内迅速增加，在第四期达到峰值后缓慢稳定地下降。LTFRV 在受到来自经济增长的正向冲击时，虽然在极短的时期（前二期）内会小幅上升并达到峰值，而后快速下降，并且其影响都是负的。这表明经济繁荣发展对交通事故的冲击具有显著的促进作用和较长的持续效应。经济繁荣对交通事故死亡人数和交通事故 10 万人死亡率产生稳定的、显著的拉动作用。

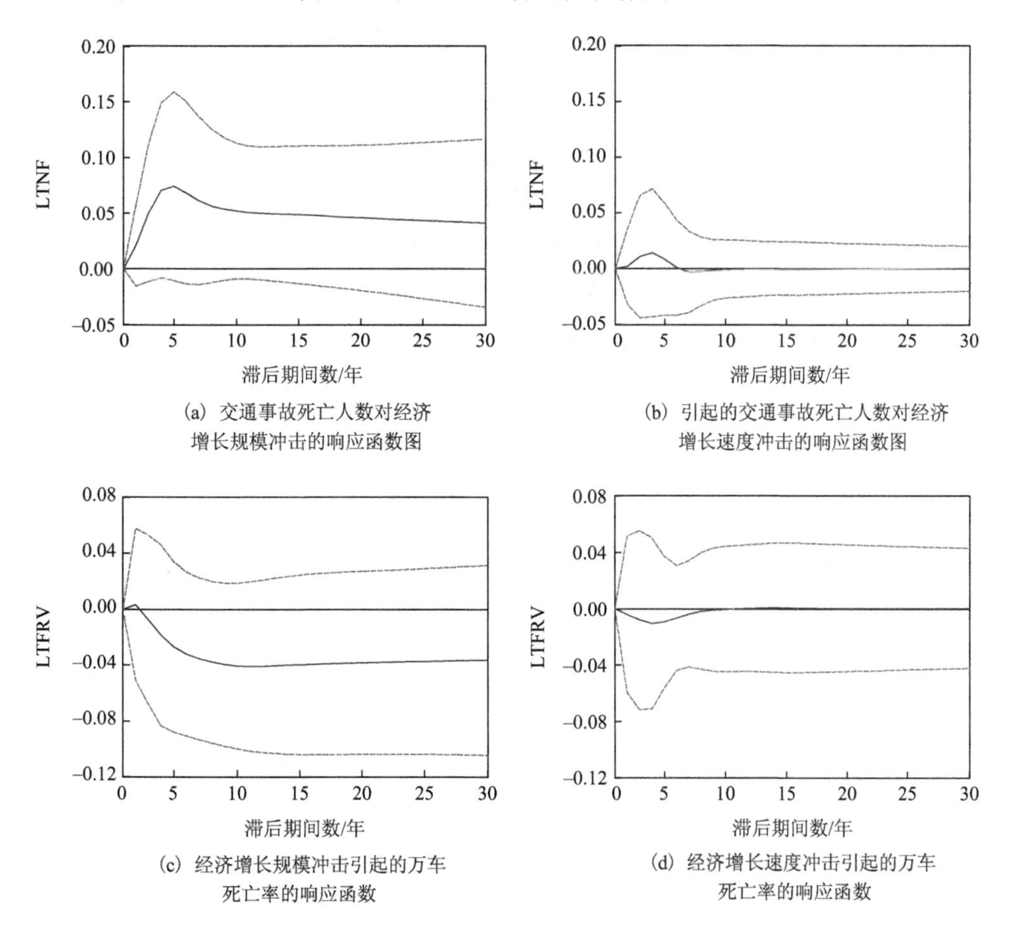

(a) 交通事故死亡人数对经济增长规模冲击的响应函数图

(b) 引起的交通事故死亡人数对经济增长速度冲击的响应函数图

(c) 经济增长规模冲击引起的万车死亡率的响应函数

(d) 经济增长速度冲击引起的万车死亡率的响应函数

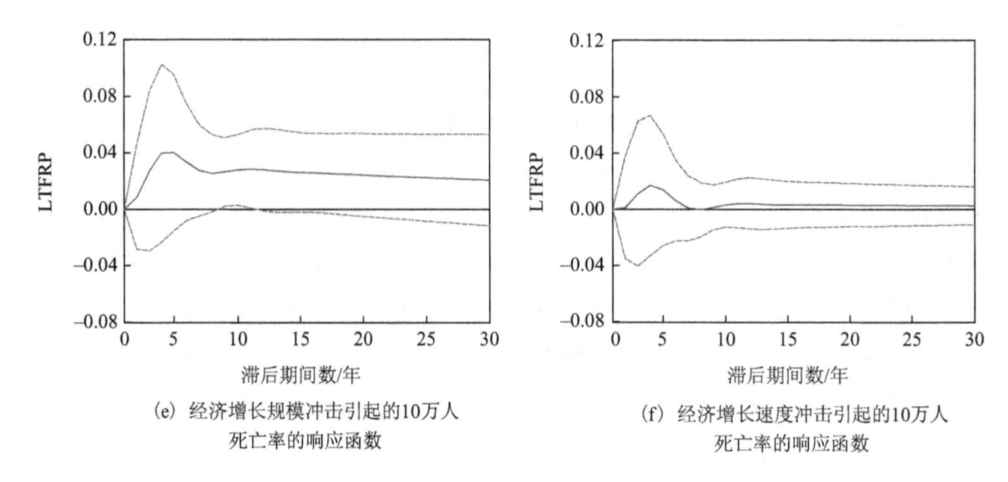

(e) 经济增长规模冲击引起的10万人死亡率的响应函数

(f) 经济增长速度冲击引起的10万人死亡率的响应函数

图 5.10 经济增长冲击引起的交通事故的响应函数

3）经济增长冲击引起的火灾事故的动态效应

图 5.11 描述了在期内火灾对来自经济增长的一个标准差的正向冲击的脉冲响应。从图中可以看出，当在本期给经济增长一个正冲击后，LFNF 与 LFFR 虽然有波动，在短期内下降而后保持稳定，但影响都是负的。LFR 的变动比较显著，在极短的时期内迅速小幅下降，随即反弹并保持持续的、长期的上升趋势。这表明经济繁荣引起火灾损失率的上升。

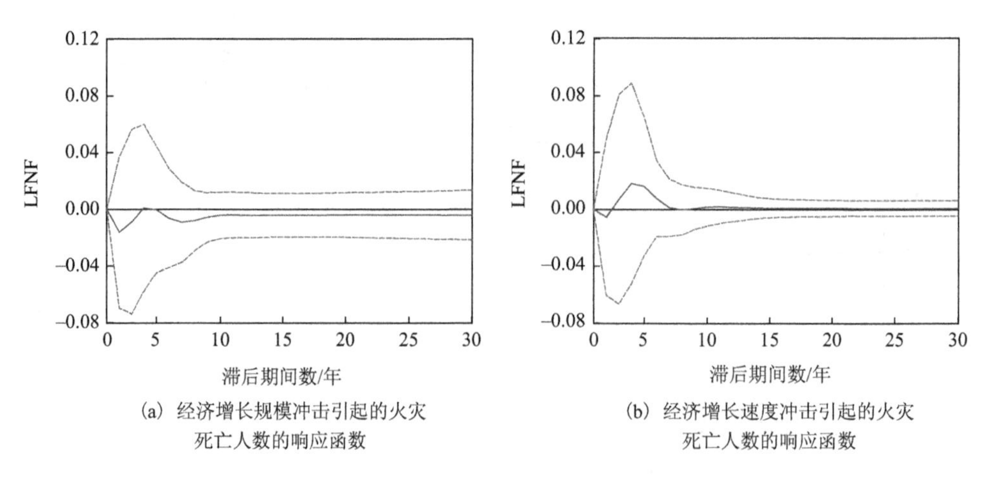

(a) 经济增长规模冲击引起的火灾死亡人数的响应函数

(b) 经济增长速度冲击引起的火灾死亡人数的响应函数

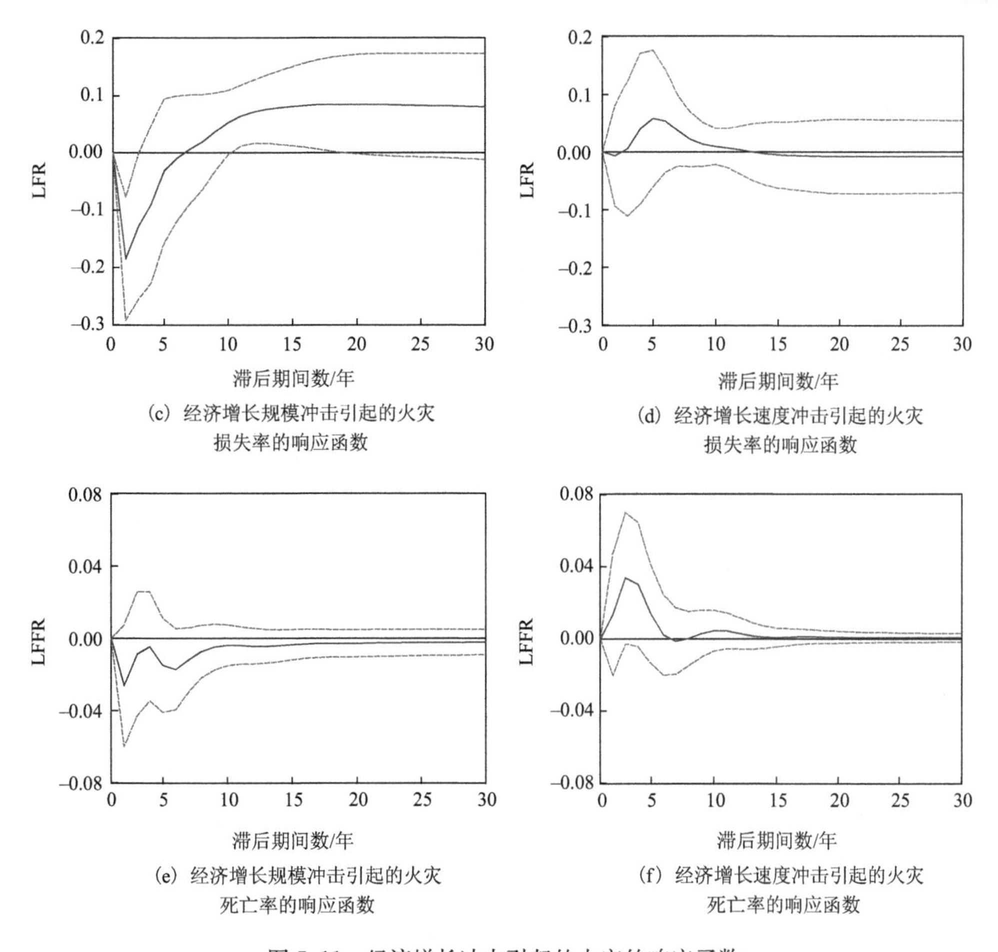

图 5.11　经济增长冲击引起的火灾的响应函数

2. 事故灾害冲击对经济增长的动态效应

1）工伤事故冲击引起的经济增长的动态效应

图 5.12 描述了在期内经济增长对来自工伤事故的一个标准差的正向冲击的脉冲响应。横轴表示冲击作用的滞后期间数，纵轴表示经济增长指标。实线表示脉冲响应函数，代表了经济增长指标对相应的事故灾害的冲击的反应，虚线表示正负两倍标准差偏离带。从图中可以看出，当在本期给工伤事故灾害一个正冲击后，LAGDP 与 LVGDP 均会在短期内（前三期）迅速增加并达到峰值，之后冲击效应逐渐减小，并且冲击作用的影响基本上是负面的。这表明，以工伤事故为

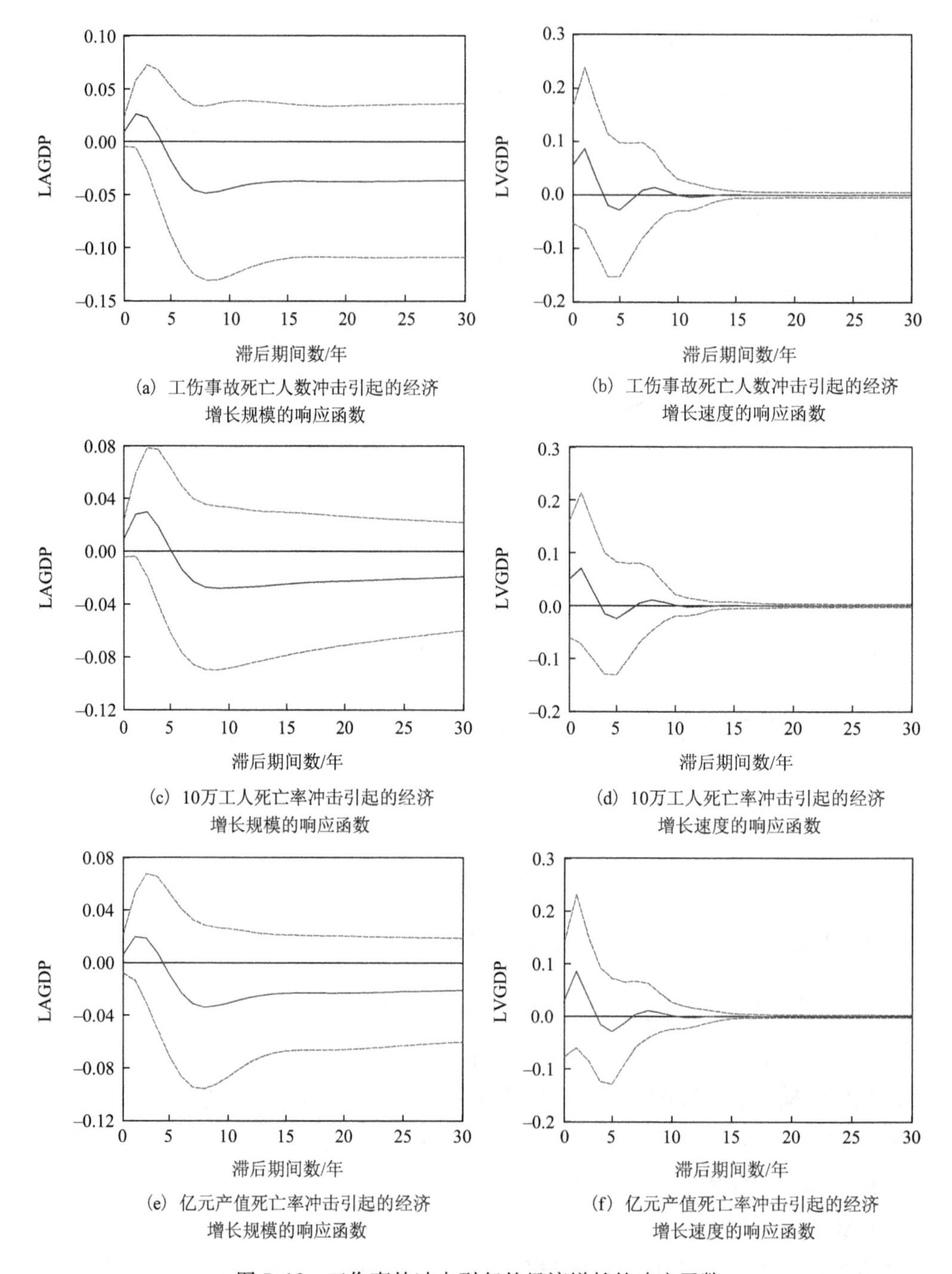

(a) 工伤事故死亡人数冲击引起的经济增长规模的响应函数

(b) 工伤事故死亡人数冲击引起的经济增长速度的响应函数

(c) 10万工人死亡率冲击引起的经济增长规模的响应函数

(d) 10万工人死亡率冲击引起的经济增长速度的响应函数

(e) 亿元产值死亡率冲击引起的经济增长规模的响应函数

(f) 亿元产值死亡率冲击引起的经济增长速度的响应函数

图 5.12 工伤事故冲击引起的经济增长的响应函数

代价追求经济增长，在极短的短期内或许会提高经济增长规模，但很快便会对经济增长产生较强的负面影响，成为阻碍经济增长的因素。

2）交通事故冲击引起的经济增长的动态效应

图 5.13 描述了在本期内经济增长对来自交通事故的一个标准差的正向冲击的脉冲响应。从图中可以看出，当在本期给交通事故灾害一个正冲击后，经济增长指标对不同交通事故灾害指标的反应出现了较大的差异。当在本期给交通事故死亡人数或交通事故万人死亡率一个正冲击后，LAGDP 与 LVGDP 缓慢增加并持续较长时间。而对于来自本期交通事故万车死亡率的一个正冲击，LGDP、LAGDP 与 LVGDP 则快速下降并长期保持稳定，并且冲击作用的影响基本上是负面的。总之，交通事故对经济增长的影响是两面的，既有促进作用又有阻碍作用。

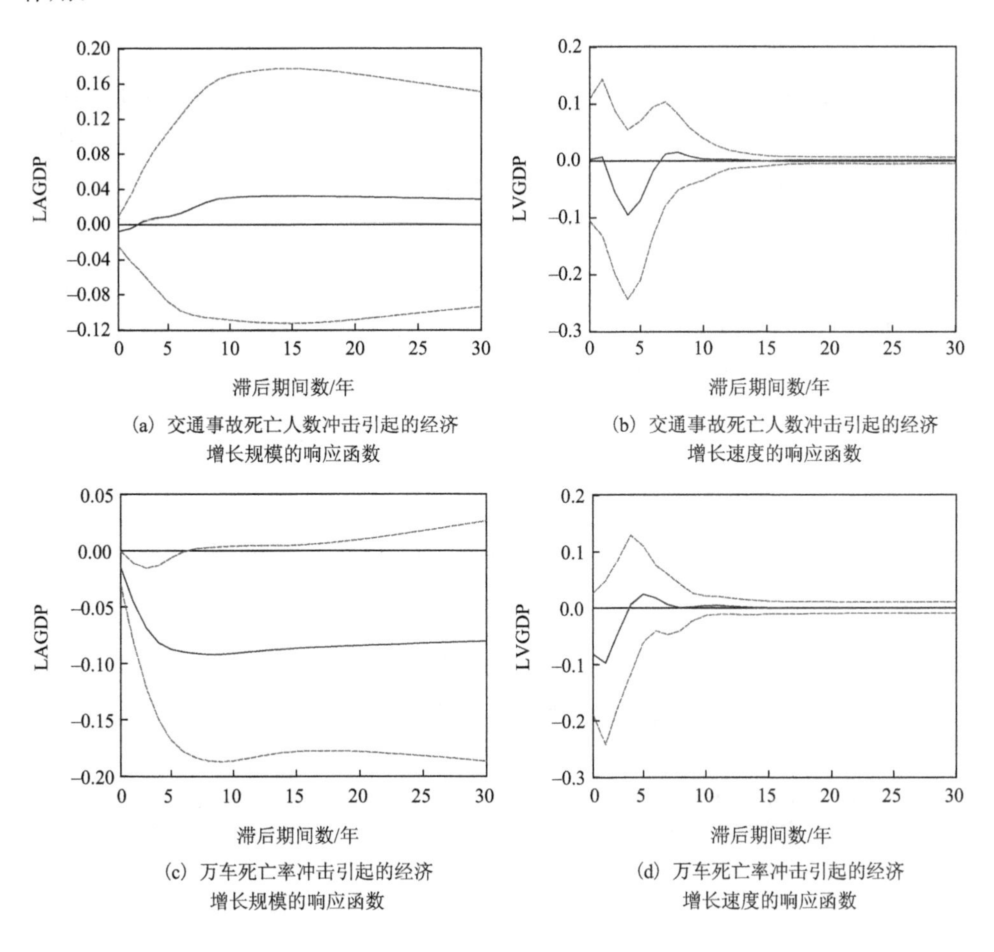

(a) 交通事故死亡人数冲击引起的经济增长规模的响应函数

(b) 交通事故死亡人数冲击引起的经济增长速度的响应函数

(c) 万车死亡率冲击引起的经济增长规模的响应函数

(d) 万车死亡率冲击引起的经济增长速度的响应函数

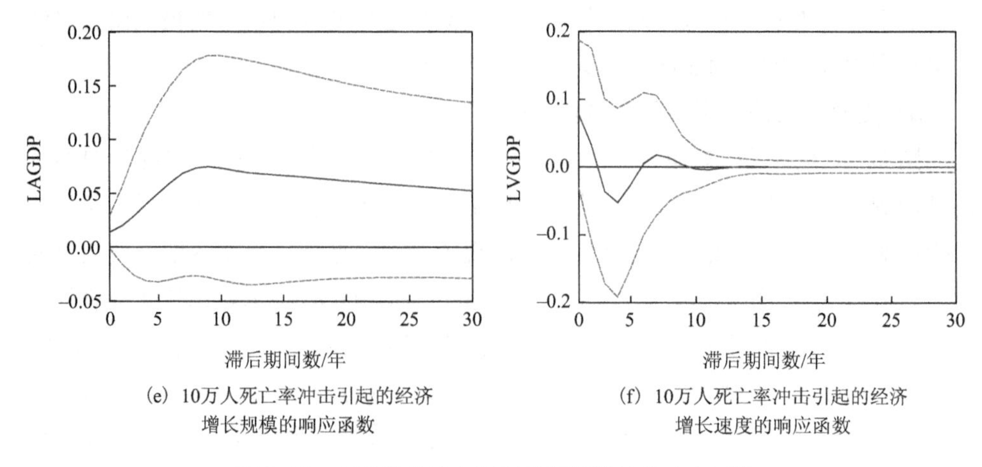

(e) 10万人死亡率冲击引起的经济增长规模的响应函数

(f) 10万人死亡率冲击引起的经济增长速度的响应函数

图 5.13　交通事故冲击引起的经济增长的响应函数

3）火灾冲击引起的经济增长的动态效应

图 5.14 描述了在期内经济增长对来自火灾的一个标准差的正向冲击的脉冲响应。从图中可以看出，当在本期给火灾一个正冲击后，LAGDP 与 LVGDP 在短期内迅速下降并保持长期的、稳定的、负面的冲击作用。因此，可以说，火灾对经济增长具有长期的、持续的、负面影响。

总之，脉冲响应分析的结果表明工伤事故、火灾和交通事故均会对经济增长产生负面影响，但由于目前 GDP 的统计量仅是名义的，并没有将事故灾害损失计入在内，因此，我们无法从 GDP 等经济增长变量上直接看出事故灾害的影响。

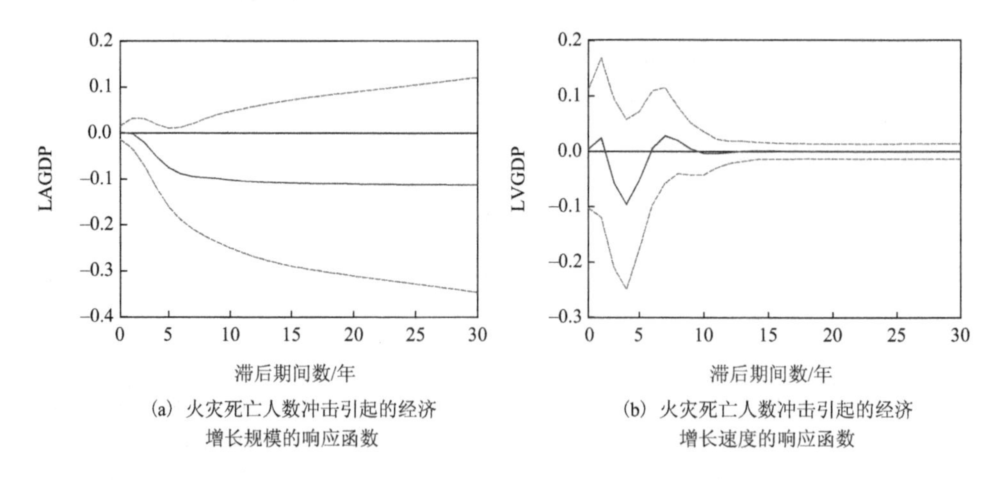

(a) 火灾死亡人数冲击引起的经济增长规模的响应函数

(b) 火灾死亡人数冲击引起的经济增长速度的响应函数

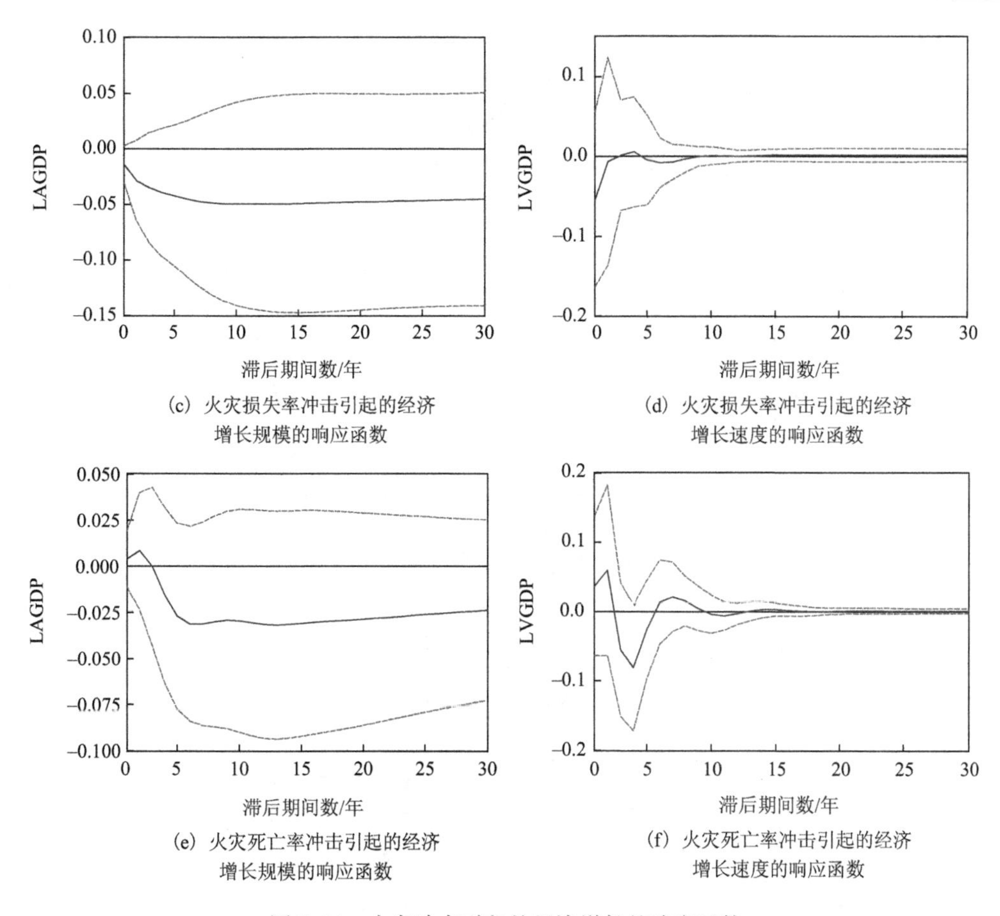

(c) 火灾损失率冲击引起的经济增长规模的响应函数

(d) 火灾损失率冲击引起的经济增长速度的响应函数

(e) 火灾死亡率冲击引起的经济增长规模的响应函数

(f) 火灾死亡率冲击引起的经济增长速度的响应函数

图 5.14　火灾冲击引起的经济增长的响应函数

5.5　近期经济危机对我国事故灾害影响的统计分析

2007 年 8 月次级房贷危机开始席卷美国、欧盟和日本等世界主要金融市场，引发了金融危机并逐渐演变成为经济危机。美国、日本等传统意义上的发达国家的经济受到了不同程度的冲击，也为包括中国在内的发展中国家的经济增长带来一定压力。图 5.15 描述了我国近期经济增长速度的变化，可以看出，从 2007 年第 3 季度开始，我国的 GDP 增长速度直线下降，2008 年第 3 季度出现极速下滑，并于 2009 年第 1 季度达到谷底。其后，在政府宏观投资政策的推动下快速反弹。

作为经济生产的伴生现象，工伤事故灾害对于经济增长的冲击也呈现出一定的反应。图 5.16 描述了 2006～2009 年中国工伤事故灾害季度走势图。从图中可

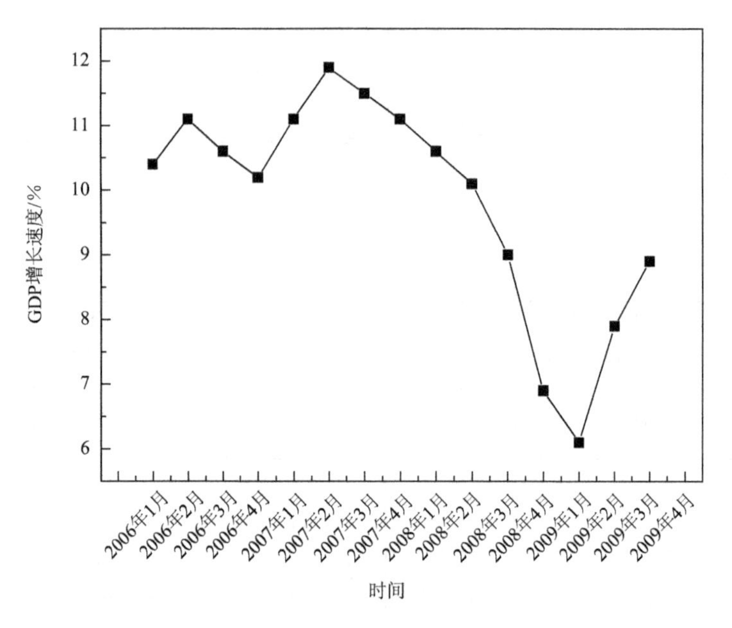

图 5.15　2006～2009 年中国经济增长速度季度走势图

数据来源：国家统计局

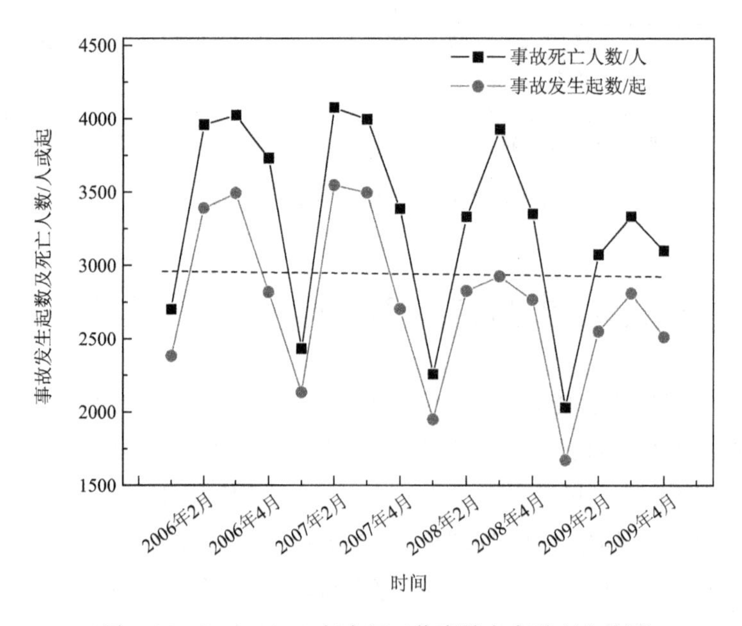

图 5.16　2006～2009 年中国工伤事故灾害季度走势图

数据来源：国家安全生产监督管理局

以看出，尽管工伤事故灾害呈现出鲜明的周期现象，即每年的第 1 季度均是事故死亡人数和发生起数的最低点，从第 1 季度到第 3 季度逐渐上升，到第 3 季度达到峰值，而后回落到来年的第 1 季度，再次到达谷底。2007 年第 3 季度到 2009 年第 1 季度，工伤事故发生起数下降的幅度是比较明显的。这一现象在一定程度上证明了经济增长对事故灾害的周期效应，即工伤事故的发生及其严重程度与经济周期的变化是一致的，经济萧条时期，工伤事故的发生频率及其造成的死亡人数会下降，经济高速发展是短期内工伤事故增加的重要因素。

5.6　本章小结

本章利用 1953～2008 年的工伤事故、交通事故、火灾与经济增长规模和周期等时间序列变量，采用动态计量模型论证了经济增长规模、经济增长周期与安全风险的关联性，明确提出经济增长对安全风险具有规模效应和周期效应。利用近期经济增长波动与工伤事故灾害的数据，验证了经济增长对事故灾害的周期效应。本章得出的主要结论如下。

1. 安全风险与经济增长规模的关联性方面的主要结论

(1) 改革开放前后的经济、政治体制变革使得工伤事故灾害与经济增长之间的关系发生了较大变化。计划经济时期，经济增长规模与工伤事故指标之间关联性弱；进入市场经济时代，工伤事故灾害与经济增长规模的关联性增强，两者之间存在交互作用关系。在 1979～2008 年，工伤事故相对指标基本随着经济增长规模的增加而下降，交通事故和火灾相对指标则随着经济增长规模的增加而上升。

(2) 无论在计划经济时期还是在市场经济时代，交通事故和火灾与经济增长规模均表现出稳定而持续的关联性。但二者与经济增长规模的格兰杰因果关联性的方向存在差异。其中，经济增长规模是交通事故的引导变量，火灾却是经济增长规模的引导变量。

2. 安全风险与经济周期的关联性方面的主要结论

与经济增长规模相比，经济增长速度是影响各类事故灾害相对指标的更加显著的因素。事故灾害指标的演变过程中存在比较明显的“经济周期驱动”迹象。工伤事故和交通事故灾害的发生及其严重程度与经济周期的变化是一致的，当国民经济增长速度明显加快时，事故死亡人数也明显上升，经济的高速发展是事故灾害增加的重要推动器。经济增长速度下降或经济萧条时期，事故造成的死亡人数会下降。尽管经济繁荣会引起火灾死亡人数和火灾死亡率的下降，但火灾损失率会上升。

第6章 经济增长结构与事故灾害

在现代经济增长中，产业结构和经济发展密切相关，产业结构状况和经济结构状况共同反映一个国家的经济发展方向和发展水平，制约着经济发展速度。产业结构是影响经济增长的关键因素，产业结构的优劣是衡量经济发展质量和水平的重要标志。伴随着经济增长规模的增大，产业结构通常会发生较大的变化。由于危险的工作环节是事故发生的源头，不同产业的工作环节涉及的能量、有害物质及工作场所的人员密集程度不同，风险强度存在一定差异，因而，产业结构的变化不仅体现了经济增长要素投入量及其均衡关系的改变，也体现了安全风险分布的变化。正确认识产业结构变动对安全生产的贡献及其变化规律，对于了解宏观安全变化规律和制定促进安全与经济增长和谐发展的政策具有重要意义。

6.1 产业结构变化的机制与规律

产业结构，是指生产要素在各产业部门之间的比例构成和它们之间的相互依存、相互制约的关系，即一个国家或地区的资金、人力资源和各种自然资源与物质资料在国民经济各部门之间的配置状况和相互制约的方式[89]。由于技术进步水平、资源禀赋结构、商品需求或供给的收入弹性的差异，一国或地区的产业结构会伴随着经济增长而发生变化。

三次产业是根据社会生产活动历史发展的顺序对产业结构的划分，产品直接取自自然界的部门称为第一产业，对初级产品进行再加工的部门称为第二产业，为生产和消费提供各种服务的部门称为第三产业。这是世界上较为通用的产业结构分类，但各国的划分不尽相同。按中国统计口径[90]，我国第一产业指农业（包括种植业、林业、牧业和渔业），第二产业指工业（包括采掘业、制造业、电力、煤气及水的生产和供应业）和建筑业，我国第三产业指除第一、第二产业以外的其他各业。由于第三产业包括的行业多、范围广，根据我国的实际情况，第三产业可分为两大部分：一是流通部门；二是服务部门。具体又可分为四个层次：第一层次为流通部门，包括交通运输、仓储及邮电通信业、批发和零售贸易、餐饮业；第二层次为生产和生活服务的部门，包括金融、保险业，地质勘查业、水利管理业，房地产业，社会服务业，农、林、牧、渔服务业，交通运输辅助业，综合技术服务业等；第三层次为提高科学文化水平和居民素质的服务部门，包括教育、文化艺术及广播电影电视业，卫生、体育和社会福利业，科学研究业等；第四层次为社会公共需要服务部门，包括国家机关、党政机关和社会团体及军队、警察等。

配第、克拉克通过对多国经济发展史的分析和比较，概括和揭示了在不同收入或不同经济发展阶段中劳动力在三次产业间的转移特征。随着人均国民收入水平的提高，劳动力首先由第一产业向第二产业转移，当人均国民收入水平进一步提高时，劳动力便向第三产业转移。三次产业比重的变化也具有类似的规律[91]，如图 6.1 所示，这就是著名的“配第-克拉克定理”。

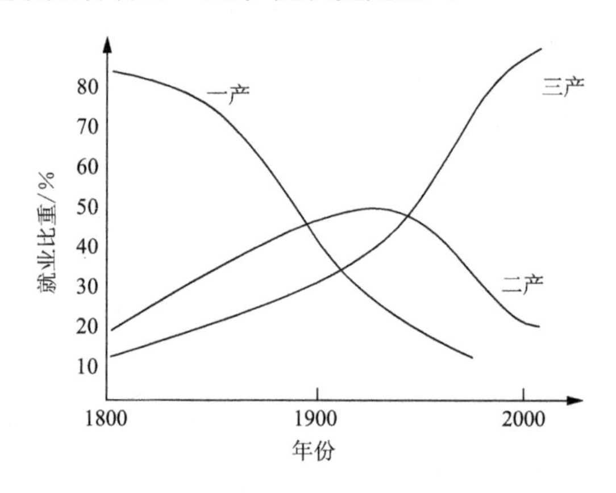

图 6.1　劳动力在三次产业中分布的变化趋势

美国经济学家西蒙·库兹涅茨在克拉克研究成果的基础上，对产业结构的演进规律作了进一步探讨，认为随着经济增长，农业部门在国民生产总值中所占份额趋于下降，而工业部门和服务部门比重则呈上升趋势。工业的比重在达到极限值之后便逐渐下降，从而使工业在国民经济中的比重呈现出一个由上升到下降的倒“U”形变化过程[92]。此外，技术进步的更迭使产业结构的演进以一系列主导产业的交替为特征。任何一个主导产业不会永远保持其强劲的增长势头，到了一定阶段它会出现主导产业增长减速现象，最终被其他产业所取代。工业化的初期，轻工业特别是纺织工业是这一时期的主导产业，在工业结构中处于重要地位；随着工业化的发展，重化工业取代纺织等轻工业成为主导产业；随着工业结构进一步向高加工度化的发展，工业增长对原材料的依赖程度会相对下降，机电装配工业又将取代重化工业的地位，成为工业结构中最重要的因素。在工业结构高加工度化阶段，技术集约化趋势逐步显著，这种趋势不仅表现为所有工业部门将采用越来越高级的技术、工艺，而且表现为以技术密集为特征的高技术产业的兴起。技术集约过程也是从工业社会向后工业社会的过渡过程。由此，工业化过程表现出社会生产活动先后分别以劳动密集型工业主导、轻工业、原料和能源工业为中心的资本密集型工业主导、加工、组装工业为中心的资本密集型工业主导和技术密集型工业主导等四个有序的发展阶段，这也是产业结构高度化过程，如图 6.2 所示。

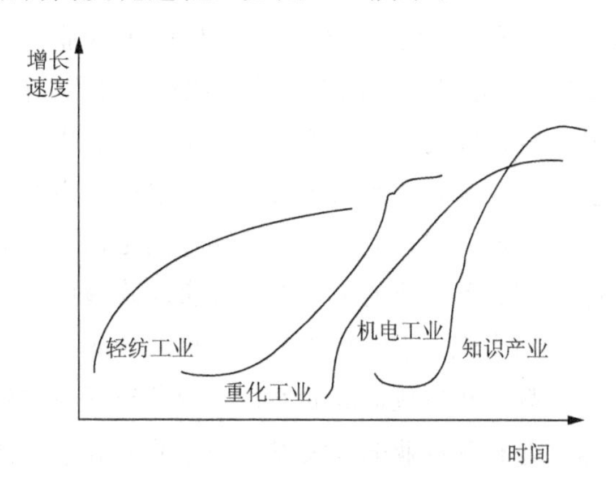

图 6.2　主导产业替代图

钱纳里等进一步从经济增长的要素贡献角度揭示了经济结构转变的模式特征[93]。他依据人均收入水平将各国经济发展阶段划分为初级产品生产阶段、工业化阶段和发达经济阶段。在初级产品生产阶段，产业结构主要以农业为主，经济增长速度较慢；在工业化阶段，生产结构以由初级产品向制造业的快速转移为特点，初级产品生产份额大幅度下降，制造业份额和社会基础设施份额上升，由于资本积累和投资率的增加，资本在经济增长贡献中占主导地位；在发达经济阶段，工业部门内部结构发生剧烈的变动，工业在产业结构中的变动处于最为显著的地位，并推动着整个产业的高度化发展，制造业在经济和就业中的比重下降，经济增长和就业主要依赖于服务业。

6.2　不同产业安全风险强度的差异性

6.2.1　不同行业灾害事故风险的差异性

危险的工作环节是事故发生的源头[94]。不同行业的工作环节涉及的能量、危险有害物质和工作场所的人员密集程度不同，使得不同行业的灾害事故风险强度存在一定差异。复杂的加工工业，例如化工、人口稠密地区的危害物质的生产与加工，危险品的生产、存储、运输和分配，这些生产过程存在火灾、爆炸和有毒物质泄露等工业技术带来的潜在风险。

中国不同行业工伤事故死亡率差别十分明显。各行业中 10 万人死亡率最高的是采掘业，最低的是金融保险业。以 2002 年为例，最高的为 158.48，而最低的仅为 0.03，相差 5283 倍。死亡人数处于前三位的采掘业、制造业和建筑业占全部死亡人数的 87.27%。图 6.3 和图 6.4 分别比较了 2000 年后不同行业每年工伤事故发生的频率和事故造成的死亡人数。从图中可以看出，煤炭采选业、黑色金属矿采选业、地质勘查业及其他矿采选业的工伤事故灾害发生频率及其造成的死亡人数远远高于其他行业。建筑业和交通运输业的工伤事故灾害风险较高，社会服务业、金融保险业等服务产业的工伤事故灾害风险最低。

图 6.5 和图 6.6 分别比较了不同行业的火灾事故分布，从图中可以看出，不同行业的火灾事故发生频率和事故造成的死亡人数分布存在比较明显的差异。农业、轻工业、交通运输业和餐饮业的火灾发生频率明显高于其他行业。

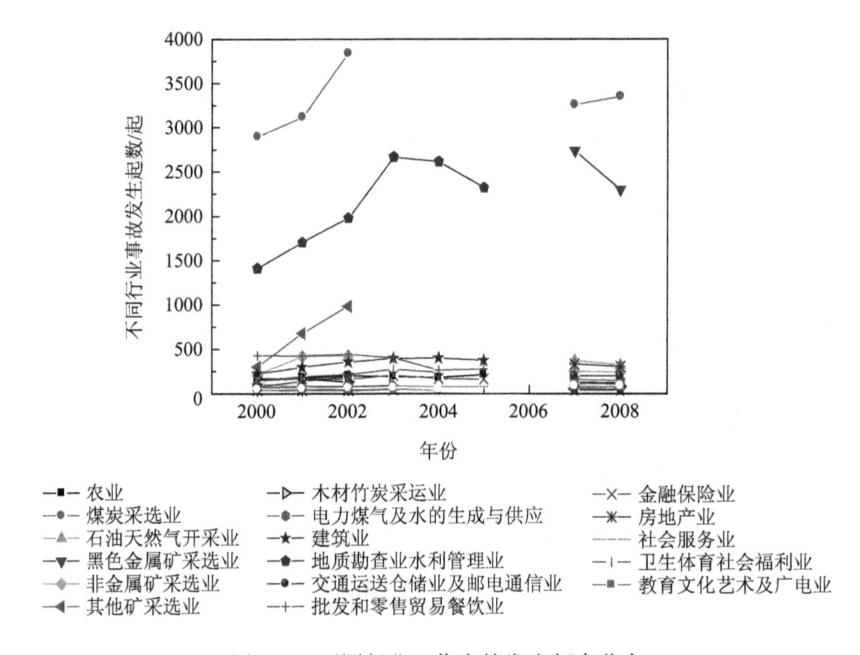

图 6.3　不同行业工伤事故发生频率分布

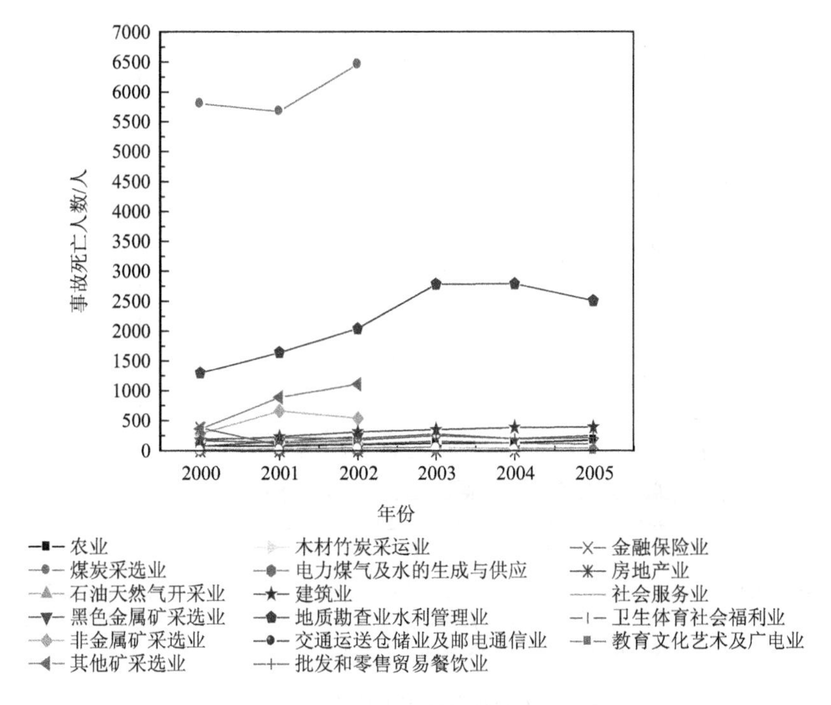

图 6.4 不同行业工伤事故灾害死亡人数分布

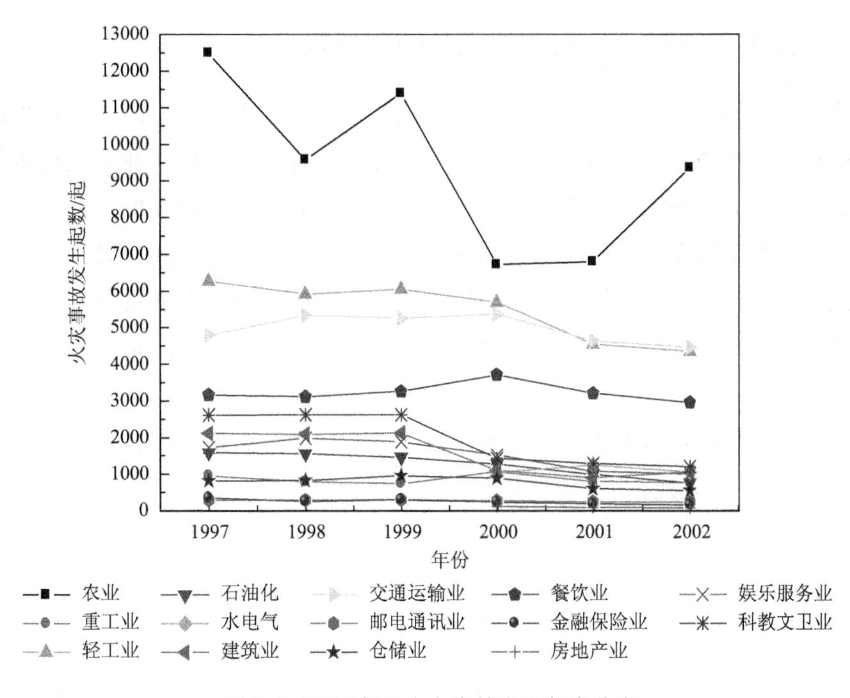

图 6.5 不同行业火灾事故发生频率分布

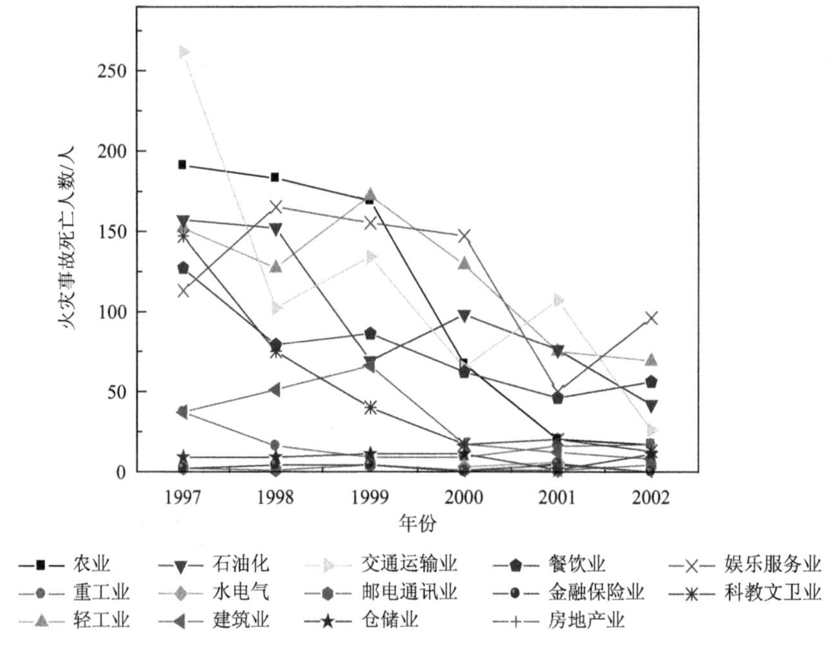

图 6.6 不同行业火灾事故死亡人数分布

6.2.2 我国不同产业灾害事故风险的差异性

为了进一步比较不同产业的工伤事故风险程度，本书将工矿商贸企业事故死亡人数按三次产业类别进行归类。图 6.7 和图 6.8 描述了不同产业的工伤事故发生起数和死亡人数分布。可以看出，工伤事故风险具有比较明显的产业特征，第二产业的工伤事故发生起数和事故造成的死亡人数最多，远远超过第一和第三产业。图 6.9 和图 6.10 描述了三次产业在较大事故方面的工伤事故发生起数和死亡人数。第二产业的较大工伤事故发生起数和死亡人数也远远高于第一和第二产业。

分别以三次产业从业人员数量和三次产业国民生产总值为统计参数，计算三次产业的 10 万工人死亡率（FR_i）和亿元产值死亡率 PR_i。计算公式如下：

$$FR_i = \frac{F_i}{P_e} \tag{6.1}$$

$$PR_i = \frac{F_i}{Y_i} \tag{6.2}$$

式中，F_i 为产业工伤事故死亡人数；P_e 为产业 i 的就业人口；Y_i 为产业 i 的国民生产总值。

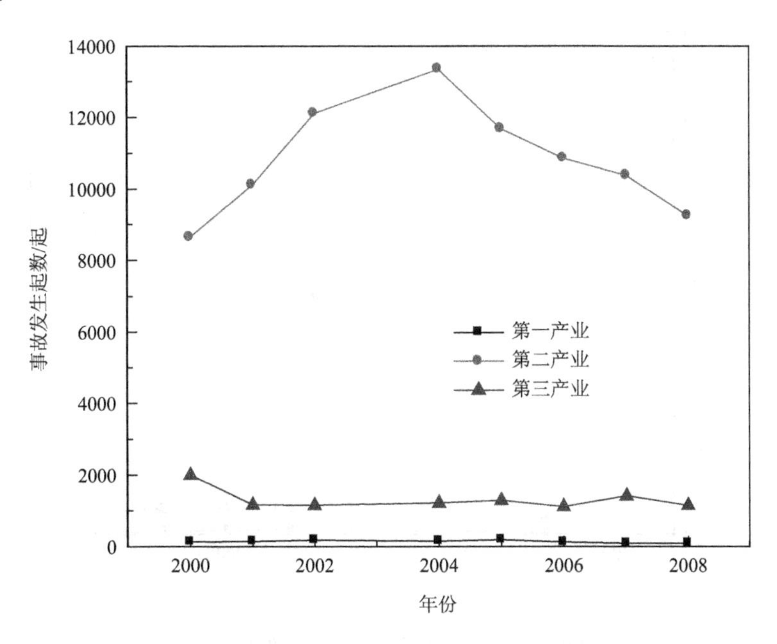

图 6.7　三次产业工伤事故发生起数分布

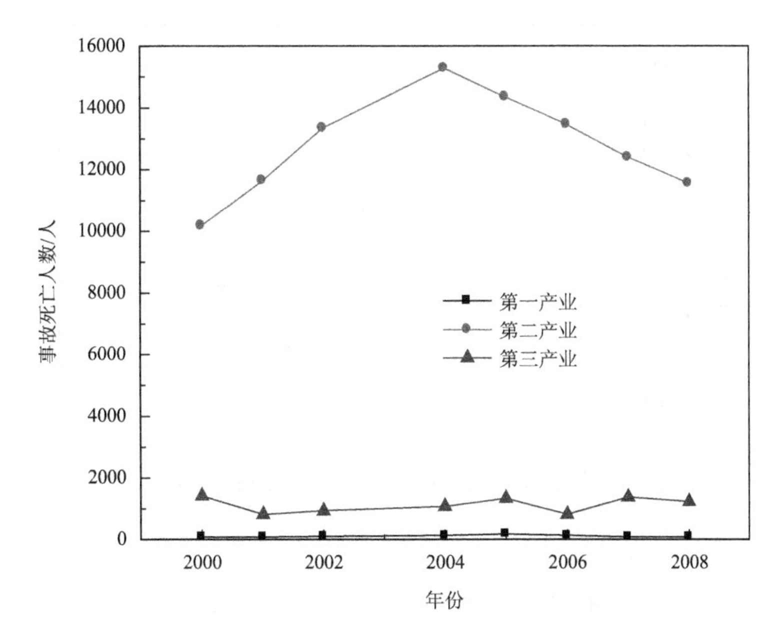

图 6.8　三次产业工伤事故死亡人数分布

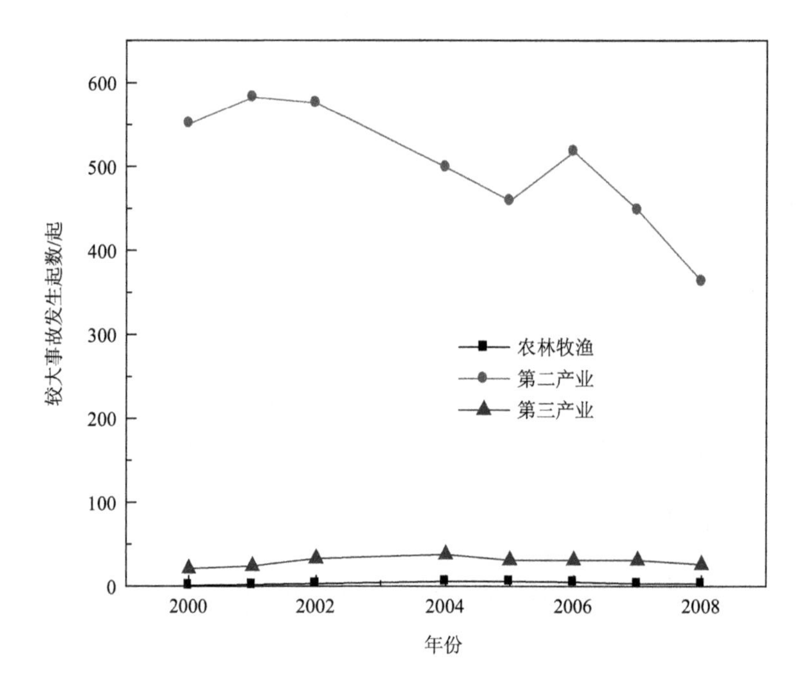

图 6.9　三次产业较大工伤事故发生起数

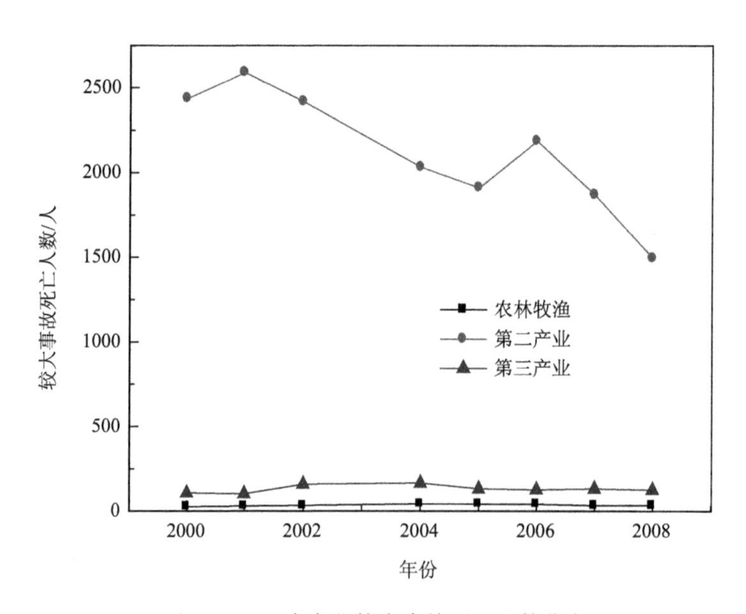

图 6.10　三次产业较大事故死亡人数分布

从图 6.11 和图 6.12 中可以看出，第二产业的 10 万工人死亡率和亿元产值

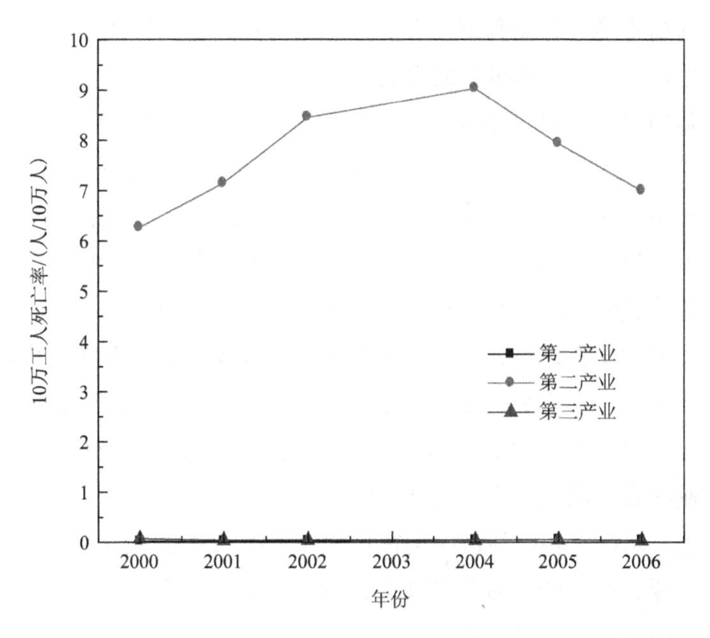

图 6.11　三次产业 10 万工人死亡率变化

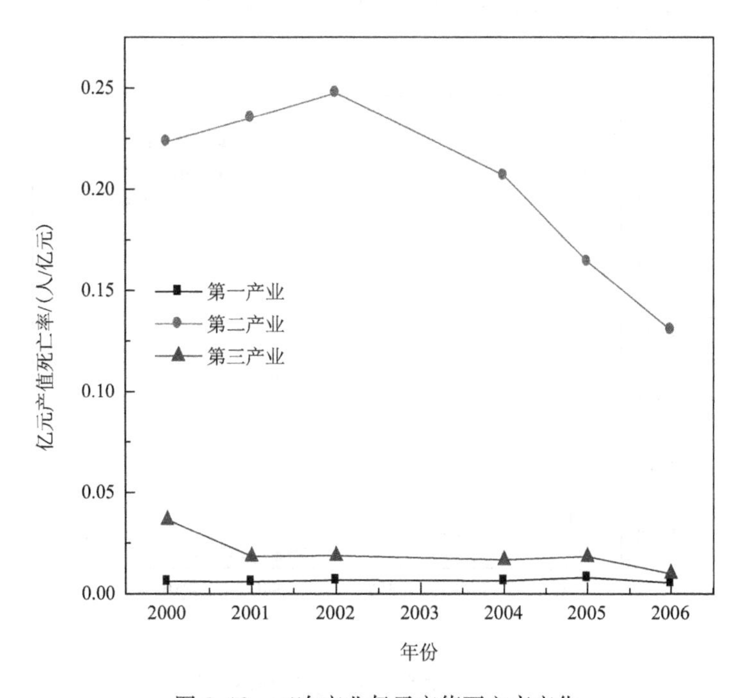

图 6.12　三次产业亿元产值死亡率变化

死亡率均远远高于第一产业和第三产业。这说明我国第二产业发生工伤事故的风险远高于其他产业。在工伤事故的发展趋势方面，三次产业的工伤事故均呈现不同程度的下降趋势。2004 年以后，第二产业的工伤事故发生频率、事故造成的死亡人数、10 万工人死亡率和亿元产值死亡率等指标均迅速下降。

火灾分布也呈现出比较鲜明的产业差异特征。图 6.13 和图 6.14 分别描述了不同产业火灾事故发生频率及其造成的死亡人数的分布情况。第三产业火灾发生的频率和事故造成的死亡人数明显高于其他产业，第二产业次之，农业火灾事故率最低。在火灾的发展趋势方面，三次产业火灾事故均呈现下降趋势，其中，第三产业火灾发生频率和死亡人数下降的最为迅速。比较三次产业的火灾变动情况，可以看出，第二产业火灾事故下降速度缓慢，这表明相对于第一和第三产业，第二产业的火灾风险表现出较强的刚性。

综上所述，事故灾害与经济结构密切相关。第二产业工伤事故风险显著高于第一、第三产业。第三产业的火灾风险明显高于第一、第二产业。由此可见，一个国家或地区的经济结构中，非农产业在三次产业结构中所占比重越高，事故灾害压力越大。就业人员从比较危险的行业向事故灾害风险较低的行业转移会降低社会整体的事故灾害风险。

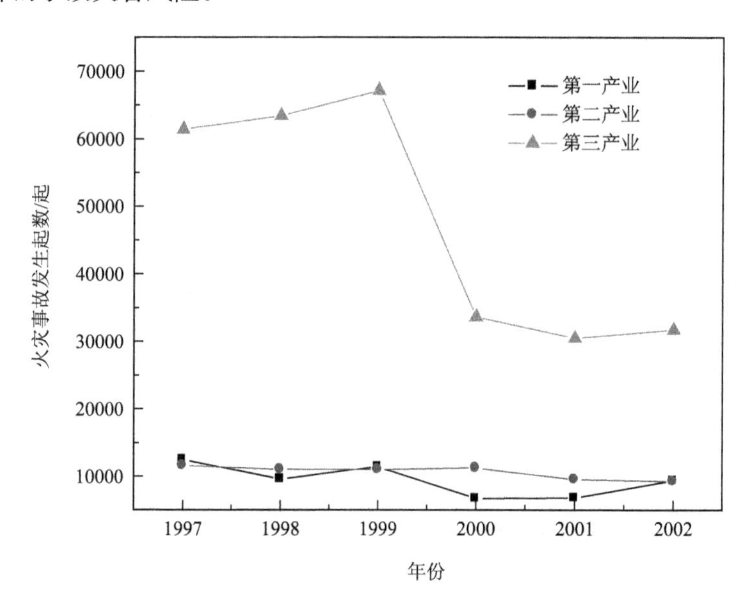

图 6.13　三次产业火灾发生频率分布

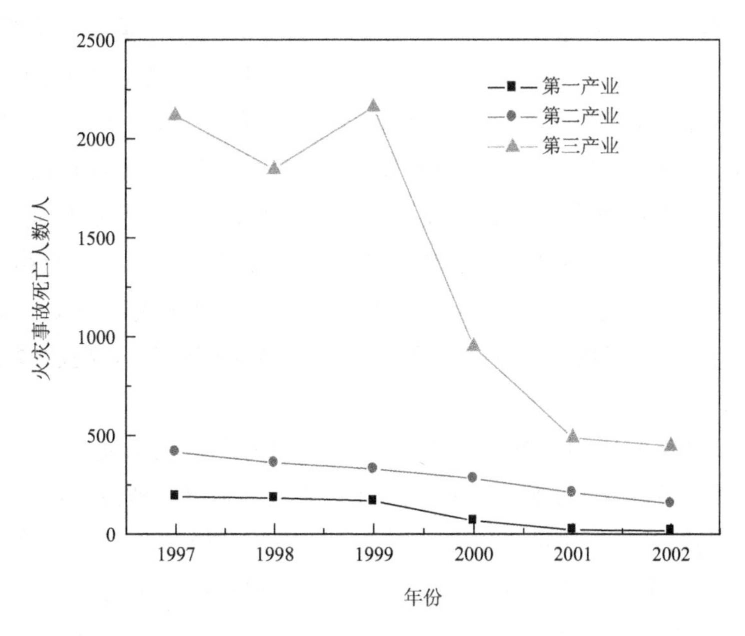

图 6.14　三次产业火灾事故死亡人数分布

结合产业结构的变化规律，可以推断：长期的经济增长结构的演进过程及工业部门内部的结构变化很大程度上影响着宏观安全的演变特征。根据产业结构演变规律，安全风险强度较大的第二产业的就业比重和产值比重在长期经济发展过程中均呈现出一个由上升到下降的倒“U”形变化过程，随着第二产业就业人数比重的下降，更多的就业人员流入比较安全的行业，这将降低一国或地区的工伤事故灾害风险。因此，分析工业部门的变迁过程对于理解安全演变的宏观特征具有关键意义。

6.3　我国产业结构与事故灾害的演化轨迹

新中国成立初始，中国的产业结构十分简单，工业生产水平低下，1949 年，社会总产值中农业产值达到了 58.5%，中国是典型的农业大国。在计划经济时期，为了实现赶超目标，中国实施了优先发展重工业的工业化战略，重工业一度在国民经济中居于主导地位。产业结构的变化缺乏市场经济的调节作用，资源配置缺乏需求导向，基本上属于典型的行政命令形式，产业结构（尤其第一、二产业的 GDP 比重）呈现出剧烈波动的特点[95~98]。1949～1960 年，农业比重以较快速率下降，年均下降率达 10.6%；从 1960 年开始，农业比重又开始缓慢上升，由低谷的 23.4%上升至 1968 年的 42.2%；1968 年以后，农业比重又开始转向回落，到 1978 年比重再降至 27.9%。伴随着农业比重的下降，第二产业比重则相应地上升，1960 年，当农业比重下降至 23.4%时，第二产业比重由 1949 年的 25.1%，飙升至 1960 年的 44.5%；1960～1968 年，第二产业比重又回落至 31.2%的水平；此后，其比重又逐年增加，1978 年达到 47.8%。与第一、二产业 GDP 比重的剧烈波动相反，第三产业 GDP 比重波动平缓，1949～1953 年增长较迅速，由 1949 年的 16.4%迅速增加到 1953 年的 30.7%，随后缓慢下降至 1978 年的 24.2%。

比较 1978 年前中国工伤事故和火灾与同期的产业结构变化，如图 6.15、图 6.16 所示，可以看出工伤事故和火灾死亡人数呈现出剧烈波动特征，并且其波动的方向与第二产业比重变化几乎同步。1949～1960 年，工伤事故与第二产业比重同步急剧攀升，1960 年第二产业比重达到峰值时，工伤事故和火灾死亡人数也达到峰值；在 1960～1968 年，伴随着第二产业比重波动回落，工伤事故和火灾死亡人数迅速下降；此后，第二产业比重又逐年增加，同期工伤事故和火灾死亡人数也呈增长趋势。

改革开放后，随着社会主义市场经济体系的不断完善，中国产业结构发生了显著变化，产业结构不断向优化升级的方向发展。重工业优先发展的战略得到调整，农业和轻工业取得长足发展，人民生活水平有了很大提高。第一产业比重持续下降，由 1978 年的 27.9%下降到 2007 年的 11.3%；第二产业在小幅波动中稳定发展，2007 年第二产业比重为 48.6%；第三产业比重则持续稳定增加，2006 年增加至 39.5%。伴随着经济结构的大调整，相当比例的农业人口转而从事工业和服务业。第一产业就业人数占总就业人数的比重由 1978 年的 70.5%下降到 2007 年的 40.8%，第二产业就业人口所占比重由 17.3%上升至 26.8%，第三产业就业人口所占比重由 12.2%上升至 32.4%。

比较改革开放后中国工伤事故和火灾死亡人数与同期产业结构变化，可以看出，在 1978～2008 年，工伤事故死亡人数的变化趋势同第二产业比重变化方向基本一致。其中，1993 年工伤事故死亡人数出现的跳跃，源于统计口径的差异，统计数据由国有及县以上集体企业扩展到乡镇企业。火灾死亡人数则在波动中缓慢下降，其波动趋势同第二产业比重的变化方向基本一致。

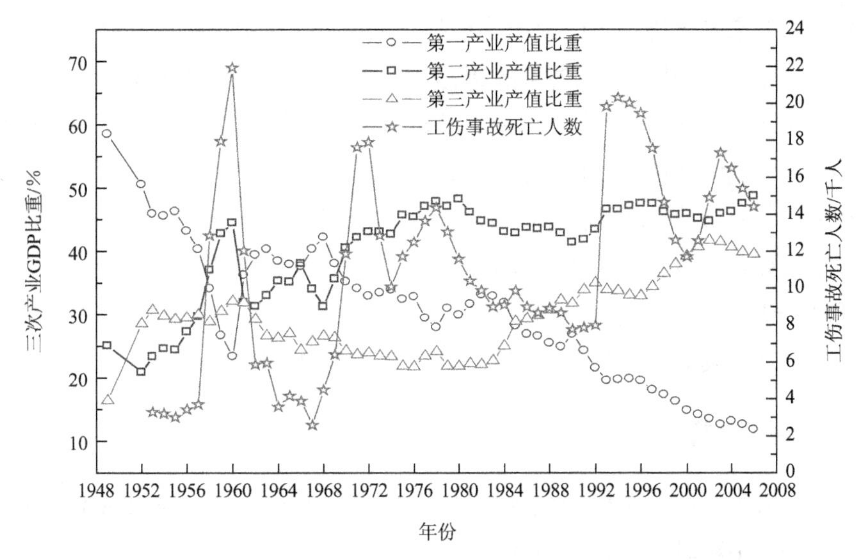

图 6.15　1949～2008 年我国产业结构与工伤事故死亡人数变化趋势

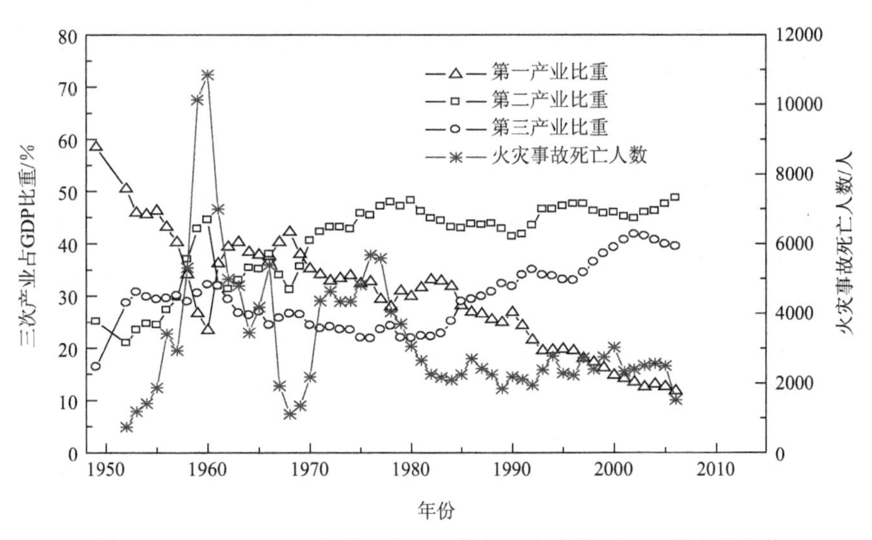

图 6.16　1949～2008 年我国产业结构与火灾事故死亡人数变化趋势

6.4　产业结构与事故灾害关系的动态计量分析

6.4.1　数据来源与变量说明

研究样本采用 1978～2007 年中国工伤事故、交通事故、火灾和产业结构数据。数据主要来自于历年《中国统计年鉴》、《新中国五十年统计资料汇编》、《中国安全生产年鉴》。其中，工伤事故指标选择工矿企业生产事故死亡人数、事故10万工人死亡率、亿元产值死亡率，其对数序列分别记为LONF、LOFRW和LOFRE。交通事故指标采用交通事故死亡人数、万车死亡率和交通事故10万人口死亡率，其对数序列分别记为LTNF、LTFRV和LTFRP。火灾事故指标选择火灾事故死亡人数、火灾发生率和火灾死亡率，其对数序列分别记为LFNF、LFR和LFFR。产业结构采用第一产业、第二产业和第三产业的增加值占GDP的比重来描述，其对数序列分别用LFIR、LSIR和LTIR表示。

6.4.2 模型选择

对事故灾害和产业结构变量分别进行ADF单位根检验，检验结果表明，所有变量均为非平稳时间序列，如表6.1所示。

表6.1 变量的ADF单位根检验结果

变量	统计量（t）	1%临界值	平稳性
LFIR	1.03	−3.68	否
LSIR	−2.52	−3.68	否
LTIR	−1.98	−3.68	否
LONF	−1.670	−3.679	否
LOFRW	−2.910	−3.689	否
LOFRE	−1.857	−3.679	否
LTNF	−2.802	−3.724	否
LTFRV	−0.718	−3.679	否
LTFRP	−4.405	−3.724	是
LFNF	−2.458	−3.679	否
LFR	−0.703	−3.679	否
LFFR	−4.326	−3.679	是

分别以事故灾害指标为因变量，以产业结构变量为自变量，建立VAR模型：

$$y_t = A_1 y_{t-1} + \cdots + A_p y_{t-p} + Bx_t + \varepsilon_t \qquad (6.3)$$

式中，y_t分别表示LONF、LOFRW、LOFRE、LTNF、LTFRV、LTFRP、LFNF、LFR和LFFR；x_t分别表示LFIR、LSIR和LTIR。采用Eviews6.0计量分析软件对建立的模型进行协整检验，分析变量之间是否具有长期关联性。

6.4.3　结果与分析

1. 工伤事故与经济结构变量的协整检验

采用 Johansen 极大似然估计法，滞后期为 1，对样本进行协整检验，检验结果如表 6.2 所示。

表 6.2　工伤事故与产业结构变量的 Johansen 协整检验结果

VAR 模型因变量	特征根	迹统计量（P 值）	λ－max 统计量（P 值）
LONF	0.71	81.83*（0.00）	34.79*（0.02）
LOFRW	0.65	78.06*（0.00）	29.79*（0.09）
LOFRE	0.60	69.23（0.01）	26.17（0.22）

* 表明在 5%的显著性水平下拒绝原假设。

取标准化的协整向量，得到工伤事故与产业结构变量的协整方程分别为

$$\underset{}{\mathrm{LONF}} = \underset{(0.34)}{1.23\mathrm{LFIR}} + \underset{(0.74)}{9.62\mathrm{LSIR}} + \underset{(0.37)}{1.37\mathrm{LTIR}} + \underset{(0.01)}{0.03} \tag{6.4}$$

$$\mathrm{LOFRW} = -\underset{(0.38)}{0.94\mathrm{LFIR}} + \underset{(0.81)}{6.52\mathrm{LSIR}} - \underset{(0.40)}{0.53\mathrm{LTIR}} - \underset{(0.01)}{0.045} \tag{6.5}$$

$$\mathrm{LOFRE} = -\underset{(3.17)}{10.13\mathrm{LFIR}} + \underset{(6.87)}{15.99\mathrm{LSIR}} + \underset{(3.40)}{5.51\mathrm{LTIR}} - \underset{(0.13)}{0.68} \tag{6.6}$$

协整方程表明工伤事故与产业结构之间存在着长期关系。在 1979～2008 年，第一产业比重每下降 1%，工伤事故死亡人数下降 1.23%，工伤事故 10 万工人死亡率和亿元产值死亡率分别增加 0.94%和 10.13%；第二产业比重每升高 1%，工伤事故死亡人数、10 万工人死亡率和亿元产值死亡率分别增加 9.62%、6.52%和 15.99%；第三产业比重每上升 1%，工伤事故死亡人数和亿元产值死亡率分别增加 1.37%和 5.51%，10 万工人死亡率下降 0.53%。显然，第二产业对工伤事故的影响最显著，其比重的增加是造成工伤事故风险升高的重要因素。

2. 交通事故与经济结构变量的协整检验

采用 Johansen 极大似然估计法，滞后期为 1，对样本进行协整检验，检验结果如表 6.3 所示。

表 6.3 交通事故与产业结构变量的 Johansen 协整检验结果

VAR 模型因变量	特征根	迹统计量（P 值）	λ－max 统计量（P 值）
LTNF	0.66	68.13* (0.02)	30.40 (0.08)
LTFRV	0.76	78.87* (0.00)	40.89* (0.00)
LTFRP	0.55	54.98* (0.04)	22.24 (0.26)

* 表明在 5%的显著性水平下拒绝原假设。

取标准化的协整向量，得到交通事故与产业结构变量的协整方程分别为

$$LTNF = -0.02LFIR + 0.28LSIR + 2.86LTIR \quad (6.7)$$

(0.10) (0.20) (0.15)

$$LTFRV = -1.71LFIR + 2.49LSIR + 1.76LTIR - 0.22 \quad (6.8)$$

(0.32) (0.68) (0.35) (0.01)

$$LTFRP = -0.45LFIR - 1.17LSIR + 1.89LTIR + 0.87 \quad (6.9)$$

(0.32) (1.04) (0.46) (6.23)

协整方程表明交通事故与产业结构变量存在着长期关系。在 1979～2008 年，第一产业比重每下降 1%，交通事故死亡人数、万车死亡率和 10 万人死亡率分别升高 0.02%、1.71%和 0.45%；第二产业比重每升高 1%，交通事故死亡人数和万车死亡率分别增加 0.28%和 2.49%，交通事故 10 万人死亡率则下降 1.17%；第三产业比重每上升 1%，交通事故死亡人数、万车死亡率和 10 万人死亡率分别升高 2.86%、1.76%和 1.89%。显然，第三产业对交通事故的影响最显著，其比重的增加是造成交通安全风险升高的重要因素。

3. 火灾事故与经济结构变量的协整检验。

采用 Johansen 极大似然估计法，滞后期为 1，对样本进行协整检验，检验结果如表 6.4 所示。

表 6.4 火灾事故与产业结构变量的 Johansen 协整检验结果

VAR 模型因变量	特征根	迹统计量（P 值）	λ－max 统计量（P 值）
LFNF	0.67	65.45* (0.03)	31.27 (0.06)
LFR	0.53	44.52* (0.01)	21.21 (0.11)
LFFR	0.68	75.55* (0.00)	32.08 (0.05)

* 表明在 5%的显著性水平下拒绝原假设。

取标准化的协整向量，得到火灾与产业结构变量的协整方程分别为

$$LFNF = -2.66LFIR + 5.98LSIR + 3.31LTIR - 0.19 \quad (6.10)$$
$$\quad (0.59) \quad (1.28) \quad (0.66) \quad (0.02)$$

$$LFR = -2.83LFIR + 0.59LSIR + 2.35LTIR \quad (6.11)$$
$$\quad (0.82) \quad (1.72) \quad (1.31)$$

$$LFFR = -1.96LFIR + 2.66LSIR + 0.97LTIR - 0.12 \quad (6.12)$$
$$\quad (0.28) \quad (0.59) \quad (0.29) \quad (0.01)$$

协整方程表明火灾事故与产业结构变量存在着长期关系。在 1979～2008 年，第一产业比重每下降 1%，火灾事故死亡人数、火灾损失率和火灾死亡率分别升高 2.66%、2.83%和 1.96%；第二产业比重每升高 1%，火灾事故死亡人数、火灾损失率和火灾死亡率分别升高 5.98%、0.59%和 2.66%；第三产业比重每上升 1%，火灾事故死亡人数、火灾损失率和火灾死亡率分别增加 3.31%、2.35%和 0.97%。显然，第二产业和第三产业均是影响火灾风险的显著因素，其比重的增加是造成工伤事故风险升高的重要因素。

综上所述，第二产业是影响生产安全和火灾的显著因素，其比重的增加均引起事故指标的上升。第三产业是影响交通安全和火灾的显著因素，其比重上升均引起事故指标的上升。由于工业化进程是第一产业比重不断下降、非农产业不断增加的过程，因此，可以说事故风险将伴随着工业化进程持续上升。

6.5 本章小结

本章的研究结论主要有以下几点。

(1) 经济增长对安全风险具有结构效应。安全风险呈现出鲜明的行业和产业特征，并且事故灾害风险与产业结构之间存在长期关联性。工业化进程中产业结构演化呈现出特定的规律性。不同产业生产环境和条件的差别使不同产业呈现出不同的安全风险强度。经济增长结构的演进过程及工业部门内部的结构变化很大程度上影响着宏观安全的演变特征，分析产业的变迁过程对于理解安全演变宏观特征具有关键意义。

(2) 三次产业对工伤事故、交通安全和火灾等不同类型的事故灾害的结构效应存在差异。第二产业是影响工伤事故的关键结构因素，第二产业比重的上升会增加工伤事故风险，第二产业比重下降和第三产业比重上升均会降低工伤事故风险；产业结构与交通事故之间的关系比较复杂，但整体而言，第二产业和第三产业均是影响交通事故的关键结构因素，若以交通事故死亡人数和10万人死亡率衡量交通事故风险，则第三产业和第二产业比重上升，均会增加交通事故风险；三次产业均是影响火灾的关键结构变量，第一产业比重的下降、第二产业和第三产业比重的上升均会增加火灾事故风险。

（3）工业化进程表现为第一产业持续下降和非农产业持续上升的过程，如果不考虑安全监控等其他因素的影响，整体上说，工业化进程的推进会导致交通事故和火灾风险增加。以10万工人死亡率衡量的工伤事故风险则有可能随着第二产业的倒“U”形演变特征相应地呈现出先升高后下降的规律性。

经济增长要素对事故灾害的影响 第7章

经济增长理论认为经济增长主要受要素投入量和生产率的制约，而生产率的提高又受到技术进步、人力资本、制度因素（产权制度、市场化和经济一体化政策等）的影响。不同国家或地区经济增长所处的阶段不同，经济增长动力机制存在差异。诸如发展中国家经济增长更多地体现为资本和劳动等要素的投入，发达国家经济增长更多地体现为技术进步发挥作用的结果。深入理解宏观安全伴随着经济增长呈现的特征，需要将研究的视点转移到经济增长背后寻找解释。本章将深入分析技术进步和人力资本、经济体制与经济一体化等经济增长要素对事故灾害的影响。

7.1 技术进步对安全风险的影响

7.1.1 技术进步的非对称含义

技术进步可以概括为人们在生产过程中使用新的劳动手段、先进的工艺方法，通过提高资本或劳动效率以推动社会生产力不断发展的运动过程。人类创造了技术，技术又伴随着人类的延续而发展。技术不仅作为生产力要素渗透于生产过程之中，而且广泛影响着社会生活的各个方面，成为人类文明的重要标志。技术进步与安全生产之间存在着复杂的关系。技术对于安全生产而言，具有非对称含义，主要体现在以下两个方面。

1. 技术进步是一把双刃剑

对于安全生产来说，技术进步是一把双刃剑[99-107]：技术的发展对于一个国家的经济增长和社会进步所起的作用是巨大的，但是技术的发展在造福人类的同时，也会对自然、社会和人类产生消极的作用，带来许多人们不愿意看到的灾祸，成为现代社会风险的重要根源。

自从人类开始利用石器以来，新技术不断替代旧技术，如图7.1所示。在农业时代，手工工具技术占据了主导地位，所进行的活动主要是手工劳动，由于生产力水平低下，零碎的事故灾害并未给社会和环境带来严重的破坏后果。18 世纪后，蒸汽机、电力技术的发展使动力技术占据了主导地位，工业取代农业成为人类文明发展的强大物质基础和推动力量。科学技术推动工业化向纵深发展。科学技术的进步在很大程度上改变了灾害的原有属性，使许多自然灾害成为人为灾害。例如煤矿开采导致的地表沉陷、山体滑坡，地下采矿过程中发生的顶板灾害、冲击地压、煤与瓦斯突出、瓦斯爆炸、矿井突水、煤层自燃等给采矿工作者造成了沉重的伤害。更为重要的是，伴随着资源开发的加强，资源的消耗速率超过资源的再生速率，产生的废弃物数量和毒性增长，同时，化工等新技术的快速发展与广泛应用也带来一些新的危险因素。在石油化学工业生产中，一些原料或设备具有毒害性、易燃易爆性，如果技术失控就会酿成如火灾、爆炸、剧毒物质大量泄漏等各类重大安全事故。残酷无情的技术灾害使人们深刻认识到：现代科学技术是一把“双刃剑”，一方面，技术安全高效的利用能够给人类带来现代文明和巨大财富；另一方面，技术失控或失策也可能导致前所未有的各种灾难。

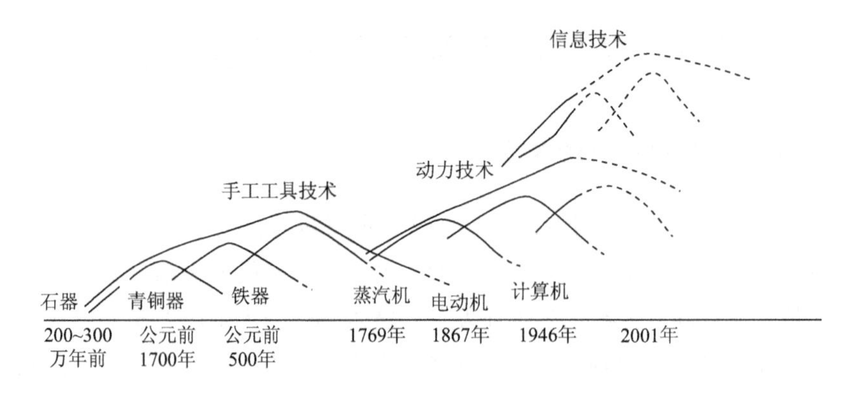

图 7.1　人类生产技术的发展历程

现代化学工业、高能技术、航空航天技术、核工业的发展及规模装置和大型联合装置的出现，使技术密集性、物质高能性和过程高参数性更为突出，工业生产潜在的风险无论在数量上还是在能级上均成指数倍增，即使微小的技术缺陷对于现代装置和系统往往也可能成为灾难性隐患。许多大型企业，特别是石油化工、冶金、交通、航空、核电站等，一旦发生事故，将会造成巨大的灾难，不仅会使企业本身损失严重，而且还会殃及周围居民，造成公害。经济全球化扩大了技术影响范围，使当代工业生产、科学探索、经济运行过程中的事故更具突发性、灾难性、社会性。

社会生产活动中发生的无数次火灾、爆炸、空难、海难、交通事故、中毒事故等惨重的事故灾难在人们心中留下了挥之不去的巨大阴影。灾难性事故已经成为社会生活、经济发展中的一个十分敏感的问题。安全已经成为当代经济系统、生产运行系统的前提条件，安全问题已经成为重大经济技术决策的核心问题。

社会学家佩罗[108]（Perrow）认为，某些技术原来就很不可靠，因此，由于体系的诸多部件相互关联造成的所谓“工作误差”实际上不可避免。规模装置和大型联合装置的出现增加了工业生产体系的复杂性，经济全球化使得不同社会生产系统间联系紧密而多重化，这种复杂性和紧密联系使得事故及其后果可能通过链式反应迅速蔓延，扩大了技术影响范围，使当代工业生产、科学探索、经济运行过程中的事故更具突发性、灾难性、社会性。现代科技发展增加了人类面临的不确定性，产生新的安全问题，例如，生物基因工程中转基因技术的出现和滥用对人类健康、生物秩序和自然生态构成现实的威胁。这种状况使技术带来的利益与恶果之间的矛盾越来越尖锐，从而产生了一系列的安全和可持续发展问题。影响技术不确定性的因素很多，诸如设计人员的技术熟练程度、技术替代可能性、技术成熟度等，如图 7.2 所示。一方面，事故的发生和同类事故的重复，在一定程度上反映出人类在科学探索和生产发展中付出的代价，表现出人类自身的无奈和无知；另一方面，事故也成为技术变革的强有力杠杆，设计者会不断从事故中吸取教训，开发强有力的技术，这是工程技术历史既可悲又可喜的不争事实。

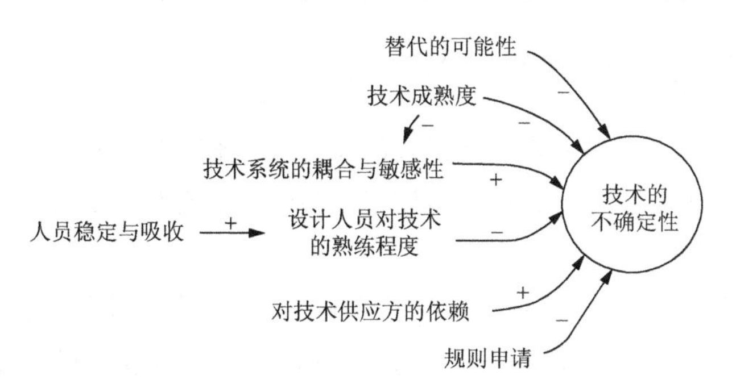

图 7.2　影响技术不确定性的因素[109]

2. 技术进步存在着生产技术和安全保护技术的不对称

技术进步，许多源于社会生产实际，因此也多集中于生产技术。降低生产成本、增加资源利用率以获取更多收益、使以前不能开发的资源能够经济可行地被利用，这些技术进步，在客观上都能够给人们带来巨大财富和促进经济增长。同时，人们对安全生产和减少事故的需求促进了安全科学技术的发展，安全科技对安全生产的作用是全方位的，对构成安全系统工程的人、机器、环境、管理等要素都产生作用。例如，安全科技通过提高劳动者的安全技能、劳动工具的安全可靠水平、对劳动对象潜在危险的认知程度和安全管理水平等方式增强生产系统的技术可靠性，保护生产的持续进行，保护财产、人员免受损失和伤害，减少事故引发的环境风险。

然而，由于市场是资源优化配置和追求效率的手段，市场力量会倾斜于加速优化开发利用和保护有市场价值的资源，对于那些市场外部资源，市场往往显得无能为力。事故对劳工、环境和公众造成的破坏发生在生产和交换过程之外的市场外部，不受市场力量的约束。因此，市场自身力量会推动反应快、周期短和投入产出比高的生产技术进步，而安全科技发展往往反应慢、时间滞后、周期长、市场收益率低，需要在政府政策、法律法规等政府干预的力量及社会需求和公众压力等因素的刺激作用下发展。这样，技术进步必然倾斜于生产技术的开发利用，从而不可避免地产生技术进步的不对称现象。

总之，技术进步的非对称含义，源于市场机理，是市场自身所不能解决的，而这种含义对安全生产的影响是不言而喻的。事实上，市场运作中对事故损失和风险控制的补偿也正是通过市场价格作用促进安全科技进步而实现的。

7.1.2 技术进步与我国事故灾害现状

先进的科学技术及装备能够通过提高安全生产系统的本质安全能力，增强安全生产的物质基础。安全科技的发展增强社会生产系统的技术可靠性，从而降低事故风险。

改革开放以后，我国中小企业发展迅速。2001 年，全国工商注册登记的中小企业占全部注册企业总数的 99%，并大量以承包、转包和租赁等经营模式存在。其中从事采掘、粗加工和手工劳动为主的小企业较多。中小企业的发展大多是在技术水平很低的基础上进行外延扩张，普遍存在工艺技术落后、设备老化、作业环境较差、工伤事故与职业危害风险很大的现象。目前我国小型建筑企业大约有 80 万个左右，从业人员近 1600 万，还有大量的流动人员不包括在内。这些小型建筑公司从业人员缺乏专业知识技能，施工机械设备陈旧、简陋，大多为手工作业，未经过最基本的安全培训，违章操作、冒险施工屡见不鲜，事故隐患十分突出。建筑业事故中每年死亡约 3000 人，其中 70%以上发生在乡镇建筑公司。中国非煤矿山企业的绝大多数是私营小企业，“多、小、散”的状况普遍存在。多数中小矿山没有摆脱小生产模式，开采技术落后，劳动生产率极低，大部分采石场还是“一面坡”的开采方式，地下矿山有很多采用独眼井开采，地下矿山采掘业成为国民经济中最落后的生产行业[110-112]。小型露天矿山的装备水平低，多数工序采用笨重手工作业方式。由于规模不经济，小规模的生产组织方式不利于技术改造。一些企业在发生事故后，因缺乏基本的救生设备，致使灾难进一步扩大。近几年，全国伤亡事故主要集中在非公有制小企业，这部分小企业每年的事故起数和死亡人数都占全国事故起数和死亡总数的 70%左右。2007 年，全国煤炭总产量 25.23 亿 t，其中乡镇和个体煤矿的煤炭产量仅 9.7005 亿 t；而事故死亡人数为 3933 人，占全国煤炭行业总死亡人数的 68%；其百万吨原煤死亡率为地方国有煤矿的 3.5 倍，是国有重点煤矿的 7.7 倍以上，尤其 3 人以上的重大事故和 10 人以上的特大事故的发生频率和死亡人数更是远远高于国有重点煤矿和地方国有煤矿，如图 7.3 所示。此外，在职业卫生方面，中小企业的职业安全卫生已经成为经济社会发展中的一个严重问题。2008 年职业病报告数据显示，超过半数的职业病病例分布在中小企业，特别是 69.85%的慢性职业中毒病例分布

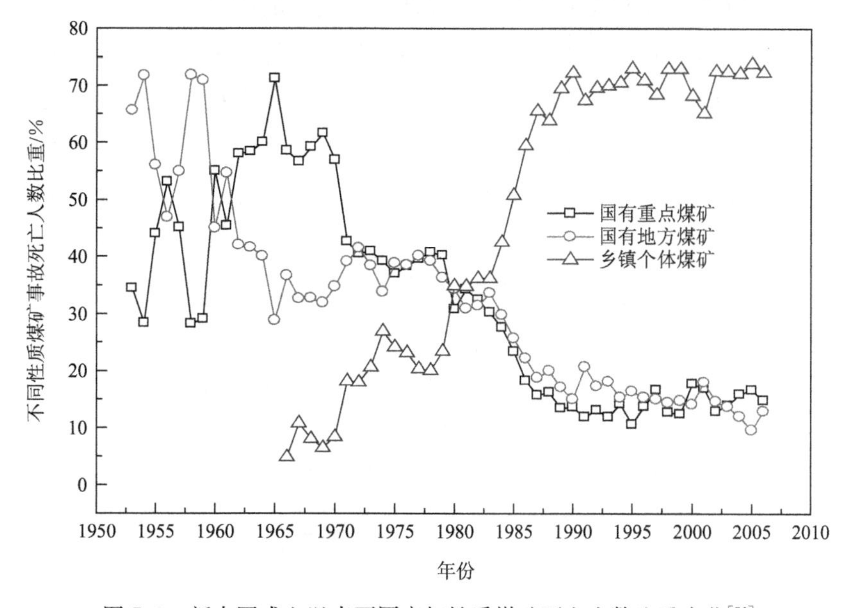

图 7.3　新中国成立以来不同产权性质煤矿死亡人数比重变化[56]

在中小企业。在中小企业中，近30%的从业工人接触粉尘、毒物等职业危害，其中职业病和可疑职业病患病率达15.8%。国家安全生产监督管理总局对北京等15个省市30个县的调查结果显示，在所调查的127个乡镇小煤矿作业点中，岩尘、煤尘、噪声3种作业环境的不合格率平均为82%。

7.2 人力资本对安全风险的影响

7.2.1 人因是影响安全的重要因素

人力资本是现代经济增长与发展的源泉和根本动力。增加人力资本投资，提高人力资源质量，已成为各国促进经济发展的重要手段。人力资本投资是提高劳动生产率和投入产出率的有效途径。劳动生产率是反映一国经济增长的重要指标。不同国家经济增长的差异本质上就是劳动生产率及其对经济增长贡献度上的差异。劳动生产率的提高是推动经济增长方式根本转变的主导因素，是提高资源利用率和资金利税率的先决条件。在物质条件一定的条件下，人力资本存量与劳动生产率是正相关关系，人力资本存量越高，劳动者素质就越高，劳动生产率也就越高。一方面，任何事故均可能会对作业系统中的人带来生命或健康风险，甚至失去生命，造成了人力资源的损失，降低人力资本的质量和数量，从而对经济增长造成负面影响；另一方面，任何一个组织都是通过一个作业系统将输入转换成输出而创造价值，如图7.4所示。系统接受人、设备和材料等输入，然后将其转换成能满足需要的商品或服务，而这一目标的实现离不开安全稳定的生产环境。在生产过程中，硬件的不稳定性、人的行为与硬件或环境不协调等因素均会

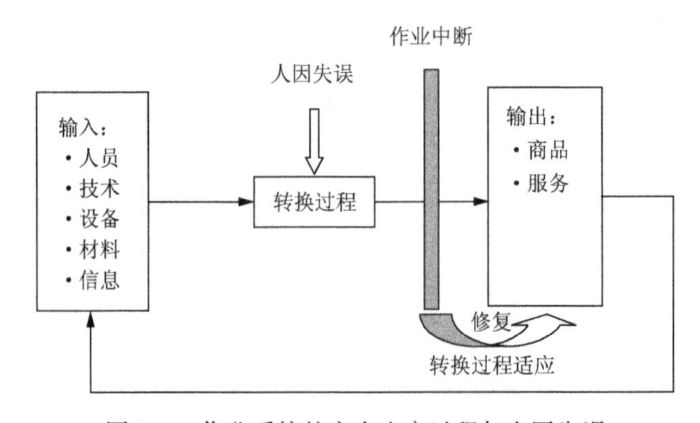

图7.4 作业系统的安全生产过程与人因失误

扰乱系统行为，使之产生波动，一旦波动的量级超过了系统的安全能力，生产过程便会被打断，事故由此产生。因此，作业系统的设计需要对人因失误做出快速有效的反应，以提高作业系统迅速修复生产的安全适应性。在复杂社会-技术系统中，人是生产活动的主体，是创造财富、实现经济增长的重要因素，同时也是控制或激发复杂社会-技术系统事故的主要因素。

有关事故的调查研究证明了人因是影响安全的关键因素[113-123]。Reason[124]采用系统分析方法，分析不安全事件行为人的行为，层次清晰地剖析出影响行为人的潜在组织因素，从一体化相互作用的分系统、组织权力层级的直接作用到管理者、利益相关者、企业文化的间接影响等角度全方位地拓展了事故分析的视野，并以一个逻辑统一的事故反应链将所有相关因素进行了理论串联。图 7.5 是 Reason 提出的构成生产系统的必要和基本的元素。他认为生产是一个将投入转变为产出的活动过程，决策者、直线管理、生产条件、生产活动和安全防御是构成生产系统的基本要素。决策者的错误决策、直线管理的缺陷、员工的不安全行为和不充分的安全防御等因素的共同作用，导致了事故的发生，如图 7.6 所示。

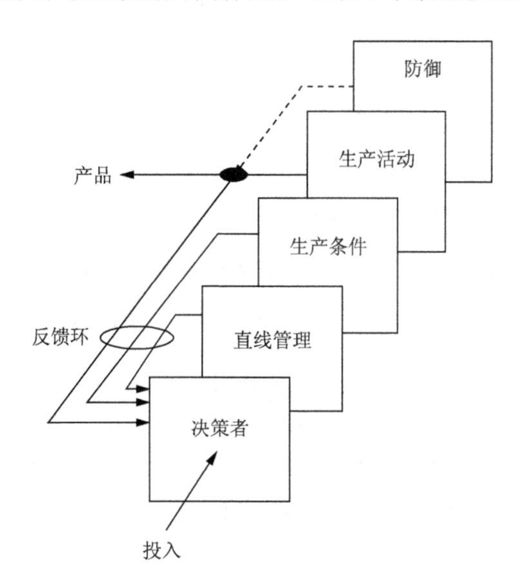

图 7.5　构成生产的基本元素

总之，系统安全的实现依赖于人、机器和环境的协调程度。其中，由于人是安全系统要素中能动的、活跃的因素，安全生产系统的设计、制造、组织、管理、维修和训练，均需要由人来决策、组织和实施。人的知识、技术和能力直接

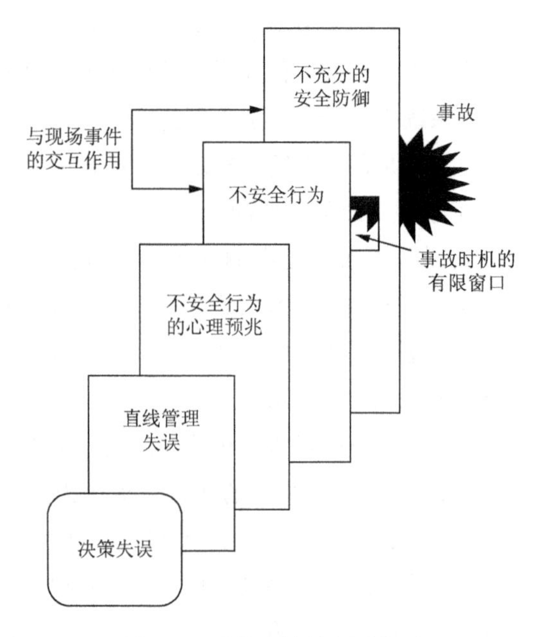

图 7.6　系统事故的人因作用

影响着安全系统的各个方面。在技术进步和环境动态变化的情况下，人的知识、技能和学习能力是增强安全系统适应性的重要因素。因为无论安全体系多完善，安全设备有多先进，如果员工没有意识到安全的重要性，什么体系和设备都不可能发挥作用。因此，人力资本的质量不仅直接影响生产效率和经济增长，而且直接影响生产安全。通过提高人的安全科学文化素质和技能，识别安全风险，并有针对性地做出决策，降低安全风险，是预防、控制事故发生的必要环节。

7.2.2　我国的产业工人素质与事故灾害

中国产业工人的文化素质与职业素质偏低，图 7.7 描述了 2004 年中国企业就业人员的学历分布情况。2004 年，在 21460.4 万就业人员中，初中及以下学历的人员占 42.09%，高中学历的人员占 33.58%，大专及以上学历者仅占 24.33%。95%以上的私营和个体小煤矿的从业人员为初中以下文化程度。2004 年，在全部就业人员中，具有技术职称的人员仅占全体从业人员的 9.36%，具有高级技师、技师、高级工、中级工资格证书的人员分别占全体从业人员的 0.24%、0.76%、3.07%和 5.28%[125]。

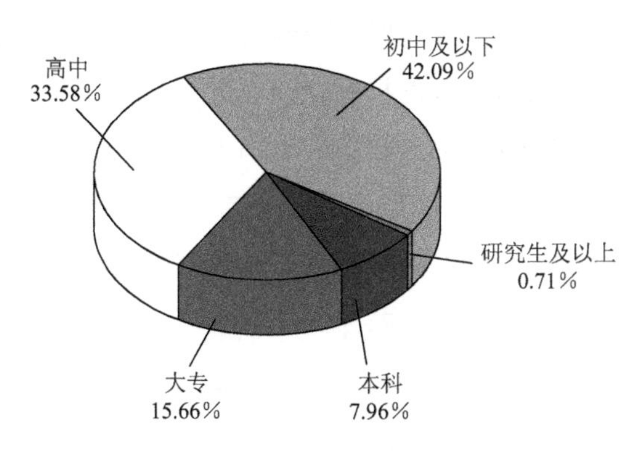

图 7.7　2004 年中国企业就业人员学历分布

资料来源：国家统计局网站

廉价而充裕的劳动力虽然有利于中国企业保持劳动力成本方面的竞争优势，使以劳动密集型为主的中国经济发展始终保持着较低的运行成本[126,127]。然而，随着中国工业化进程的推进，产业升级需要大力发展高技术产业和新兴产业，以及用高新技术和先进适用技术改造传统产业，用信息化带动工业化。交通、制造业等社会生产的许多操作领域的技术变化速度在加快。然而，先进技术、先进设备缺少大量高素质的技术工人运行，这种技术断层现象一方面影响了企业消化吸收新型工业技术的能力，使得中国的劳动生产率普遍较低，工业效能低下。例如，在煤炭开采领域，中国国有大中型矿山在采矿工程技术方面与世界先进水平较接近，目前国外地下矿山几种高效的采矿方法国内均有采用，但矿山开采规模与劳动生产率却相差甚远。中国矿山生产规模一般只有资源条件大体相同的国外矿山的 1/2～1/5，露天矿山劳动生产率相当于发达国家的 1/10，地下矿山只相当于发达国家的 1/20[128]。

技术断层增加了安全生产风险。包括生产工人、工程技术人员和管理人员在内的人力资源的技巧、技能和对技术资料的学习理解能力是技术创新和降低技术转移风险的关键因素。只有生产第一线的操作者准确操作和使用机器设备，具有控制机械工作潜在危险的能力和意识，才能使先进的科学技术在生产中得到实际运用，提高劳动生产率和工业效能，降低生产过程中人的不安全行为，使人-机-环境处于相对和谐的状态，减少生产事故的发生。因此，低素质的产业工人队伍限制了企业对技术转移中隐性知识的学习和吸收能力，不仅造成技术使用的低效率，而且提高了技术转移引起的安全生产风险。图 7.8 描述了 20 世纪 80 年代以后国有大中型煤矿采煤机械化程度和掘进转载机械化程度的变化。可以看出，20世纪 80 年代煤炭企业的机械化程度提高较快，进入 90 年代以后由于缺乏投入基本没有变化，2000 年以后随着中央政府和地方政府对煤炭行业投入的加大，国有煤矿机械化程度迅速提高，生产操作层面的技术变化较快，然而由于煤矿一线工作的大都是技术素质和职业素质较低的农民工，这种技术断层成为诱发各类煤矿安全事故的重要因素。

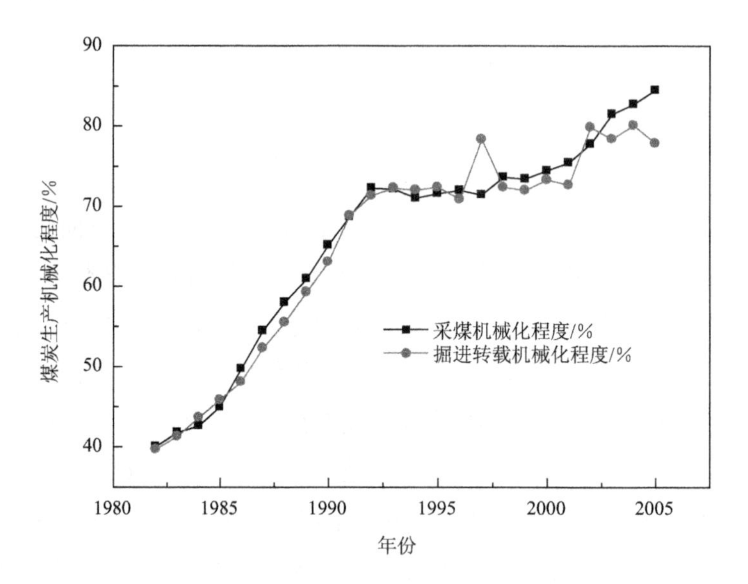

图 7.8　1982～2006 年煤炭工业统配煤矿生产机械化程度

资料来源：中国煤炭工业年鉴（1983～2007 年）

7.3　经济体制转轨对安全风险的影响

7.3.1　改革开放后工伤事故致灾主体的变化

改革开放以前，我国的经济成分基本上是单一的公有制经济。1978 年以后，我国实行了一系列经济体制改革，从商品经济和计划经济相结合到由计划商品经济到社会主义市场经济的确立，中国市场化改革不断深入，市场机制不断完善，中国的企业成分发生了巨大的变化，乡镇企业和私营、外资企业大量增加，形成了多种所有制并存的局面。非公有制经济快速发展，在促进经济增长、扩大就业和活跃市场等方面，发挥着越来越大的作用。从数量来看，2007 年，在规模以上工业中，非公企业数量达 30.3 万个，占全部规模以上工业企业数的 90%。其中，私营企业数达到 177080 个，占总数的 52.6%；外商及港澳台投资企业数达到 67456 个，占总数的 20%。从产值来看，2007 年规模以上非公企业工业总产值所占比重为 68%。其中，私营企业占 23.2%，外商及港澳台投资企业占 31.5%。从就业上看，2007 年，城镇国有和集体企业从业人员仅占全部城镇从业人员的 24.3%，非公有制企业成为吸纳劳动力就业的主要渠道。

随着大量非国有企业的快速发展和劳动用工制度改革，安全生产出现了新的变化。图 7.9 和图 7.10 是 2000 年以后国有企业和非国有企业事故发生起数和死亡人数比重的变化。可以清楚地看出：国有经济的安全生产风险持续快速降低，而非国有经济安全生产风险却呈现持续上升趋势。在 2001～2008 年，非国有经济类型的企业事故发生起数占全部事故发生起数的比重由 42.78%快速上升到 85.18%，事故导致的死亡人数则由 42.17%迅速上升到 84.62%。

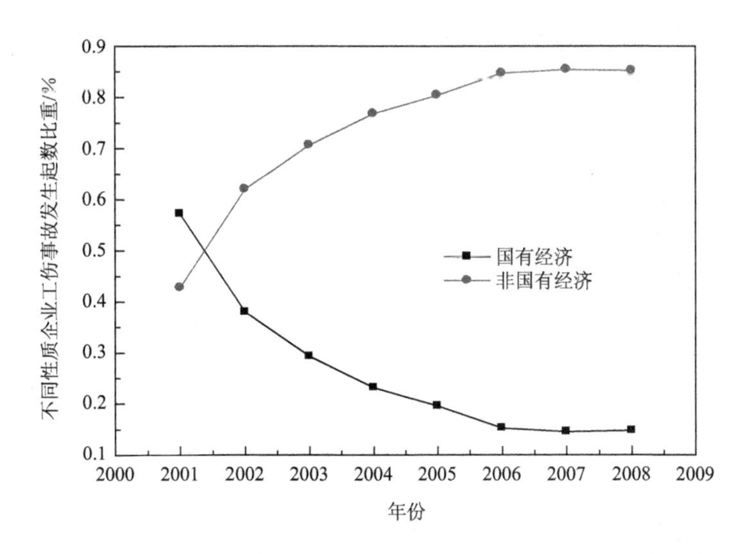

图 7.9　2001～2008 年国有经济与非国有经济工伤事故发生起数比重变化

图 7.11 和图 7.12 分别描述了不同经济类型企业的工伤事故发生起数和死亡人数变化情况。排在前三位的依次是私有经济、有限责任公司和国有经济。2004 年以前，私有经济工伤事故发生起数和事故死亡人数均呈现快速上升趋势，2004 年以后则迅速下降。2006 年以前，有限责任公司工伤事故发生起数呈现快速上

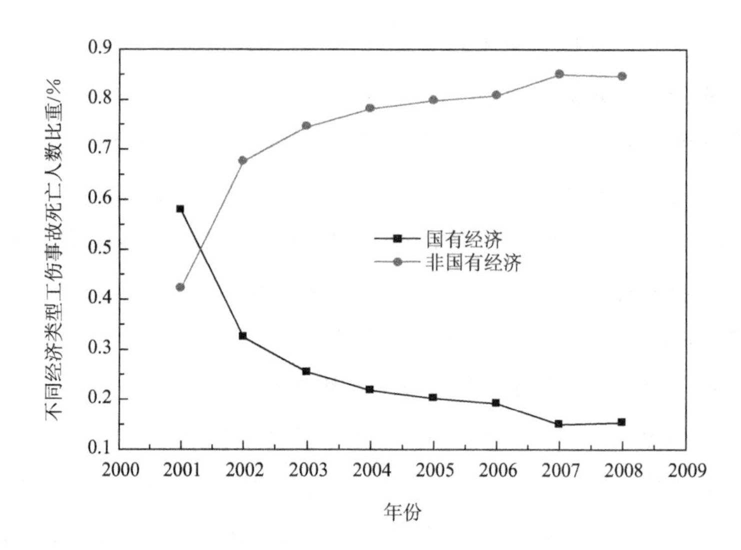

图 7.10　2001～2008 年国有经济与非国有经济工伤事故死亡人数比重变化

升趋势，2006 年达到峰值后迅速下降；有限责任公司工伤事故死亡人数在 2007 年达峰值后迅速下降。其他经济类型企业诸如国有经济、集体经济、外商投资和股份合作等则呈现稳定下降趋势。

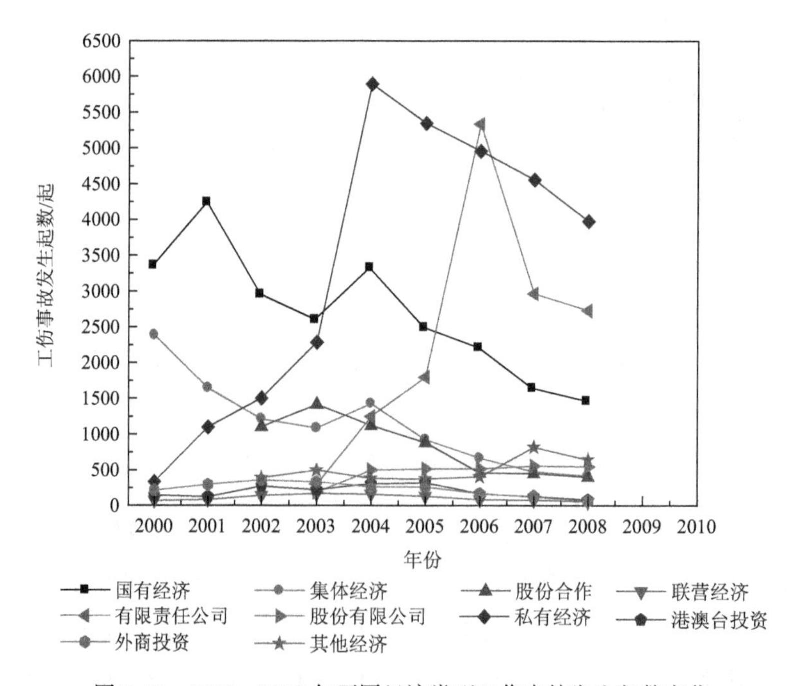

图 7.11　2000～2008 年不同经济类型工伤事故发生起数变化

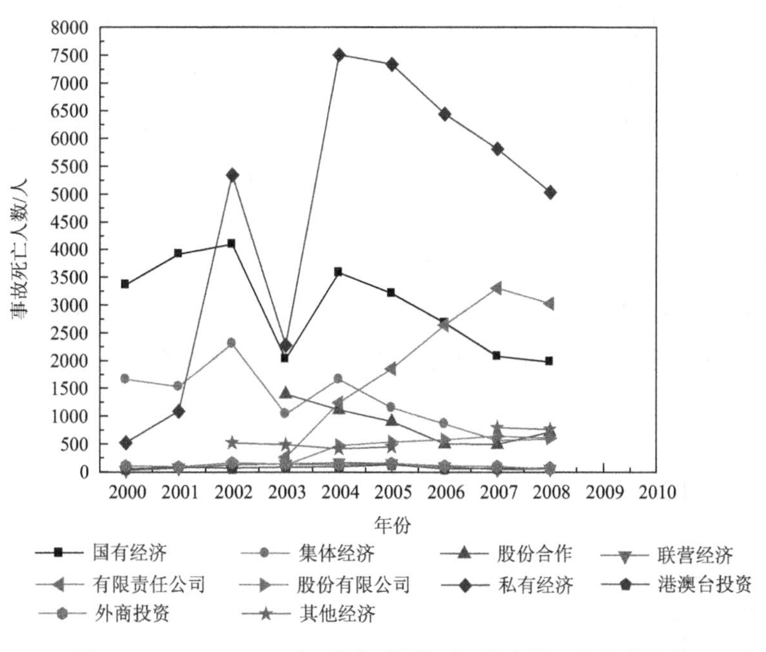

图 7.12　2000～2008 年不同经济类型工伤事故死亡人数变化

图 7.13 比较了 2004 年不同经济类型企业的就业人数、工伤事故发生起数和事故死亡人数。从图中可以看出，私有经济既是吸纳就业人数最多的企业，也是

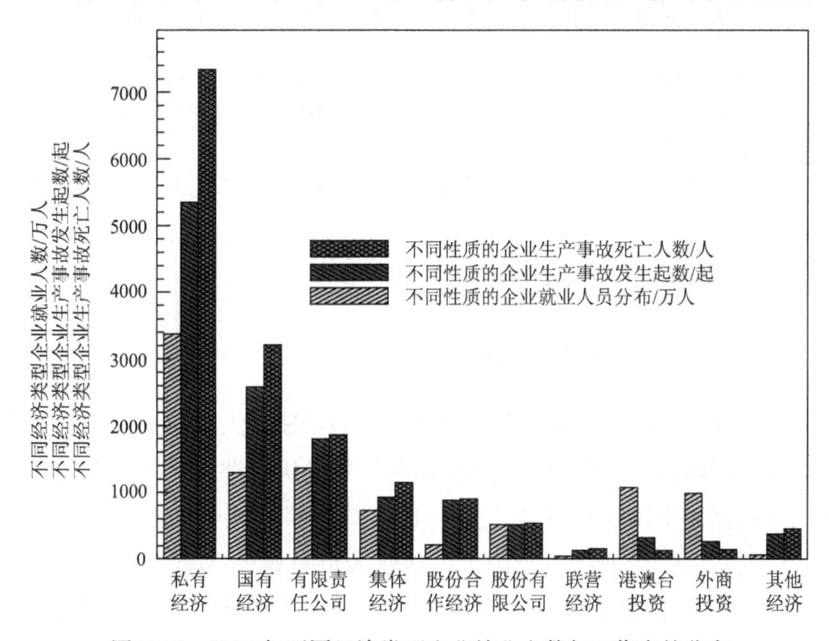

图 7.13　2004 年不同经济类型企业就业人数与工伤事故分布

生产事故最严重的企业。由于不同性质企业在企业数量和吸纳劳动力等方面存在较大差异，因此，单纯地通过生产事故绝对指标很难评价不同性质企业工伤事故风险。由于很难找到不同经济类型企业各年的产值统计数据，而不同经济类型企业的就业人数则可以在各年的统计年鉴中获得，本书仅计算了不同经济类型企业的10万工人死亡率，结果如图7.14所示。可以看出，2003年以后，股份有限公司和有限责任公司的10万工人死亡率均呈现上升趋势，尤其有限责任公司10万工人死亡率更加明显。2007年，10万工人死亡率从高到低排列顺序依次为有限责任公司、联营经济、股份有限公司、国有经济和外商投资。

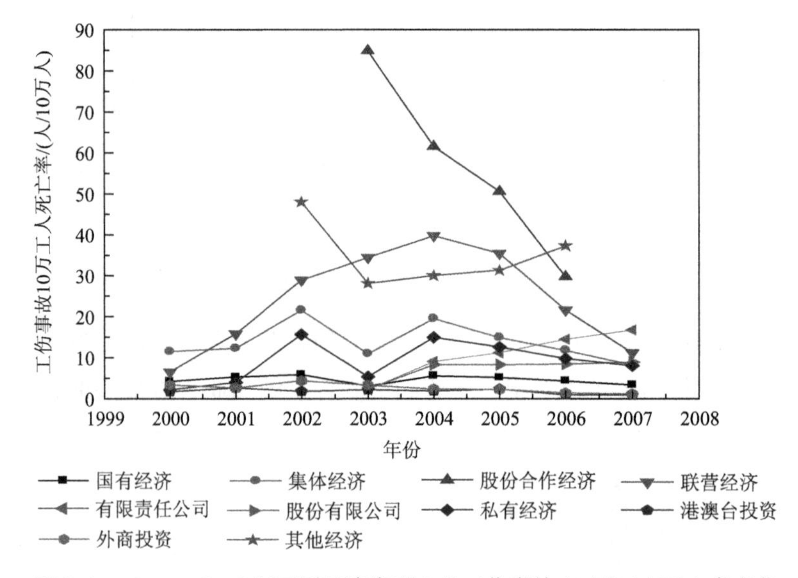

图7.14　2000～2007年不同经济类型企业工伤事故10万工人死亡率变化

7.3.2　工伤事故直接危害主体的变化

1. 农民工成为高危工作群体

改革开放以来，随着工业化和城镇化进程的提速，大量农业剩余劳动力持续向非农产业部门转移，使中国工人队伍结构发生了历史性的变化，农民工正成为产业工人的主体。中国企业联合会发布的《2003年全国千户企业管理调查研究报告》[129]表明：第二产业中，农民工占从业人员总数的57.6%，其中在加工制造业中占到68%，在建筑业中占到近80%。第三产业的批发、零售、餐饮业，农民工占从业人员总数的52%以上。充裕而廉价的农民工成为资金力量比较薄弱的众多中小规模劳动密集型企业的优先选择，也成为工矿企业“脏累差重”工作的重要承担者。

一方面，广大农民工在向产业工人转型的过程中，尚缺少现代化生产所必需的职业技能和守时、服从、纪律等产业工人职业素质，这种技术断层现象不仅造成了劳动生产过程的低效率，而且增加了人因失误引发生产事故的风险。此外，由于大多工资低廉、生活条件恶劣，农民工的生存需求突出，在绩效工资激励的作用下，更可能增加违背安全生产规章制度和违章操作的风险。

另一方面，由于用工制度的改革，企业与劳动者之间的关系发生了很大变化，已经转变为雇佣和被雇佣的关系，经济利益成为劳动者与企业之间的主要联系。许多非公有制企业中没有工会组织，缺少强有力的工会组织保障广大劳动者（尤其农民工）的权益。在社会保障体系相对滞后、法制监管不完善的情况下，广大农民工在劳资关系的博弈中处于弱势地位，一些企业为了追求利润，不顾社会道德，倾向于通过压榨农民工的生命健康权益，压低生产经营成本，不采取适当的安全生产保护措施，不给予员工岗位危险性的充分信息，使他们更容易受到职业伤害。

总之，技术断层、农民工较低的职业素质与需求特点、缺少与资方平等对话的平台等因素不仅增加了现场工作人员违章操作、违章指挥和违反规章制度的风险，加大了安全生产监管的难度，也使得农民工成为高危工作群体。

2. 农民工成为工伤事故的主要受害群体

目前，农民工成为职业病和工伤事故的主要受害群体。农民工占事故灾害死亡人数的 90%，其中全国煤矿工伤事故死亡者中 80%是农民工；建筑行业的事故中，受害者 90%是农民工；目前我国有毒有害企业超过 1600 万家，受到职业危害的人数超过 2 亿，受害者同样是以农民工为主。另外，还有高温、震动、粉尘、噪音、超时劳动等多种危害因素在时刻蚕食着农民工的健康。2008 年，在近 100 万认定工伤的人员中，80%以上是农民工[130]。多数农民工受教育程度较低，对工作场所存在的有害因素及其防范措施知之甚少。农民工在没有防护的情况下从事有害作业，已经成为十分普遍的现象。保护农民工生命安全，降低安全事故率，已经成为促进全社会安全生产形势稳定好转的一项紧迫任务。

7.4 经济一体化对安全风险的影响

7.4.1 国际产业转移的一般规律及趋势

国际产业转移是一种产业在空间上移动的现象，是指产业由某些国家或地区转移到另一些国家或地区[131-133]。国际产业转移的主要动因是降低成本和市场扩张。第二次世界大战以后，世界经历了三次大的产业转移。

(1) 第一次大规模国际产业转移发生在20世纪50年代。欧美国家经济发展进入了工业化中期阶段。它们在本国集中力量发展技术密集型产业，而把劳动密集型轻纺产业向日本、前联邦德国等国家转移。

(2) 第二次大规模国际产业转移发生在20世纪60～70年代。日本、前联邦德国等国将劳动密集型产业转移到新兴工业化国家和地区（如亚洲“四小龙”等)，转向发展集成电路、精密机械、精细化工、家用电器、汽车等耗能耗材少、附加值高的技术密集型产业。

(3) 第三次大规模国际产业转移发生在20世纪80～90年代。美国、日本和欧洲发达国家将重化工业和应用型技术大量转向中国沿海及其他发展中国家，集中力量发展知识密集型产业。

综上所述，国际产业转移呈现出明显的梯度性、阶段性规律，即国际产业转移通常是从发达国家向发展中国家梯度推进，产业转移的类型通常由劳动密集型产业开始，进而向钢铁、机械、化工等资本、技术密集型产业转移。国际产业转移在形式上，通常从加工装配开始，经过资本、技术、管理经验等的积累，最终过渡到中间产品和最终产品本地化生产。

20世纪90年代以后，信息技术的发展和各国对外开放的日益加深，有力地推动了经济全球化的进程，国际产业转移呈现出一些新的特点。

(1) 传统产业和技术转移速度加快。

由于成本变化、技术进步等因素，发达国家向发展中国家和地区转移传统产业和技术的步伐加快。发达国家为了保持竞争优势，以信息技术为中心发展产业，并全力打造高附加价值的创新型知识技术密集型产业，而把一般资本密集型和技术密集型的产业向发展中国家或地区转移。全球制造业或劳动密集型产业由发达国家或地区向发展中国家或地区转移的速度明显加快。

(2) 生产外包成为国际产业转移的新兴主流方式。

在产业价值链层面，国际产业转移已经深入到生产过程的工序和工艺，跨国公司将价值链中低附加值、非核心制造环节外包转移给他国供应商，甚至将产业链高端的非核心环节（如非主要框架的设计活动、营销、物流等）以外包的形式转移到成本更低的发展中国家。而自己掌握核心技术、品牌等高附加值环节，从而实现对整个产业链的控制。20 世纪 90 年代以来，越来越多的跨国公司通过外包将生产基地转移到发展中国家，加快了发展中国家工业制造业生产加工能力的提高，从而引发世界制造中心的分散和转移。

(3) 国际产业转移中的投资方式日趋多样化。

除了原有的直接投资和各种股权安排外，间接投资和非股权投资越来越多。国际间接投资增长速度大大快于国际直接投资，国际间接投资规模已经超过国际直接投资规模。证券投资和跨国企业间并购日益成为国际投资和产业转移的主要方式。

7.4.2　国际技术转移中安全风险转移的机理分析

技术转移是国际产业转移的中心内容。技术至少包含了三个层次的意义：①以实用为指向的、人工的对象化的物品（人工产品或实物系统）；②产生客观物质系统的人的活动和设施的总和；③使用这一客观物质系统的人的行为的总和。根据这一定义，技术活动指的是与生产和使用人工制造的物品相关的活动。因而它就不仅是一种技术活动，也是一种社会行为，一种生产和生活方式[134,135]。技术是社会的产物，具有自然属性和社会属性，任何技术都不是孤立于社会之外的，它是社会大系统中的一部分，社会的价值观、组织、观念、风俗习惯等因素均会对技术活动产生影响，在技术设计、制造、扩散过程中起着强有力的作用。因此，技术风险也不是中立性的，一样受到诸多社会因素的影响。

在生产系统中，人们为了实现特定的目标，需要利用必要的技术工具完成一定的任务，在人、工具和任务之间存在较为复杂的动态关系[136]，如图 7.15 所示。必要的技能、知识和操作标准是有效操作工具的必要条件，而工作任务和目标则会影响人们的工作态度和行为。任何一个因素的变动都可能会带来其他因素的变动，例如技术工具的变化，可能会引起对操作者技能再培训的需求，如果不协调，就会导致技术变化的低效率，也会因为人机关系的不协调而增强安全生产风险，导致事故率的增加。此外，技术的变化也可能引起员工的认知结构、价值观、生活方式、工作习惯和沟通方式的变化，从而改变与工作有关的社会网络结构，这些组织因素也会对安全产生一定的影响。

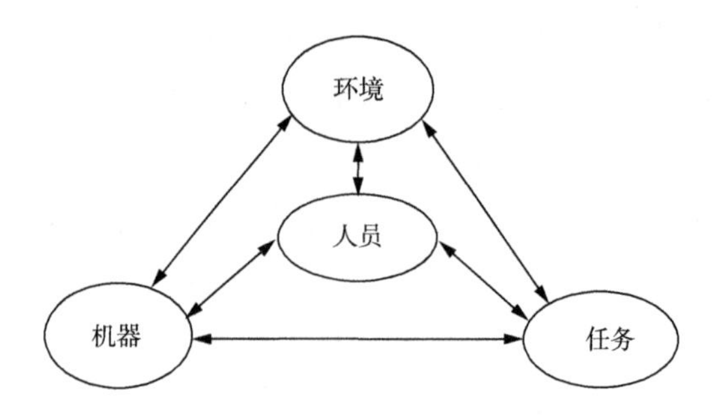

图 7.15　生产系统中的技术模型

由于技术的社会属性，使得技术在转移过程中，不仅包括有形的技术工具实物转移，还包括操作技术工具所必需的知识或经验的转移。机器设备、操作手册和基本培训仅仅是技术转移过程的最初起点。技术转移蕴含的知识，不仅包括工具、图纸、操作规则说明书等显性知识，也包括难以用语言描述的启发式的技能、诀窍和经验等技能维度隐性知识，也包括洞察力、直觉等认知维度的隐性知识，如图 7.16 所示。隐性知识是高度个人化的知识，它深深的植根于行为本身，受个体所处环境的约束，具有难以规范化的特点，因此不易转移、识别、解释和内化。其中，经验、诀窍等技能维度的隐性知识必须通过边学边干的过程才能获得，洞察力、直觉等认知维度的隐性知识离不开特定的社会背景。在跨国技术转移中，语言、生活习惯、风俗和价值观等因素的差异均会阻碍隐性知识的转移，

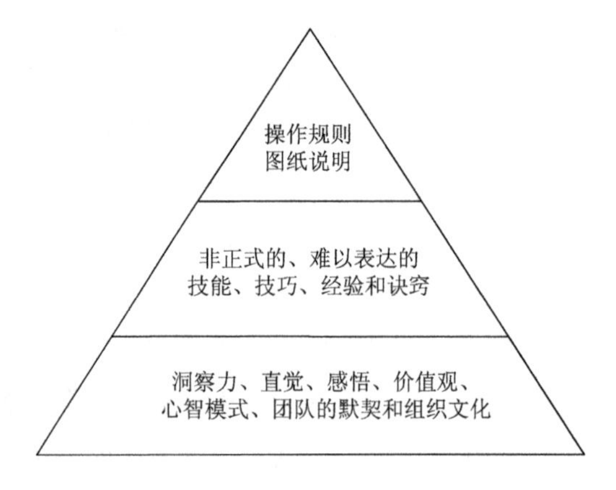

图 7.16　技术中蕴含的知识因素

影响人们对技术风险的认知，造成在风险理解与沟通方面存在一定困难，导致技术转移与环境的不协调，从而增加安全生产风险。总之，正是隐性知识的存在，使得安全操作必需的知识难以完全转移，而不完全的操作能力表现为新的风险或危险源。在技术接受方获得必要的风险管理能力之前，事故风险概率可能会因此增加。

7.4.3　经济一体化对我国安全风险的影响

1978 年以后，我国开始了渐进式的改革开放。从沿海经济特区开始逐步向全国铺开，实现了从点到线、再由线到面的全方位多层次的开放格局，2001 年我国正式加入世界贸易组织后，经济和贸易更加融入世界经济体系，中国的对外开放进入了全新的发展阶段。至此，一个从沿海到内地、由南向北、自东向西、全方位对外开放的区域格局基本形成。中国在全球贸易中的排名从 1978 年的第 32 位上升到目前的第三位，仅次于美国和德国。随着我国外贸规模不断扩大，我国经济发展的外部依赖性不断增强。我国外向型经济的明显特征，就是大量地接收海外直接投资和对接全球化产业转移[137]。然而，贸易和经济一体化的过程也是产业技术及其风险转移的过程。国际产业向中国转移对产业升级及经济增长产生积极影响的同时，也为安全生产带来了一系列新情况。

1. 伴随着国际产业梯度转移，我国社会整体技术灾害风险增加

从国际产业转移的现实情况来看，国际产业的梯度转移已蕴涵了发展中国家社会整体的技术灾害风险。改革开放以后，由于拥有巨大的市场前景和充裕而廉价的劳动力资源，我国逐渐成为承接国际产业转移的热点地区之一。全球制造业、劳动密集型产业、一般资本密集型和技术密集型产业向我国快速转移。在 1979～1991 年，我国主要通过加工贸易方式承接国际产业转移。承接的产业集中在服装、玩具、鞋帽及家用电器等以轻纺工业为代表的轻工业行业。1992 年我国确立了社会主义市场经济体制，完善了承接国际产业转移的制度基础。发达国家将已经发展成熟的资本与技术密集型加工业，如电子信息、家用电器、汽车、化学原料及化学制品制造业、普通机械制造业等，向中国东部沿海地区大规模转移。

外向型经济的发展，加快了我国的工业化进程。如前所述，由于事故灾害的分布具有鲜明的产业特征，经济增长对事故灾害具有结构效应。此外，贸易繁荣

和国内劳动力资源的流动，也为交通运输安全带来了压力，增加了我国社会整体的技术灾害风险。

2. 制造业生产过程的国际转移，增加了我国生产制造业的事故灾害风险

当一些发达工业国家进入后工业化或信息化时代，其国家的产业比较优势也发生了变化。由于制造环节需要大量的廉价劳动力和对生存环境的破坏，劳动力价格的提升和环境管制的加强等诸多因素使制造环节成本提高，容易失去比较优势。20 世纪 80 年代以来，伴随着信息通信技术的迅猛发展和经济全球化的日益深入，发达国家着重发展耗能低、耗材少、附加价值高的知识技术密集型产业，将资本和技术投入到更具竞争优势的产品研发、设计和营销过程，将劳动密集型产业及知识技术密集型产业的低端部分大规模转移到正在进行工业化的发展中国家或地区。国际经济分工不断细化，产品生产加工过程逐步从整个产品制造的研发设计、生产加工和销售服务系统独立分化出来，可以游离于整个系统之外，独立地转移到具有生产加工条件的国家和地区，但生产加工仍受上游的设计研发和下游营销的控制，出现了制造业生产过程国际间转移的新情况。此外，在技术转移时，发达国家或地区出于技术保护的战略考虑，严格控制新技术的转移和扩散，以遏制发展中国家或地区的技术升级，倾向于转移已经落后甚至淘汰的设备或生产工艺，包括环境污染问题多、人工成本高和职业危害突出的技术工艺，甚至通过贸易渠道，向发展中国家倾销有毒原材料和产品，这必然会增加发展中国家生产制造的技术灾害脆弱性和事故灾害风险。

制造业一直是我国承接国际产业转移的主要行业。并且，由于我国制造业承接了制造业价值增值链中的生产风险较大的加工制造环节，使得我国的制造业整体生产风险较高。图 7.17 是我国改革开放后出口商品构成中工业制成品比重的变化。从图中可以清楚地看出制造业已经成为我国承接国际产业转移的主导产业。

在全球化的劳动分工中，中国产业大多尚处在产业链的低端，产品附加值低的劳动密集型产业成为中国产业国际竞争优势的重要表现[138,139]。中国的制造业并未掌握产业的核心技术，资本和技术含量偏低，主要靠劳动的投入和降低劳动成本带动经济增长。由于中国职业卫生标准不健全，各地在引进外资的过程中过于关注经济利益，忽视了安全问题与环境污染问题，缺乏严格的产业准入限制，

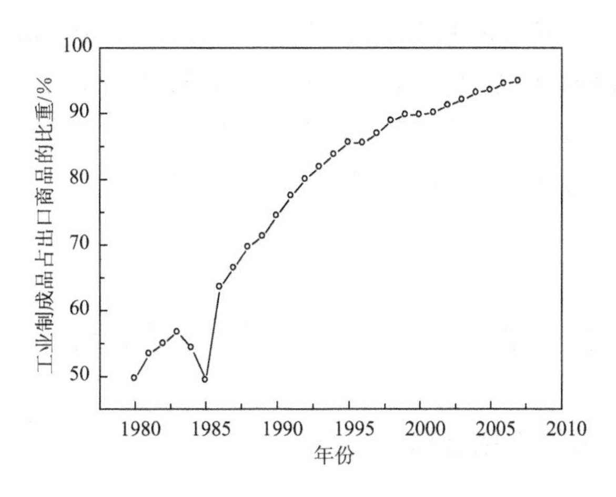

图 7.17　我国出口商品中工业制成品比重变化

安全门槛过低。一些发达国家趁机把环境污染问题多、职业危害突出的制造业转移到中国，或者把本国禁止或限制生产和使用的有毒原材料和产品转移到中国，中国逐渐成为世界高耗能、高风险产业转移的中心之一。图 7.18 描述了 2000 年以后我国制造业事故发生起数和死亡人数的变化趋势。2003 年以前，制造业事故发生起数呈现快速增加的趋势，2003 年后则迅速下降，但是每年发生的事故仍然高达 3000 多起。事故造成的死亡人数仍然呈现不断增加的趋势，每年因事故造成的死亡人数高达 3000 多人。制造业安全生产形势比较严峻，每年制造业生产事故发生的频率及其严重程度仅次于采矿业。此外，制造业中采用的不安全

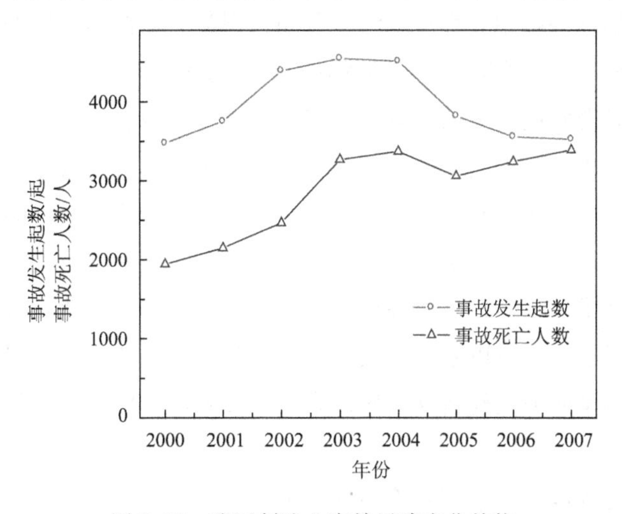

图 7.18　我国制造业事故风险变化趋势

的生产工艺、生产方式（如使用三氯乙烯清洗电子元件和金属器件）和生产原料（如含苯及正乙烷的化学溶剂）引起的职业健康问题也呈现出快速上升的趋势。中国卫生部统计，截至2006年，中国累计报告职业病67万余例，其中仅尘肺病已累计死亡人数14万以上；1991年至2006年累计发生中毒38400多例，其他职业病21700多例[140]。

7.5 经济增长要素与事故灾害关联性的动态计量分析

7.5.1 数据来源和指标选择

采用1978～2008年工伤事故、交通事故、火灾和经济增长要素数据，数据主要来自于历年《中国统计年鉴》、《新中国五十年统计资料汇编》、《中国安全生产年鉴》。

由于经济增长结构反映了要素投入量，其本身通常被视为经济增长要素之一。为了综合分析经济增长机制对事故灾害的影响，本书所选择的经济增长要素指标包括产业结构、人力资本、技术进步、经济一体化程度、经济体制等变量。

上文有关“产业结构与事故灾害的关联性”部分论证了非农产业对事故灾害的重要影响，为了精简变量，本书仅选择非农产业比重作为衡量产业结构的指标，其自然对数序列记为LIR。

人力资本指标一般用教育年限法、劳动力报酬、在校学生比例法和教育经费法等[141,142]，各类方法都存在一定的优缺点。由于我国人力资本发展主要受政府的人力资本和教育发展政策的约束，本书采用教育经费法衡量人力资本，用年度实际教育经费支出与全社会总就业人口的比值表示，其自然对数序列记为LHR。

技术进步的准确界定有着巨大的困难，目前尚没有非常精确的度量方法和统一的度量标准。国外学者通常利用全要素生产率等间接估计方法界定技术进步的贡献率。我国技术进步经费主要来自于国家财政，民间投资比重较低，因此，政府财政支出中科研经费可以基本反映我国的实际科研经费支出状况。本书采用财政支出中用于科学研究的经费支出比例来表示技术进步率，其自然对数序列记为LTEP。

经济一体化程度指标采用年度进出口总额占GDP的相对比率表示，其自然对数序列记为LOP。

我国的经济体制改革是从计划经济转向市场经济，主要表现为政府对经济资源管制的放松和非国有经济成分的增加。因此，本书选择非国有工业总产值占全部工业总产值的比重描述经济体制，其自然对数序列记为 LER。

7.5.2　模型方法

对事故灾害和经济增长要素变量分别进行 ADF 单位根检验，检验结果表明，所有变量均为非平稳时间序列，如表 7.1 所示。

分别以事故灾害变量为因变量，以经济增长要素为自变量，建立 VAR 模型：

$$y_t = A_1 y_{t-1} + \cdots + A_p y_{t-p} + Bx_t + \boldsymbol{\varepsilon}_t \tag{7.1}$$

式中，y_t 分别表示 LONF、LOFRW、LOFRE、LTNF、LTFRV、LTFRP、LFNF、LFR 和 LFFR；x_t 分别表示 LIR、LHR、LTEP、LOP 和 LER，$\boldsymbol{\varepsilon}_t$ 是 k 维扰动向量。

采用 Eviews6.0 软件对模型进行协整分析、脉冲响应分析和方差分解，以分析事故灾害与经济增长要素之间是否有长期关系，事故灾害变量对来自经济增长要素的冲击如何反应，以及每一个要素冲击对事故灾害变量的贡献度。

表 7.1　变量的 ADF 单位根检验结果

变量	统计量（t）	1%临界值	平稳性
LIR	−1.94	−3.69	否
LHR	0.95	−3.69	否
LTEP	−2.23	−3.69	否
LOP	−1.38	−3.69	否
LER	−1.37	−3.78	否
LONF	−1.670	−3.679	否
LOFRW	−2.910	−3.689	否
LOFRE	−1.857	−3.679	否
LTNF	−2.802	−3.724	否
LTFRV	−0.718	−3.679	否
LTFRP	−4.405	−3.724	是
LFNF	−2.458	−3.679	否
LFR	−0.703	−3.679	否
LFFR	−4.326	−3.679	是

7.5.3 结果及分析

1. 事故灾害与经济增长要素的长期关系

1）工伤事故与经济增长要素的协整检验

采用 Johansen 极大似然估计法，滞后期为 1，对样本进行协整检验，检验结果如表 7.2 所示。

表 7.2 工伤事故与经济增长要素变量的 Johansen 协整检验结果

VAR 模型因变量	特征根	迹统计量（P 值）	λ－max 统计量（P 值）
LONF	0.84	142.41*(0.00)	48.37*(0.00)
LOFRW	0.78	133.85*(0.00)	39.69(0.06)
LOFRE	0.79	136.72*(0.00)	41.33(0.04)

* 表明在 5%的显著性水平下拒绝原假设。

取标准化的协整向量，得到工伤事故与经济增长要素时间序列的协整方程如下：

$$\underset{}{LONF}=\underset{(1.98)}{12.7LIR}-\underset{(0.20)}{0.89LHR}-\underset{(0.21)}{1.16LTEP}+\underset{(0.27)}{0.96LOP}-\underset{(0.33)}{1.81LER}-\underset{(9.20)}{44.36} \quad (7.2)$$

$$LOFRW=\underset{(4.19)}{23.94LIR}-\underset{(0.42)}{1.52LHR}-\underset{(0.42)}{1.11LTEP}+\underset{(0.56)}{0.91LOP}-\underset{(0.69)}{3.59LER}-\underset{(19.27)}{96.34} \quad (7.3)$$

$$LOFRE=\underset{(4.43)}{25.72LIR}-\underset{(0.46)}{2.39LHR}-\underset{(0.44)}{0.82LTEP}+\underset{(0.62)}{1.54LOP}-\underset{(0.75)}{3.75LER}-\underset{(20.62)}{112.13} \quad (7.4)$$

协整方程表明工伤事故与经济增长要素存在着长期关系。协整方程中 LIR 的乘数远高于其他经济增长要素的乘数。在 1979～2008 年，非农产业比重每上升 1%，工伤事故死亡人数、事故 10 万工人死亡率和亿元产值死亡率分别增加 12.7%、23.94%和 25.72%。说明产业结构是影响工伤事故的关键因素。此外，经济一体化增加了事故风险，人力资本、技术进步和经济体制等因素均不同程度地降低了工伤事故风险。

2）交通事故与经济增长要素的协整检验

采用 Johansen 极大似然估计法，滞后期为 1，对样本进行协整检验，检验结果如表 7.3 所示。

表 7.3　交通事故与经济增长要素变量的 Johansen 协整检验结果

VAR 模型因变量	特征根	迹统计量（P 值）	λ－max 统计量（P 值）
LTNF	0.73	106.68*(0.00)	34.36(0.19)
LTFRV	0.76	107.16*(0.00)	0.76(0.10)
LTFRP	0.82	121.72*(0.00)	44.08(0.01)

* 表明在 5%的显著性水平下拒绝原假设。

取标准化的协整向量，得到交通事故与经济增长要素时间序列的协整方程如下：

$$LTNF=\underset{(8.30)}{26.92LIR}-\underset{(0.92)}{0.31LHR}+\underset{(1.09)}{3.87LTEP}-\underset{(1.17)}{3.17LOP}-\underset{(1.32)}{1.34LER} \tag{7.5}$$

$$LTFRV=\underset{(1.42)}{5.08LIR}+\underset{(0.16)}{0.76LHR}+\underset{(0.16)}{0.43LTEP}-\underset{(0.19)}{0.74LOP}+\underset{(0.23)}{0.56LER} \tag{7.6}$$

$$LTFRP=\underset{(0.76)}{2.86LIR}+\underset{(0.08)}{0.2LHR}+\underset{(0.08)}{0.63LTEP}-\underset{(0.10)}{0.16LOP}+\underset{(0.12)}{0.16LER} \tag{7.7}$$

协整方程表明交通事故与经济增长要素存在着长期关系。协整方程中 LIR 的乘数远高于其他经济增长要素的乘数。在 1979～2008 年，非农产业比重每上升 1%，交通事故死亡人数、万车死亡率和 10 万人口死亡率分别增加 26.92%、5.08%和 2.86%。说明产业结构是影响交通事故的关键因素。

3）火灾事故与经济增长要素的协整检验

采用 Johansen 极大似然估计法，滞后期为 1，对样本进行协整检验，检验结果如表 7.4 所示。

表 7.4　火灾事故与经济增长要素变量的 Johansen 协整检验结果

VAR 模型因变量	特征根	迹统计量（P 值）	λ－max 统计量（P 值）
LFNF	0.77	114.06*(0.00)	38.14(0.08)
LFR	0.83	123.69*(0.00)	45.51*(0.01)
LFFR	0.71	106.97*(0.00)	32.57(0.27)

* 表明在 5%的显著性水平下拒绝原假设。

取标准化的协整向量，得到火灾与经济增长要素变量的协整方程如下：

$$LFNF=\underset{(1.00)}{5.7LIR}-\underset{(0.11)}{0.35LHR}-\underset{(0.12)}{0.11LTEP}-\underset{(0.14)}{0.16LOP}-\underset{(0.16)}{0.55LER} \tag{7.8}$$

$$LFR=17.49LIR+1.01LHR+0.97LTEP-4.36LOP-0.1LER \quad (7.9)$$
$$(2.75) \quad (0.28) \quad (0.27) \quad (0.33) \quad (0.39)$$

$$LFFR=8.3LIR-0.39LHR+0.22LTEP-0.7LOP-0.64LER \quad (7.10)$$
$$(1.67) \quad (0.18) \quad (0.19) \quad (0.22) \quad (0.26)$$

协整方程表明火灾与经济增长要素存在着长期关系。协整方程中 LIR 的乘数远高于其他经济增长要素的乘数。在 1979～2008 年间，非农产业比重每上升 1%，火灾死亡人数、火灾发生率和火灾死亡率分别增加 5.7%、17.49% 和 8.3%。说明产业结构是影响火灾的关键因素。

2. 经济增长要素冲击对工伤事故影响的动态效应

图 7.19、图 7.21 和图 7.23 是在期内工伤事故对来自经济增长要素的一个标准差的正向冲击的脉冲响应。横轴表示冲击作用的滞后期间数（单位：年），纵轴表示工伤事故灾害指标。

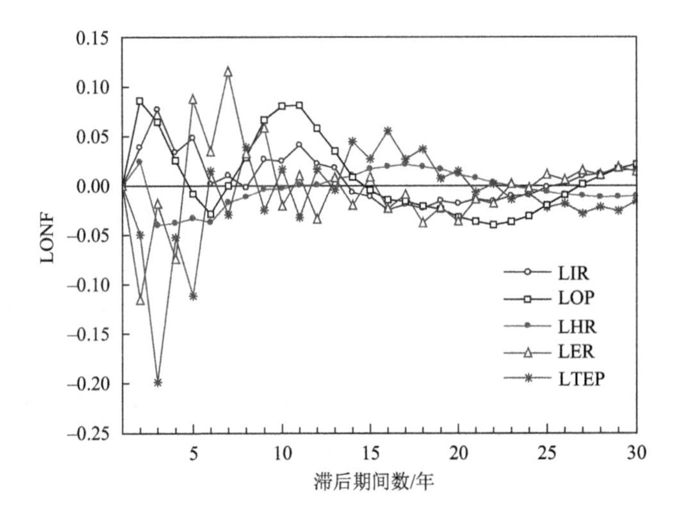

图 7.19 经济增长要素冲击引起的工伤事故死亡人数的响应函数

从图中可以看出，当在本期给 LIR 一个标准差的正向冲击后，LONF 和 LOFRW 在前 15 期内波动幅度较大，并且冲击作用都是正向的。这说明工业化会在较长的时期内引起工伤事故死亡人数和 10 万工人死亡率持续增加。LOFRE 在前 5 期的冲击作用是正向的，其后转为负向影响，说明工业化在短期会引起亿元产值死亡率上升，中长期会降低亿元产值死亡率。对于来自 LHR 一个标准差的正向冲击，LONF、LOFRW 和 LOFRE 在期内的反应虽有起伏，但基本是负向的，说明人力资本提升对降低工伤事故风险有持久作用。当在本期给 LTEP 一个标准差的正向冲击后，LONF、LOFRW 和 LOFRE 在前 5 期的反应是负向的，之后虽然波幅明显，但反应基本是正向的，说明技术进步能够短期内降低工伤事故风险，长期又增加了工伤事故风险。LONF、LOFRW 和 LOFRE 对于来自 LOP 的冲击作用在前 15 期是正向的，之后转为负向，说明经济一体化在较长的时间内会增加工伤事故风险。对于来自 LER 一个标准差的正向冲击，LONF、LOFRW 和 LOFRE 在期内的反应基本是正向的，说明经济体制变化会增加工伤事故风险。

图 7.20、图 7.22 和图 7.24 是工伤事故指标的方差分解图，分别描述了不同经济增长因素对工伤事故指标冲击的贡献程度。从图中可以看出，经济增长要素对工伤事故的影响力在短期内（前 5 期）虽然波动明显，第 5 期以后基本呈现稳定的态势。经济增长要素对工伤事故各指标的影响力从大到小依次为：LTEP、LER、LOP、LIR 和 LHR。即技术进步对工伤事故指标的影响最显著，其次是经济体制、经济一体化、工业比重和人力资本。这说明产业结构虽然对工伤事故死亡人数有持久的影响作用，但其变化对工伤事故的影响力并不如技术进步、经济体制变化和经济一体化显著。

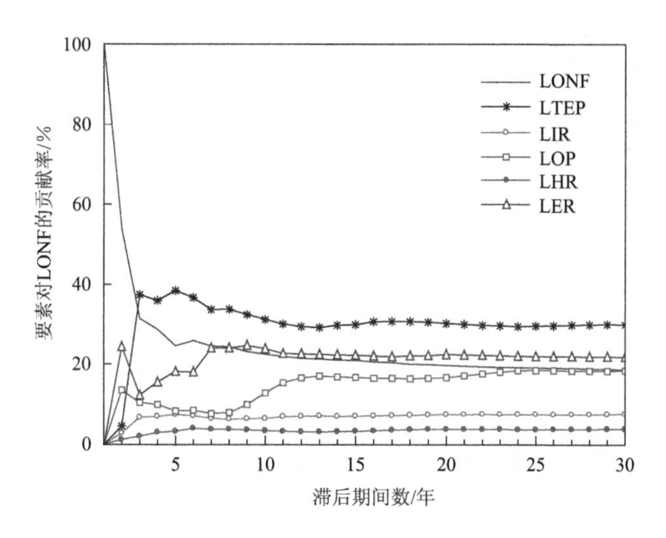

图 7.20　经济增长要素冲击对工伤事故死亡人数的贡献率

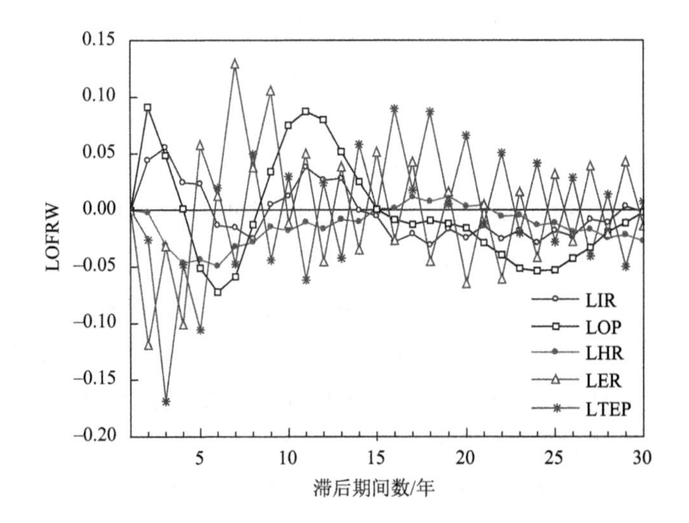

图 7.21 经济增长要素冲击引起的 10 万工人死亡率的响应函数

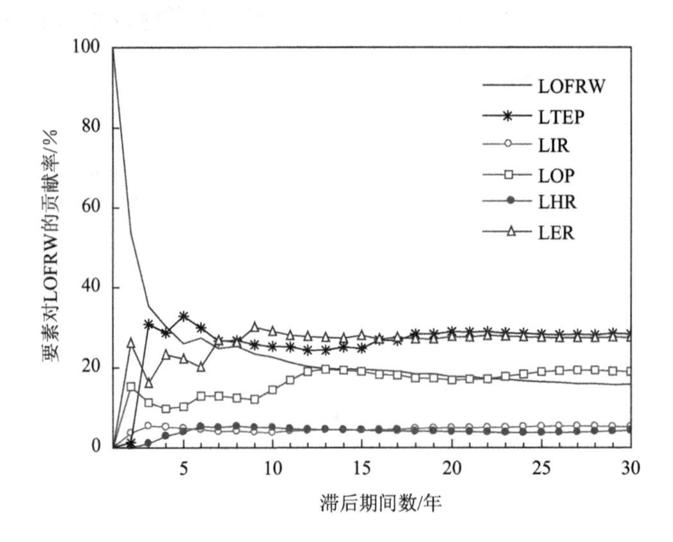

图 7.22 经济增长要素冲击对工伤事故 10 万工人死亡率的贡献率

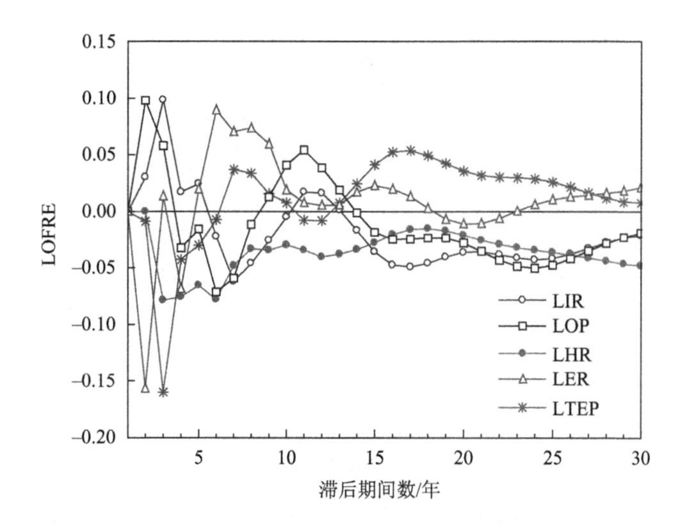

图 7.23　经济增长要素冲击引起的亿元产值死亡率的响应函数

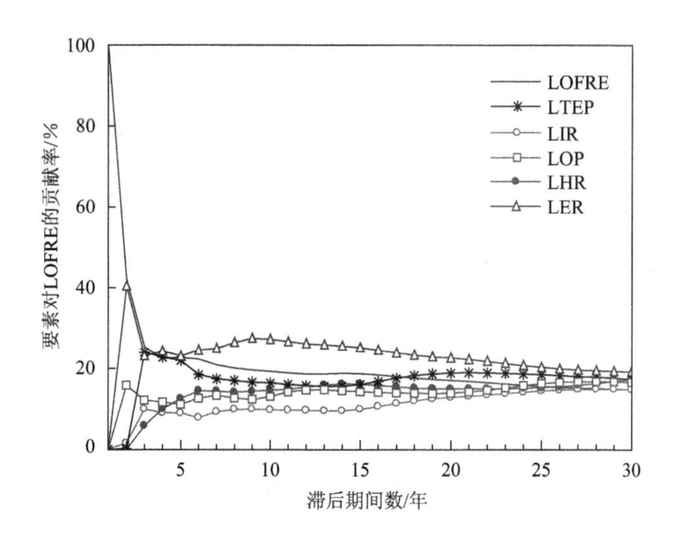

图 7.24　经济增长要素冲击对亿元产值死亡率的贡献率

3. 经济增长要素对交通事故影响的动态效应

图 7.25、图 7.27 和图 7.29 是在期内交通事故对来自经济增长要素的一个标准差的正向冲击的脉冲响应。横轴表示冲击作用的滞后期间数（单位：年），纵轴表示交通事故灾害指标。

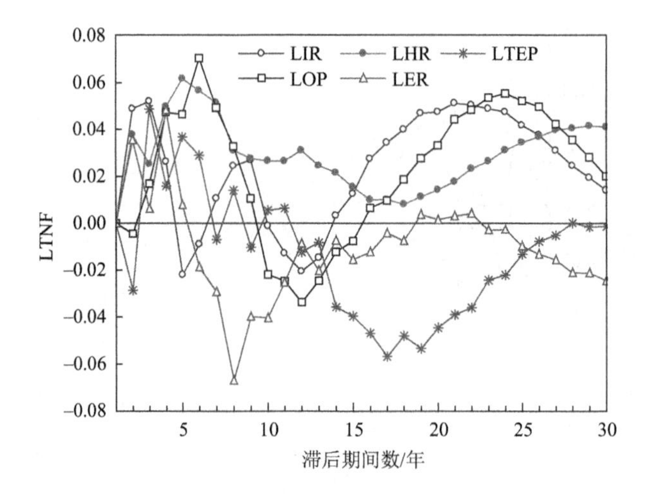

图 7.25　经济增长要素冲击引起的交通事故死亡人数的响应函数

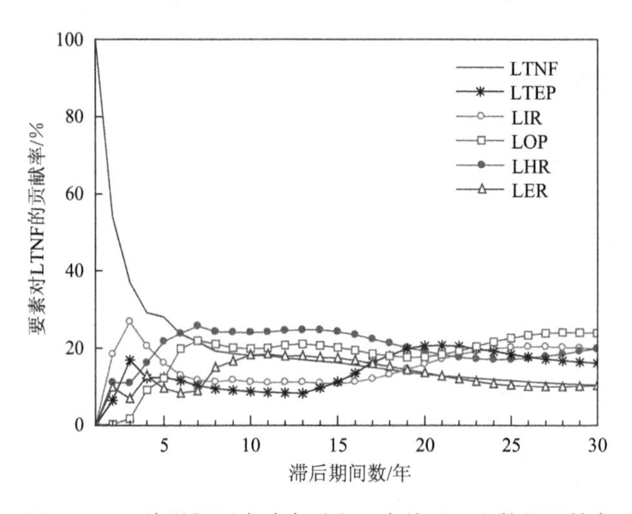

图 7.26　经济增长要素冲击对交通事故死亡人数的贡献率

从图中可以看出，当在本期给 LIR 一个标准差的正向冲击后，LTNF 与 LTFRP 在期内的反应虽然波幅较大，但基本是正向的，而 LTFRV 却是负向的，说明工业化发展增加了交通事故死亡人数和 10 万人死亡率，降低了万车死亡率。LTNF 与 LTFRP 对于来自 LHR 一个标准差的正向冲击的反应基本是正向的，而 LTFRV 的反应却是负向的。人力资本变化增加了交通事故死亡人数和 10 万人死亡率，降低了万车死亡率。当在本期给 LTEP 一个标准差的正向冲击后，LTNF 与 LTFRP 在前 10 期的反应基本是正向的，其后转为负向。而 LTFRV 在

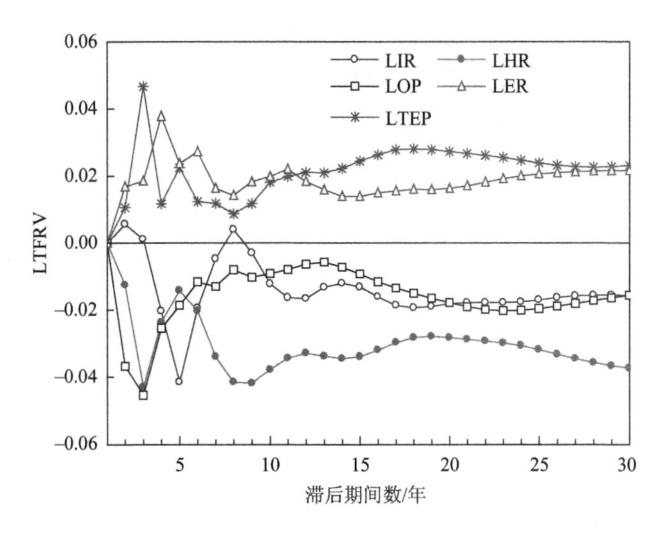

图 7.27　经济增长要素冲击引起的万车死亡率的响应函数

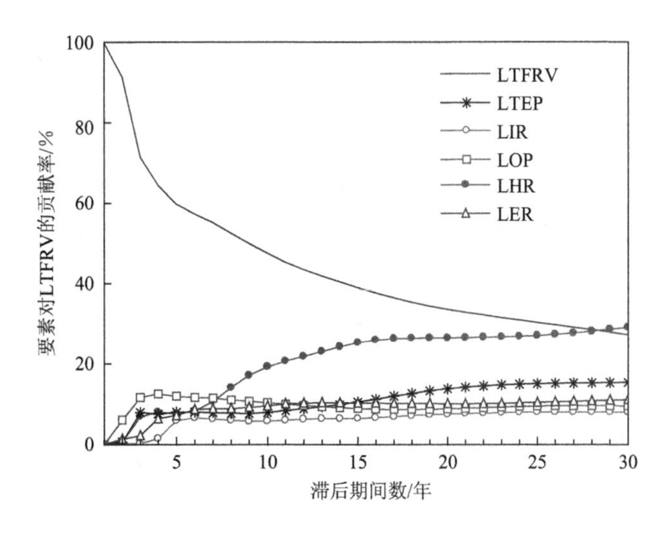

图 7.28　经济增长要素冲击对万车死亡率的贡献率

期内的反应均是负向的。技术进步增加了交通事故死亡人数和 10 万人死亡率，降低了万车死亡率。对于来自 LOP 的冲击，LTNF 与 LTFRP 在期内的反应基本是正向的，而 LTFRV 在期内的反应均是负向的。经济一体化增加了交通事故死亡人数和 10 万人死亡率，降低了万车死亡率。当在本期给 LER 一个标准差的正向冲击后，LTNF、LTFRP 在前 4 期反应是正向的，第 4 期后基本转为负向作用。而 LTFRV 在期内的反应均是正向的。说明经济体制变化在短期内增加了交通事故死亡人数和 10 万人死亡率，长期则降低这两个指标。

图 7.26、图 7.28 和图 7.30 是交通事故指标的方差分解图，分别描述了不同经济增长因素对交通事故指标变动的贡献程度。从图中可以看出，经济增长要素对交通事故指标的影响力随着时间动态变化。经济增长要素冲击对 LTNF 的影响力从大到小排序依次为：LHR、LIR、LER、LOP 与 LTEP。人力资本、产业结构、经济一体化和技术进步的变化对交通事故指标的影响比较显著。

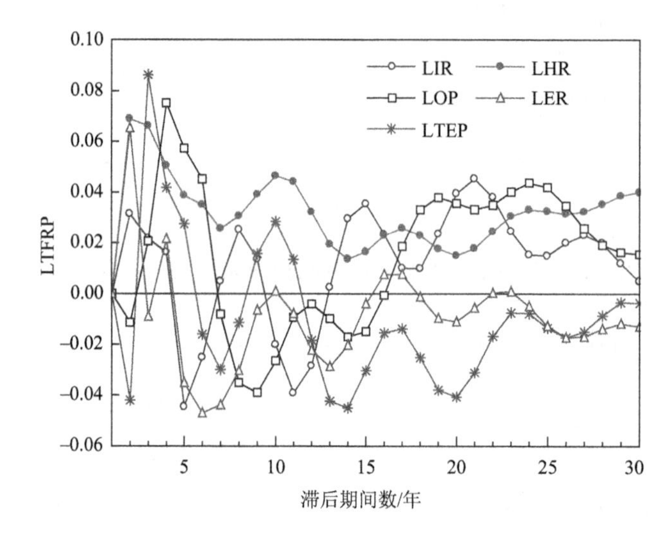

图 7.29 经济增长要素冲击引起的 10 万人死亡率的响应函数

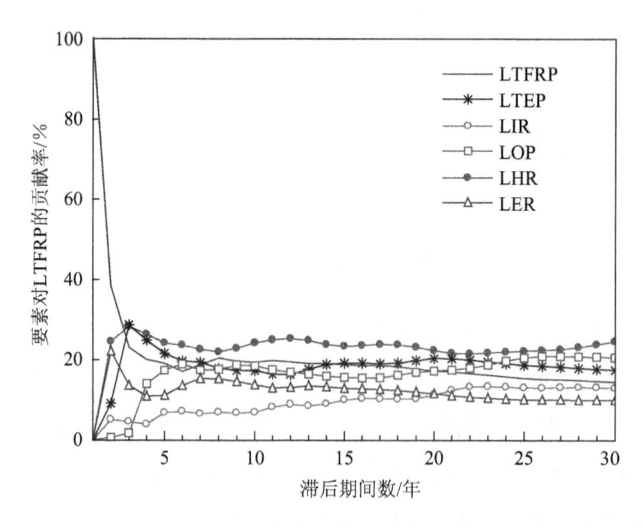

图 7.30 经济增长要素冲击对 10 万人死亡率的贡献率

4. 经济增长要素对火灾影响的动态效应

图 7.31、图 7.33 和图 7.35 是在期内火灾对来自经济增长要素的一个标准差的正向冲击的脉冲响应。横轴表示冲击作用的滞后期间数（单位：年），纵轴表示火灾事故指标。

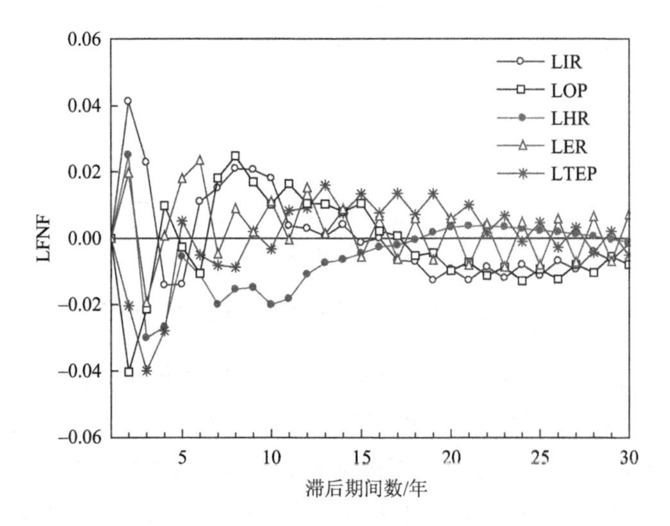

图 7.31　经济增长要素冲击引起的火灾死亡人数的响应函数

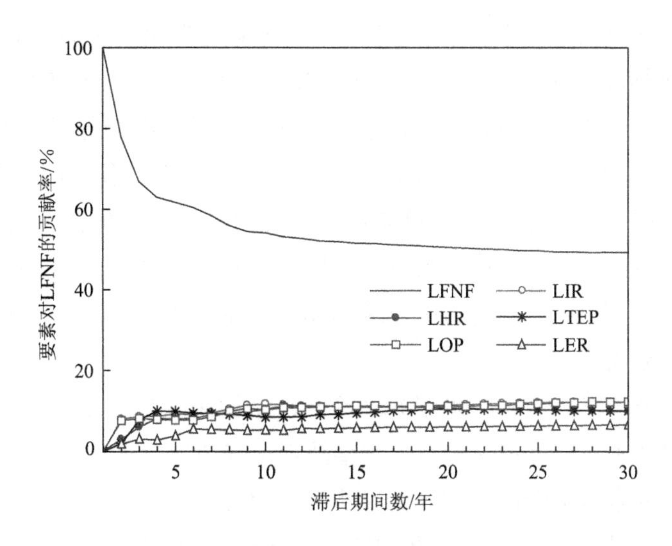

图 7.32　经济增长要素冲击对火灾死亡人数的贡献率

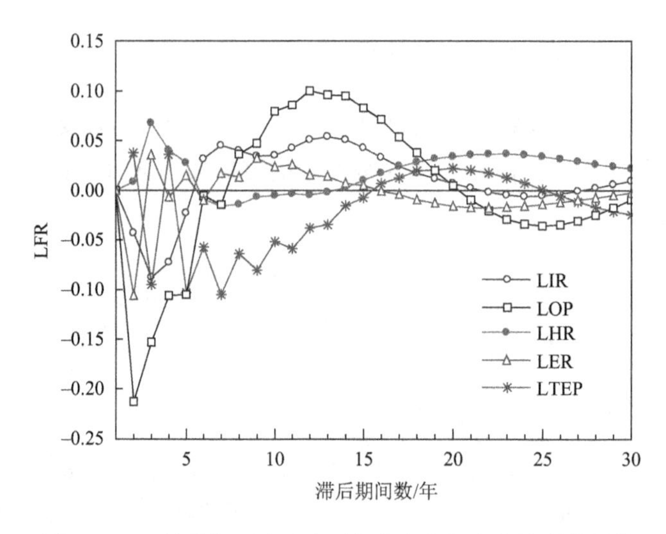

图 7.33　经济增长要素冲击引起的火灾损失率的响应函数

从图中可以看出，当在本期给 LIR 一个标准差的正向冲击后，LFNF、LFR 与 LFFR 在前 15 期的反应基本是正向的，之后转为负向作用。因此，非农产业比重增加在较长时期内会引起火灾事故指标的上升，长期则会使火灾事故指标下降。对于来自 LHR 一个标准差的正向冲击的变化，LFNF 和 LFFR 在前 17 期内的反应基本是负向的，第 18 期以后衰减趋于 0。LFR 在短期内（前 5 期）的反应是正向的，5～15 期作用力衰退趋于 0，第 16 期之后出现正向反应。当在本期给 LTEP 一个标准差的正向冲击后，LFNF、LFFR 和 LFR 在前 15 期内的反应基本是负向，之后转为正向。说明技术进步在较长时期内降低了火灾事故指标。LFNF、LFR 与 LFFR 对于来自 LOP 的冲击，在前 5 期是负向的，第 5 期到 15 期转为正向作用，15 期后又转为负向作用。说明经济一体化在短期降低了火灾风险，中期增加了火灾风险。当在本期给 LER 一个标准差的正向冲击后，LFNF、LFR 和 LFFR 在期内的反应基本是正向的，即经济体制变化（市场化）增加了火灾事故风险。

图 7.32、图 7.34 和图 7.36 是每一个经济结构冲击对火灾事故指标的方差分解图，它们描述了不同经济结构对火灾事故指标变动的贡献程度。从图中可以看出，经济增长要素对 LFNF 的影响力从大到小排序依次为：LIR、LOP、LTEP、LHR、LER。其中，LIR、LOP 的影响权重较大。经济增长要素对 LFR 的影响力从大到小排序依次为：LOP、LTEP、LIR、LER、LHR。其中经济一体化和

技术进步对火灾损失率的影响权重最大。经济增长要素对 LFFR 的影响力从大到小排序依次为：LTEP、LER、LHR、LIR、LOP。其中，技术进步和经济一体化对火灾事故死亡率的影响权重最为显著。总之，技术进步、工业比重和经济一体化是影响火灾的重要变量。

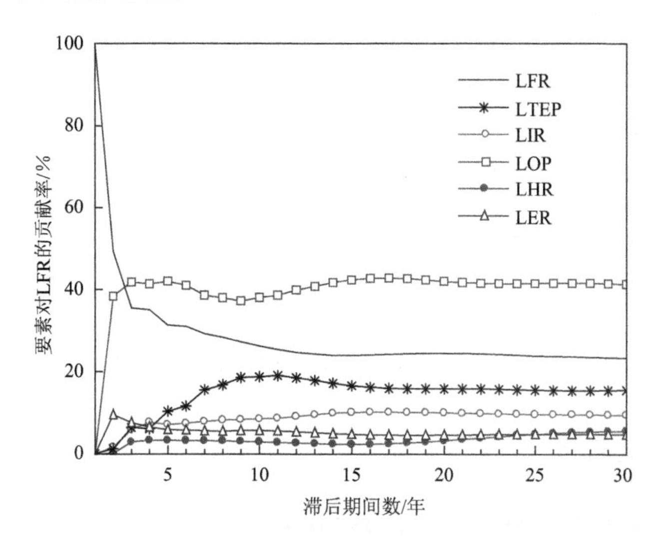

图 7.34 经济增长要素冲击对火灾损失率的贡献率

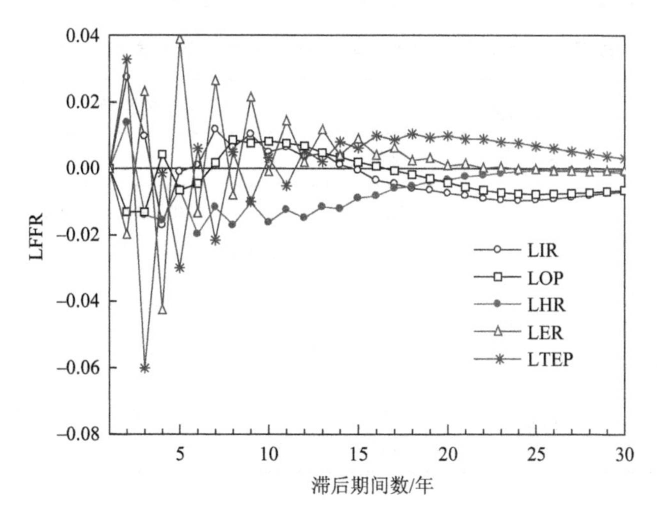

图 7.35 经济增长要素冲击引起的火灾死亡率的响应函数

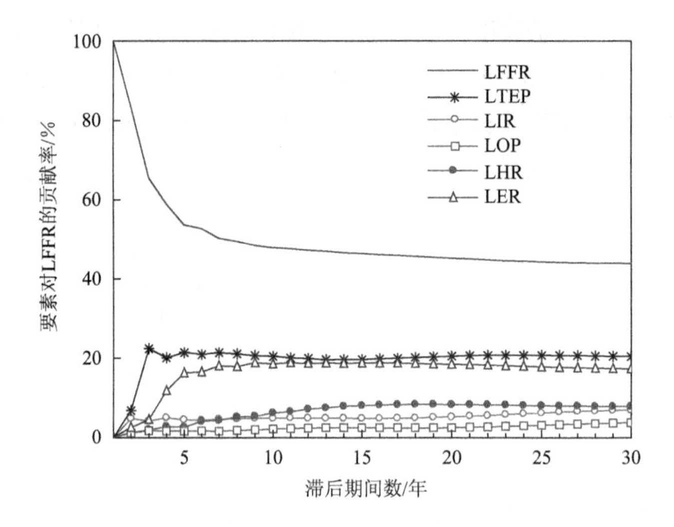

图 7.36 经济增长要素冲击对火灾死亡率的贡献率

7.5.4 结论及启示

1. 经济增长要素对工伤事故的影响

表 7.5 综合比较了经济增长要素及其变动对工伤事故的影响。

表 7.5 经济增长要素及其变动对工伤事故的影响权重

项目	工伤事故灾害指标	经济增长要素指标 权重大←→权重小				
1979～2008 年经济增长要素对灾害指标的影响权重	LONF	LIR (+12.7)	LER (−1.81)	LTEP (−1.16)	LOP (+0.96)	LHR (−0.89)
	LOFRW	LIR (+23.94)	LER (−3.59)	LHR (−1.52)	LTEP (−1.11)	LOP (+0.91)
	LOFRE	LIR (+25.72)	LER (−3.75)	LHR (−2.39)	LOP (+1.54)	LTEP (−0.82)

续表

项目	工伤事故灾害指标	经济增长要素指标 权重大←→权重小				
经济增长要素冲击对指标的贡献率	LONF	**LTEP** (－　＋)	**LER** (－　＋)	**LOP** (＋　－)	LIR (＋　－)	LHR (－)
	LOFRW	**LTEP** (－　＋)	**LER** (－)	**LOP** (＋　－)	LIR (＋　－)	LHR (－)
	LOFRE	**LER** (＋　－)	**LTEP** (－　＋)	**LOP** (＋　－)	LHR (－)	LIR (＋　－)

注："＋"、"－"表示该要素正向冲击能增加或降低事故风险，黑体表示冲击力权重高于 15%。

(1) 在 1979～2008 年，经济增长要素对工伤事故风险有不同程度的影响，其中，产业结构对工伤事故风险的影响最突出。然而，相对于其他经济增长要素，产业结构变化对工伤事故指标的冲击力并不显著。因此，调整产业结构和降低工业比重，虽然是降低工伤事故的手段之一，却不是最有效的手段。

(2) 在 1970～2008 年，经济体制因素对工伤事故风险的影响仅次于产业结构，并且经济体制对工伤事故的影响比较复杂。在 1979～2008 年，市场化在一定程度上降低了亿元产值死亡率和 10 万工人死亡率，这一结论和现实也是符合的。亿元产值死亡率和 10 万工人死亡率在一定程度上反映了劳动效率，我国经济体制变化的突出表现便是非国有经济的增长。非国有经济的发展整体上推动社会生产力的发展，提高了社会劳动生产率，使反映劳动效率的事故灾害相对指标下降。然而，脉冲响应分析结果表明，经济体制因素变化对工伤事故的冲击作用复杂、持久而显著，并且在期内基本是正向的影响，即增加工伤事故风险。

我国非国有经济中又以数目庞大的私营和民营企业居多。它们由于规模小和资金力量薄弱，成为吸纳以农民工为主的廉价劳动力的重要渠道。并且，由于这类企业占制造业和采矿业比例较大，必然增加了这些产业的事故风险。2000 年以后，民营企业的快速发展、国有企业的改造、民营资本向国有资本的渗透，这些产业融资现象在安全生产领域，表现为非国有企业事故灾害绝对值的快速上升。数量庞大、规模较小的非国有企业创造的国民财富占 GDP 比重持续上升，降低了亿元产值死亡率。然而非国有企业中占绝大多数的私有经济、集体经济、股份合作经济等由于技术落后、劳动密集、农民工密集、风险源众多等种种因素，不仅增加了工伤事故整体风险，而且使得我国的安全生产状况呈现出纷纭复杂的现象。

当前，我国正处于快速城市化和工业化时期，越来越多的农业剩余人口流入非农业领域，而第二产业中一些行业的机械化、现代化生产方式的推广对劳动力造成的“替代效应”正在逐步显现，中小规模非国有经济由于对劳动力的吸纳作用对稳定就业将有着国有经济不可替代的重要作用，市场化的方向不会逆转。由于经济体制变化对工伤事故冲击力强且持久，仅次于技术进步的冲击力，因此，对工伤事故的有效控制需要重点探寻改善非国有经济企业安全生产的有效手段。

（3）经济一体化也是影响工伤事故的重要因素。在1979～2008年，经济一体化基本上增加了工伤事故风险。这和前文对经济一体化的理论分析是一致的。经济一体化和产业技术转移，一方面提高了劳动生产率，另一方面，转移技术社会属性、国际产业转移特征及发展中国家在国际产业链中的低端地位等因素增加了事故风险。2002年以后，随着国有企业的股份制改革，国际金融资本和产业资本加强了对国内企业的收购和兼并，国内产业进一步和国际产业链融合，经济一体化程度进一步深化。这一经济因素对工伤事故灾害的影响可以从2003年后股份公司的事故灾害持续上升中窥见一斑。脉冲响应函数说明经济一体化冲击对工伤事故的影响持久而显著，并且在相当长的时期内是正向的，因此，经济一体化对工伤事故风险的影响是不容忽视的，需要加强对产业转移风险的监控和预防。

（4）在1979～2008年，技术进步对于工伤事故的影响权重比较低，远远不如产业结构、经济体制和经济一体化的影响显著。这一结果和我国产业技术水平整体较低的现实是符合的。技术进步冲击对事故灾害指标的影响比较复杂。技术进步冲击在较长时期内会降低事故10万工人死亡率，增加亿元产值死亡率。这可能是技术对劳动的“挤出效应”造成的。由于技术对劳动的替代作用，生产技术进步和大规模技术设备的使用，必然会降低劳动力数量，这种技术对劳动的“挤出效应”会导致生产过程中劳动力数量下降，从而降低事故10万工人死亡率。然而，这并不意味着事故灾害风险的降低。因为事故灾害除了带来人员损失，还会带来物质经济损失。高昂的现代化机械设备的采用和生产系统复杂的耦合作用，一旦事故发生，可能会造成更大的经济损失。

技术进步对工伤事故具有最显著的冲击作用。如前所述，技术具有的非对称涵义使得事故灾害作为技术灾害，其本身的防治也离不开技术进步。因此，对生产技术安全可靠性的控制和促进安全保护技术的发展成为有效控制工伤事故风险的最重要的手段。

(5) 在 1979～2008 年，人力资本的提升降低了工伤事故风险。然而人力资本的影响权重较小，这在一定程度上说明 1979～2008 年产业工人整体较低的素质影响了安全生产的总体水平。

2. 经济增长要素对交通事故的影响

表 7.6 综合比较了经济增长要素及其变动对交通事故的影响。

表 7.6　经济增长要素及其变动对交通事故的影响权重

项目	交通事故灾害指标	经济增长要素指标 权重大←→权重小				
1979～2008 年经济增长要素对指标的影响权重	LTNF	LIR (26.92)	LTEP (+3.87)	LOP (−3.17)	LER (−1.34)	LHR (−0.31)
	LTFRV	LIR (+5.08)	LOP (−0.74)	LER (+0.56)	LTEP (+0.43)	LHR (+0.16)
	LTFRP	LIR (+2.86)	LTEP (+0.63)	LER (+0.16)	LOP (−0.16)	LHR (+0.2)
经济增长要素变化对指标的贡献率	LTNF	**LHR** (+)	LOP (+)	LTEP (+　−)	LIR (+)	LER (+　−)
	LTFRV	**LHR** (−)	**LTEP** (+)	LER (+)	LOP (−)	LIR (−)
	LTFRP	**LHR** (+)	LOP (+)	LTEP (+　−)	LIR (+)	LER (−)

注：“+”、“−”表示该要素正向冲击能增加或降低事故风险，黑体表示冲击力权重高于 15%。

1979～2008 年，产业结构是影响交通事故的显著因素，但产业结构冲击对交通事故的影响并不显著，远低于人力资本、技术进步和经济一体化的影响。因此，调整产业结构虽然有利于降低交通事故灾害风险，但却不是改善交通事故风险的快捷手段。加强对人与技术的有效控制及对经济一体化负面影响的预防和监控才是有效降低交通事故风险的重要途径。

3. 经济增长要素对火灾的影响

表 7.7 综合比较了经济增长要素及其变动对火灾事故的影响。

表 7.7 经济增长要素及其变动对火灾事故的影响权重

项目	火灾事故灾害指标	经济增长要素指标				
		权重大←————————→权重小				
1979～2008 年经济增长要素对指标的影响权重	LFNF	LIR (+5.7)	LER (−0.55)	LHR (−0.35)	LOP (−0.16)	LTEP (−0.11)
	LFR	LIR (+17.49)	LOP (−4.36)	LHR (+1.01)	LTEP (+0.97)	LER (−0.1)
	LFFR	LIR (+8.3)	LOP (−0.7)	LER (−0.64)	LHR (−0.39)	LTEP (+0.22)
经济增长要素冲击对指标的贡献率	LFNF	**LIR** (+ −)	**LOP** (+ −)	LHR (−)	LTEP (−)	LER (+)
	LFR	**LOP** (− +)	**LTEP** (− +)	**LIR** (+)	LER (+ −)	LHR (+)
	LFFR	**LTEP** (− +)	**LER** (+)	LHR (−)	LIR (+ −)	LOP (+ −)

注："+"、"−"表示该要素正向冲击能增加或降低事故风险，黑体表示冲击力权重高于 15%。

在 1979～2008 年，经济增长要素对火灾有不同程度的影响，其中，产业结构是 1979～2008 年影响火灾的最重要因素。并且由于产业结构冲击对火灾的影响比较显著，因此，调整产业结构是控制火灾风险的有力手段。

在 1979～2008 年，经济一体化是影响火灾的重要因素，仅次于产业结构。它降低了火灾损失率和火灾死亡率。但经济一体化冲击对火灾的效应是复杂的，在中短期会引起火灾损失率下降，长期又会增加火灾损失率。经济一体化冲击在中短期会引起火灾死亡人数和火灾事故死亡率上升，长期则会降低这两个指标。并且，经济一体化对火灾的冲击持久而显著，因而，并不能由此断言，经济一体化有利于降低火灾风险，需要做更深入研究。

在 1979～2008 年，技术进步虽然并不是影响火灾的显著因素，但是技术进步对火灾的影响比较复杂。技术进步降低了火灾事故死亡人数，却增加了火灾损失率和火灾事故死亡率。并且技术进步冲击对火灾风险的作用最突出。因此，对技术的监控是降低火灾风险的重要途径。

在 1979～2008 年，经济体制因素对火灾有一定影响，并且其影响比较复杂。经济体制转轨冲击会增加火灾事故死亡率，在中短期会增加火灾事故损失率，进入长期又会降低火灾事故损失率。

7.6 本章小结

本章综合运用经济增长理论、产业结构演化理论、安全科学、发展经济学及社会学相关理论，分别分析了产业结构、人力资本、技术、经济一体化、经济体制等经济增长要素与安全风险的关系，采用动态计量分析工具论证了 1979～2008 年我国经济增长要素与事故灾害指标时间序列数据，实证分析了经济增长动力机制与事故灾害的关联性。研究得出的主要结论如下。

经济增长要素与事故灾害之间存在着长期关联性。经济增长要素对不同类型事故灾害的影响力是动态变化的，且有较大差异。由于经济增长要素在一定程度上体现了经济增长机制，因此，可以说，经济增长机制对事故灾害是有影响的，但是对不同类别的事故灾害影响不同。

(1) 一方面，产业结构是 1979～2008 年影响我国工伤事故、交通事故和火灾的最显著因素，工业化增加了我国社会的整体风险。另一方面，尽管产业结构对工伤事故和交通事故有着持续稳定的影响，然而相对于其他经济增长要素，其冲击作用并不突出。技术进步、经济体制和经济一体化冲击对工伤事故和交通事故的影响力更强。因此，调整产业结构虽然能够改善工伤事故和交通事故风险状况，但不是快捷的方式。需要将关注的重点放在技术控制、提升人力资本及减少经济一体化和经济体制不利影响等方面。产业结构也是影响火灾的最突出因素，并且产业结构冲击对火灾的影响较显著。

(2) 经济一体化是影响工伤事故、交通事故和火灾的重要因素。

经济一体化对事故灾害的影响复杂而持久。一方面，贸易发展和产业技术转移，提高了劳动生产率；另一方面，国际产业梯度转移规律、技术社会属性及发展中国家在国际产业链中的低端地位等因素增加了工伤事故、交通事故和火灾风险。我国加入世界贸易组织后，国内经济与国际经济进一步融合，国外金融资本和产业资本加强了对国内产业的兼并和收购，产业技术转移的速度加快，并且与国内产业结构调整、区域经济发展及城市化进程交互耦合。由于经济一体化对事故灾害的影响集中体现在技术转移风险方面，因此，需要结合国情特点，分析经济一体化的安全脆弱性，加强对技术转移风险的评估和控制，制定具有可操作性的技术转移风险评估体系，并将其融入经济发展规划，使其成为经济发展规划的必要组成部分。

经济一体化成为影响工伤事故和火灾的显著因素，说明国际产业转移及我国在国际产业链中所处的地位对我国事故灾害的影响。因此事故灾害风险的控制需要不拘泥于一国的视角，从更加宽广的角度观察对事故灾害风险的控制。经济一体化的发展使得我国成为承接国际产业转移的重要地区，作为工业化进程中的发展中国家，我国在国际产业转移中所处的地位和参与国际劳动分工的特点使我国的安全生产整体风险和社会风险较高，这决定了我国安全生产工作的长期性与艰巨性。

（3）经济体制是影响工伤事故和火灾的重要因素。

在 1970～2008 年，经济体制因素对工伤事故风险的影响仅次于产业结构，并且经济体制对工伤事故的影响相对复杂、持久而显著。非国有经济复杂的经济成分、整体技术水平的落后、劳动密集和农民工密集等诸多因素，不仅使我国的安全生产状况呈现出纷繁复杂的表象，而且使其成为事故灾害聚集的领域。然而，事故灾害在非公有制经济的聚集并非单纯由市场化单一因素造成的，而是经济体制转轨进程中众多矛盾的综合作用。

经济体制冲击对事故灾害的影响复杂、持久而显著。经济体制因素的变动在一定程度上改变着工作场所的组织安排和员工的工作心理及行为，在初期可能会打破社会-技术系统内部社会因素和技术因素的平衡，从而增加安全生产风险。2003 年以后，股份有限公司和有限责任公司的 10 万工人死亡率的上升有力地说明了经济体制冲击对工伤事故的影响。因此，在进行企业经济体制改革过程中，尤其需要加强安全生产监管和对企业组织风险进行监控，有效地化解经济体制变动引发的一系列社会经济因素对工作场所安全的负面冲击。

快速城市化和工业化推动着越来越多的农业剩余人口流入非农业领域，第二产业中一些行业的机械化、现代化生产方式的推广对劳动力造成的“替代效应”正在逐步显现，由于对劳动力的吸纳作用，中小规模非国有经济对稳定就业将有着国有经济不可替代的重要作用，市场化的方向不会逆转。因此，控制事故灾害的关键不在于“国进民退”抑或“民进国退”，而需要进一步完善安全监控手段，加强安全生产监管，以有效地平衡市场化等经济体制改革引发的一系列社会经济因素对工作场所安全的影响。

（4）技术变化对工伤事故、交通事故和火灾的冲击作用显著。但是，在 1979～2008 年，技术进步对于工伤事故和火灾的影响权重均比较低，远远不如产业结构、经济体制和经济一体化的影响显著，这可能是社会生产整体技术水平较低造成的。技术冲击对事故灾害指标的影响比较复杂。技术进步对劳动的“挤出效应”会导致生产过程中劳动力数量的下降，从而降低事故灾害中人的损失，然而，高昂的现代化机械设备的采用和生产系统复杂的耦合作用可能会导致更大的经济损失。

技术具有的非对称涵义说明事故灾害作为技术灾害，其本身的防治一样离不开技术进步。因此，对生产技术安全可靠性的控制和促进安全保护技术的发展成为有效控制事故风险的最重要的手段。

(5) 人力资本变化对工伤事故、交通事故和火灾的影响均比较显著。人员素质的提高有利于降低事故灾害风险。然而，在 1979～2008 年，人力资本对工伤事故和火灾的影响权重较小。这在一定程度上说明了 1979～2008 年产业工人整体较低的素质影响了安全生产的总体水平。

此外，需要说明的是，经济增长要素对同类事故灾害指标的影响存在差异。因此，在判断评价事故灾害风险时，对指标的筛选和说明是必需的。用某种单一的指标说明事故灾害风险与经济增长的关联性是不充分的。

第 8 章 区域经济增长与安全风险

我国经济增长和安全风险呈现特定的空间分布特征。为了深入理解安全风险与经济增长的交互作用关系，除应关注两者时序上的关联性外，还需要分析两者的空间分布特征及其关联性。目前对于事故灾害空间分布特征及其与经济发展关系的研究，多集中于省市尺度上的统计比较，而采用区域尺度进行的研究尚不多见。由于省级单位数量较多，信息叠加的结果不利于从整体上把握事故灾害的空间分布特征及其内在的规律性。因此，本章以 4 大经济区域为基本单元，在对事故灾害和经济增长区域空间分布特征描述的基础上，采用面板回归模型分析事故灾害与经济增长的关联性。

8.1 事故灾害区域空间分布特征描述

8.1.1 区域空间的划分

我国目前有 31 个省级的行政区，地区间的地理条件、资源禀赋、经济和社会发展水平存在较大差异。国家“十一五”规划将我国经济空间分别划分为东部、中部、西部和东北地区。其中，东部地区包括北京、天津、河北、山东、广东、海南、福建、上海、江苏、浙江等 10 个省区或直辖市；中部地区包括山西、安徽、江西、河南、湖北、湖南等 6 个省区；西部地区涵盖了重庆、广西、四川、贵州、云南、西藏、陕西、甘肃、青海、宁夏、新疆、内蒙古等 13 省区；东北三省则包括辽宁、吉林、黑龙江。

8.1.2 事故灾害区域分布特征

1. 工伤事故区域分布

我国各经济区域安全生产状况差别较大，四大经济区域工伤事故死亡人数和事故发生起数分布如图 8.1 和图 8.2 所示。从图中可以看出，西部地区因工伤事故造成的死亡人数绝对值最高，东部地区次之，中部地区第三，东北地区最少。在事故发生频率方面，2005 年以前，东部地区工伤事故的发生频率绝对值最高，西部地区次之，东北地区第三，中部地区最少。2005 年后，西部地区工伤事故发生频率超过东部地区，成为每年工伤事故发生频率最高的区域。在发展趋势方面，2003 年以前，四大区域的工伤事故死亡人数和事故发生频率均快速上升，2003 年以后则呈现出不同程度的下降。

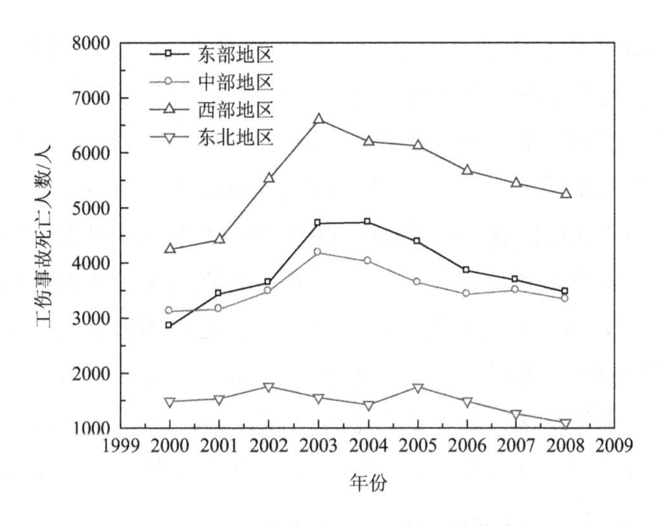

图 8.1　工伤事故死亡人数区域分布

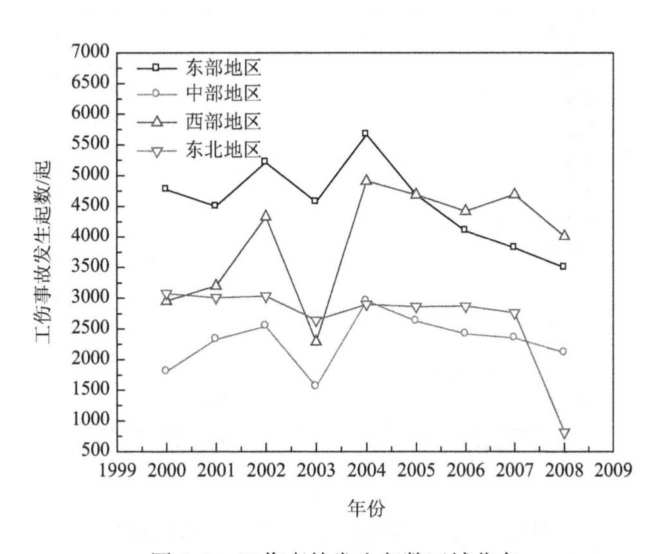

图 8.2　工伤事故发生起数区域分布

下面进一步计算各经济区域工伤事故亿元产值死亡率和10万工人死亡率等事故灾害相对指标，比较各经济区域工伤事故风险强度。分别用F_{RW}和F_{RP}代表工伤事故10万工人死亡率和亿元产值死亡率，计算公式如下：

$$F_{RW}=\frac{F_n}{P_e} \tag{8.1}$$

$$F_{RP}=\frac{F_n}{Y_e} \tag{8.2}$$

式中，F_n为地区工伤事故死亡人数；P_e为地区就业人口；Y_e为地区生产总值。地区就业人口和地区生产总值数据来源于各年《中国统计年鉴》，地区工伤事故死亡人数来源于国家安全生产监督管理局及各年《安全生产统计年鉴》。计算结果如图8.3和图8.4所示。从图中可以清楚地看出，西部地区工伤事故的亿元产值死亡率明显高于其他区域，东部地区和中部地区的亿元产值死亡率相接近，东北地区最低。2003年以前，除东北地区以外的其他地区均呈现较明显的上升趋势，2003年以后，四大区域工伤事故的亿元产值死亡率均呈现下降趋势，其中西部地区的下降幅度最为明显。在工伤事故10万工人死亡率方面，西部地区和东北地区较高，中部地区次之，东部地区最低，2003年以前，四大经济区域的10万工人死亡率均呈现上升趋势，2003年以后出现比较明显的下降趋势，然而各地区下降的幅度有很大差异。

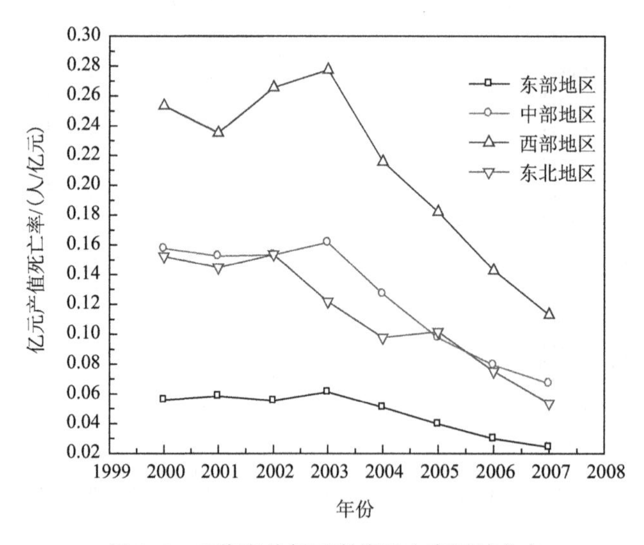

图8.3 工伤事故亿元产值死亡率区域分布

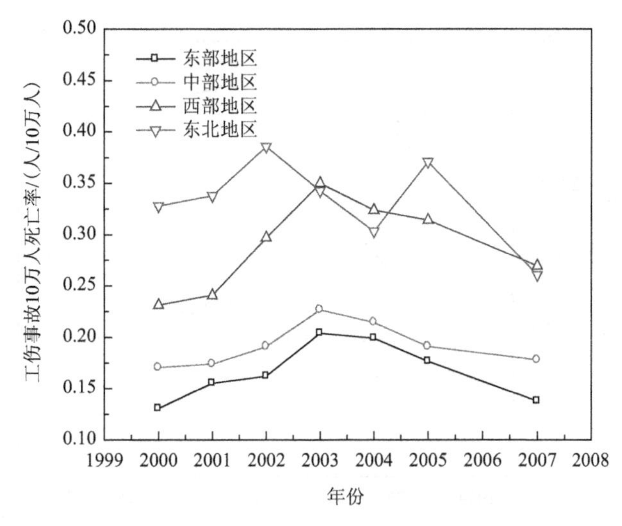

图 8.4　工伤事故 10 万工人死亡率区域分布

2. 交通事故区域分布

图 8.5 和图 8.6 描述了不同区域交通事故发生起数和受伤人数的变化及分布。从图中可以看出，东部地区的交通事故发生起数和受伤人数均明显高于其他区域，西部地区和中部地区次之，东北地区最低。2002 年以前，四大区域的交通事故发生频率和受伤人数均呈现快速上升趋势，2002 年后则快速下降。

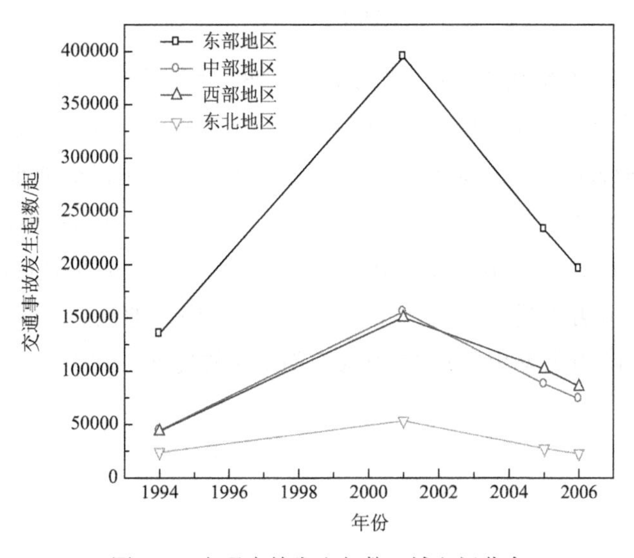

图 8.5　交通事故发生起数区域空间分布

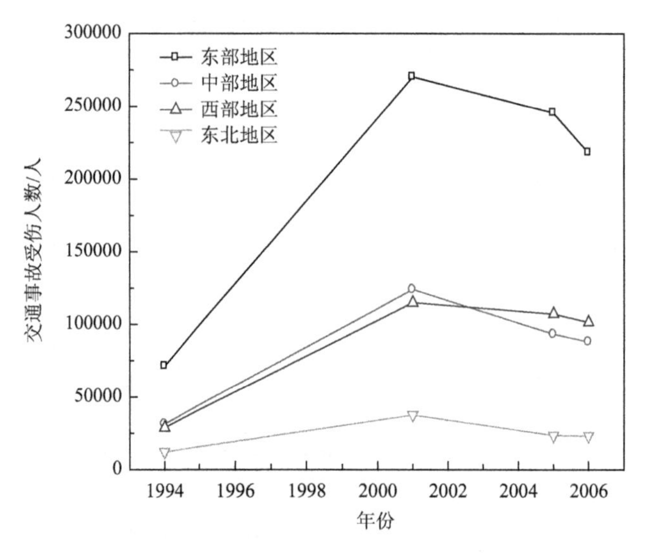

图 8.6　交通事故受伤人数区域空间分布

由于不同区域在面积、人口等方面存在较大差异，因此，单纯采用总量指标不能完全反映区域事故灾害风险差异。本书设计了交通事故 10 万人受伤率、区域交通事故 10 万人发生率指标。计算公式如下：

$$\mathrm{THR}_t = \frac{H_t}{P_t} \tag{8.3}$$

$$\mathrm{TOR}_t = \frac{N_t}{P_t} \tag{8.4}$$

式中，THR_t 为交通事故 10 万人受伤率；TOR_t 为交通事故 10 万人发生率；H_t 为交通事故受伤人数；P_t 为地区就业人口；N_t 为地区交通事故发生起数；t 为年度。地区就业人口数据来源于各年《中国统计年鉴》。地区交通事故数据来源于《全国道路交通事故统计资料汇编》、《中国安全生产年鉴》和《中国统计年鉴》。

计算结果如图 8.7 和图 8.8 所示。从图中可以看出，东部地区的交通事故 10 万人发生率和 10 万人受伤率均远高于其他区域。中部地区、西部地区和东北地区的交通事故 10 万人发生率和 10 万人受伤率比较接近，其中，中部地区的指标最低。

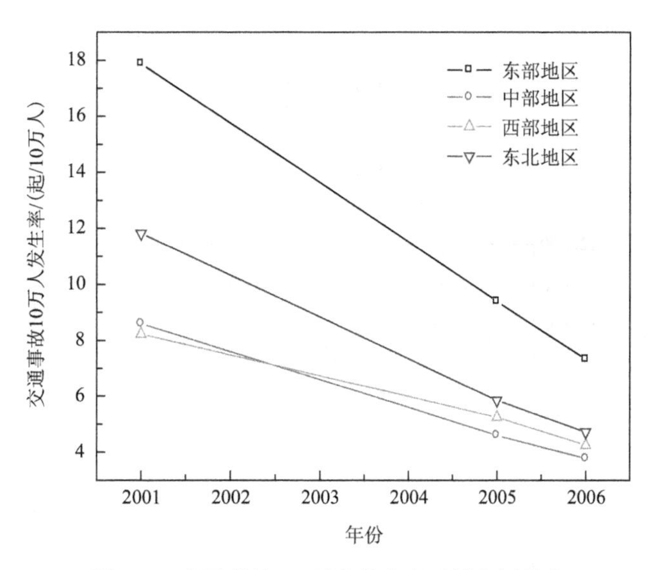

图 8.7　交通事故 10 万人发生率区域空间分布

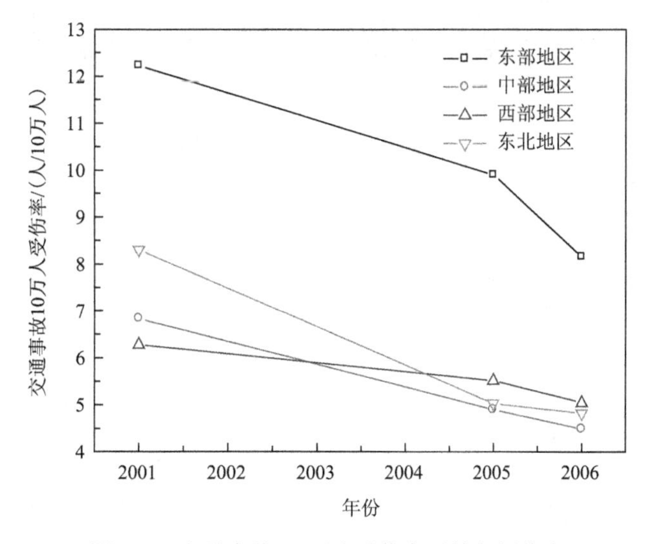

图 8.8　交通事故 10 万人受伤率区域空间分布

3. 火灾区域分布

在火灾发生起数和受伤人数方面，东部地区明显高于其他区域，如图 8.9 和图 8.10 所示。由于不同区域的面积和人口等均存在较大差异，为了更加合理地描述区域火灾事故风险，本书设计了火灾 10 万人受伤率和火灾 10 万人发生率指标。计算公式如下：

$$\mathrm{FHR}_t = \frac{H_t}{P_t} \tag{8.5}$$

$$\mathrm{FOR}_t = \frac{N_t}{P_t} \tag{8.6}$$

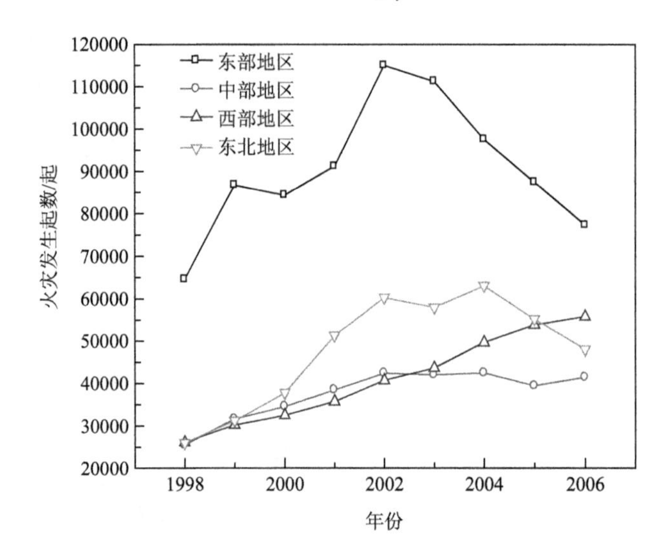

图 8.9　火灾事故发生起数区域分布

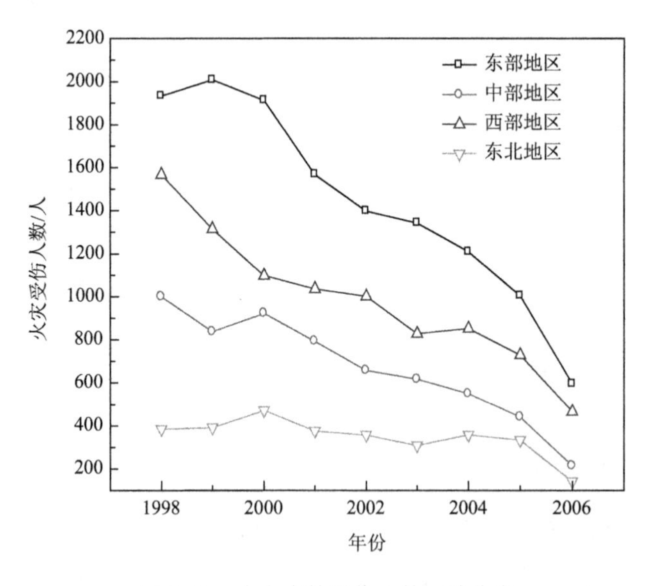

图 8.10　火灾事故受伤人数区域分布

式中，FHR_t 为火灾 10 万人受伤率；FOR_t 为火灾 10 万人发生率；H_t 为火灾受伤人数；P_t 为地区就业人口；N_t 为地区火灾发生起数；t 为年度。地区就业人口数据来源于各年《中国统计年鉴》。地区火灾发生起数和受伤人数均来源于各年《中国统计年鉴》。

计算结果如图 8.11 和图 8.12 所示。从图中可以看出，东北地区火灾 10 万人

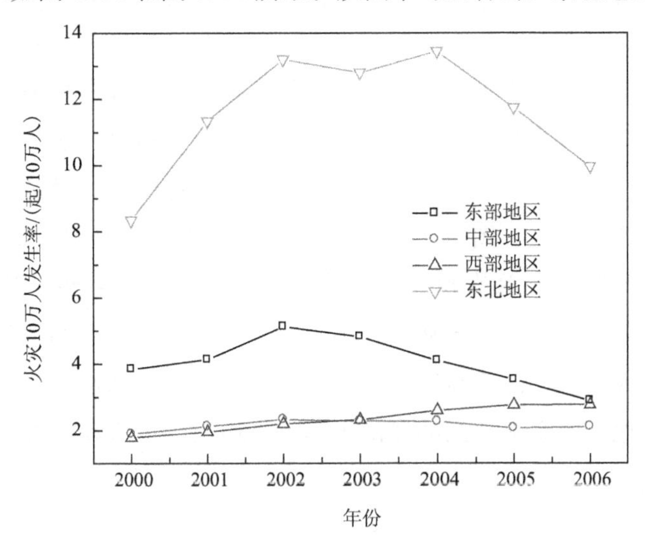

图 8.11　火灾 10 万人发生率区域分布

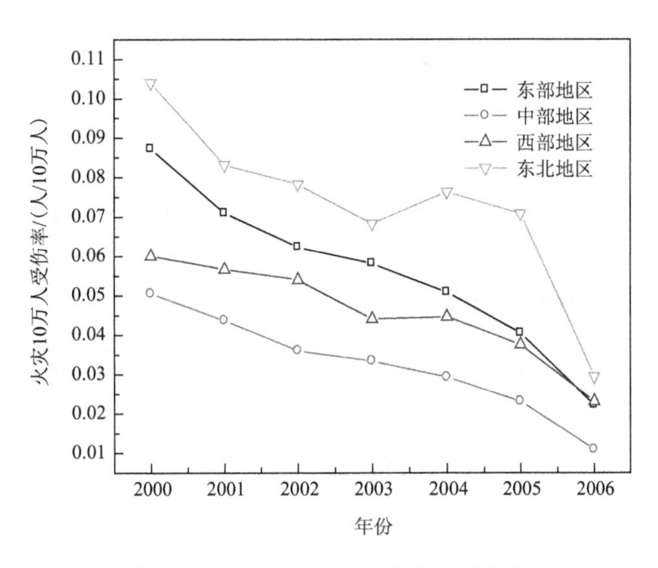

图 8.12　火灾 10 万人受伤率区域分布

发生率和受伤率最高，东部地区次之，西部地区第三，中部地区最低。2002年以后，在其他地区火灾发生频率持续下降的情况下，西部地区的火灾发生起数和10万人发生率却始终呈现稳定的持续上升趋势。

8.2 经济增长区域分布特征描述

由于受资源禀赋、历史基础、区位条件和社会条件等多种因素的影响，我国地区间生产力发展水平存在很大差异，呈现出非均衡增长态势。东部地区靠近沿海，具有优厚的社会经济条件，是我国的发达地区，其经济增长速度远远高于东北和中西部地区。图8.13和图8.14分别描述了2001～2007年我国四大经济区域的地区生产总值和地区人均生产总值的变化趋势。从图中可以看出，四大区域的经济规模分布从大到小依次为东部地区、中部地区、西部地区和东北地区，人均生产总值地区分布从大到小依次为东部地区、东北地区、中部地区和西部地区。东部地区的经济规模、人均生产总值和经济发展速度均远远超过其他地区。

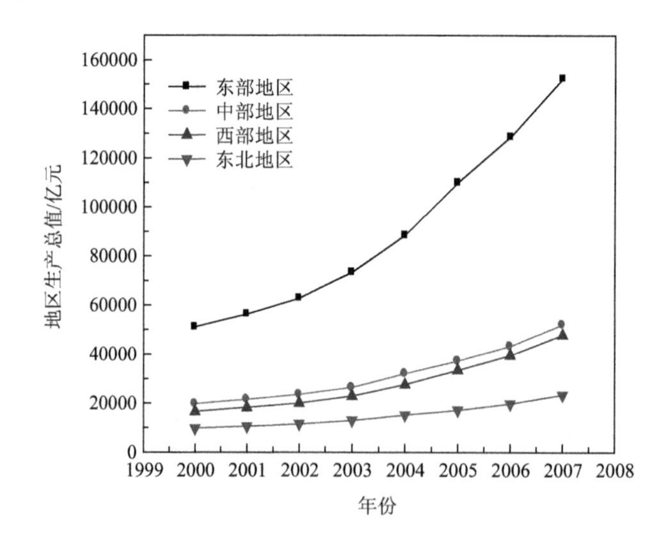

图8.13　地区生产总值区域分布

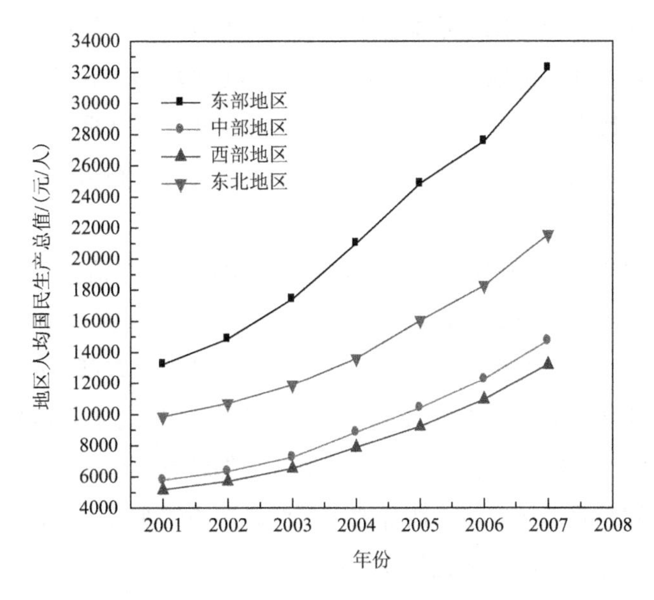

图 8.14　地区人均生产总值区域分布

四大经济区域在产业结构方面存在明显差异。如表 8.1 所示，在产业结构层面上，四大区域的三次产业分布均呈现出第二产业比重最高、第三产业次之、第一产业最低的现象，如表 8.1 所示。四大经济区域的三次产业结构形成非常鲜明的对比。四大区域第一产业比重从低到高排列顺序为东部、东北、中部和西部，

表 8.1　各地区三次产业比重　　（单位：%）

年份	东部地区			中部地区			西部地区			东北地区		
	第一产业	第二产业	第三产业	第一产业	第二产业	第三产业	第一产业	第二产业	第三产业	第一产业	第二产业	第三产业
2000	11.51	49.07	39.42	20.24	44.59	35.17	22.26	41.51	36.23	12.92	51.45	35.62
2001	10.94	48.68	40.38	19.41	44.90	35.69	21.00	40.72	38.28	12.82	50.06	37.11
2002	10.12	49.01	40.87	18.49	45.58	35.93	20.05	41.31	38.65	12.80	49.69	37.51
2003	9.13	51.42	39.45	16.82	46.77	36.40	19.39	42.85	37.76	12.38	50.75	36.87
2004	8.92	53.26	37.82	17.83	47.68	34.49	19.46	44.34	36.20	12.68	51.63	35.69
2005	7.89	51.56	40.55	16.67	46.77	36.56	17.69	42.79	39.52	12.79	49.62	37.59
2006	7.27	51.95	40.79	15.30	48.49	36.20	16.18	45.23	38.58	12.11	50.77	37.12
2007	6.88	51.47	41.65	14.60	49.45	35.95	15.97	46.32	37.70	12.12	51.44	36.44

其中，东北地区第一产业比重基本稳定，中部、西部和东部地区第一产业比重下降的速度较快，尤其东部地区第一产业比重与其他区域的差异呈现扩大趋势。四大区域第二产业比重的排列与第一产业的顺序完全相反，从低到高排列顺序依次为西部、中部、东北和东部，且均呈现明显的上升趋势。在第三产业方面，由低到高排列依次为中部、东北、西部和东部。

图 8.15～图 8.17 分别比较了四大区域的三次产业总产值占全国 GDP 比重的变化及趋势，从图中可以看出，四大区域三次产业总产值占全国 GDP 比重由高到低的排列顺序均为：东部、中部、西部和东北。其中，东部地区的三次产业产值均高于其他地区，尤其第二产业和第三产业产值远远高于其他地区。图 8.18 比较了不同经济区域第二产业就业人数占地区全部就业人数比重的变化，东部地区最高，中部和东北地区次之，西部地区最低。这说明东部地区的工业化程度高于其他地区，西部地区的工业化程度最低。然而，即使是经济发展相对发达的东部地区，第三产业比重也比较低，第二产业产值占到地区生产总值的一半以上，这说明我国四大经济区域均处于工业化阶段。

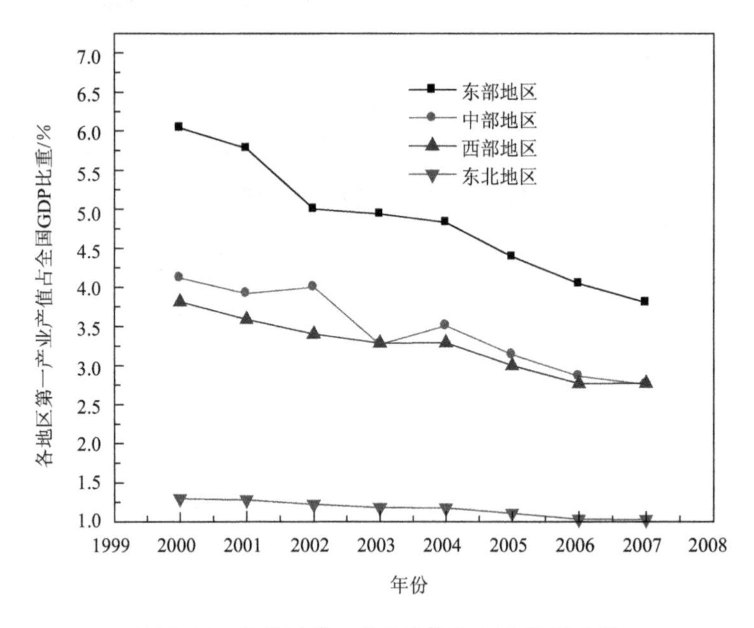

图 8.15　各地区第一产业产值占全国 GDP 比重

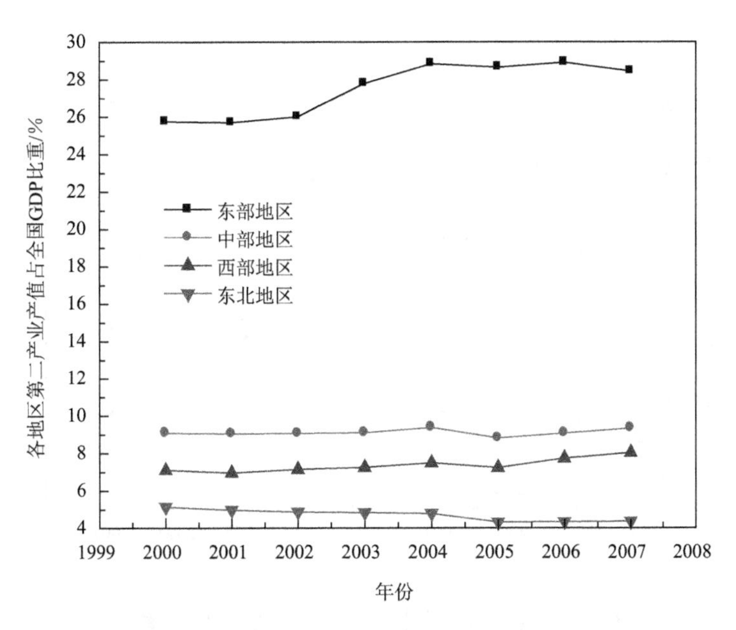

图 8.16　各地区第二产业产值占全国 GDP 比重

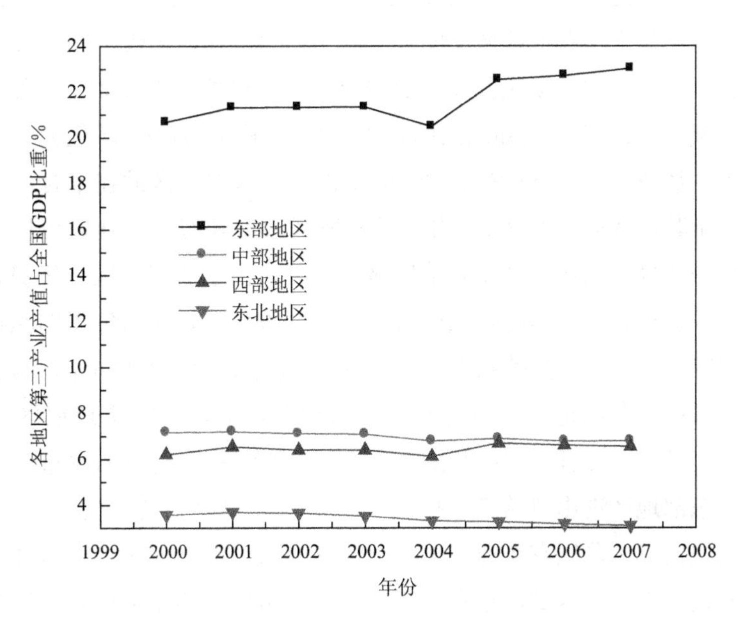

图 8.17　各地区第三产业产值占全国 GDP 比重

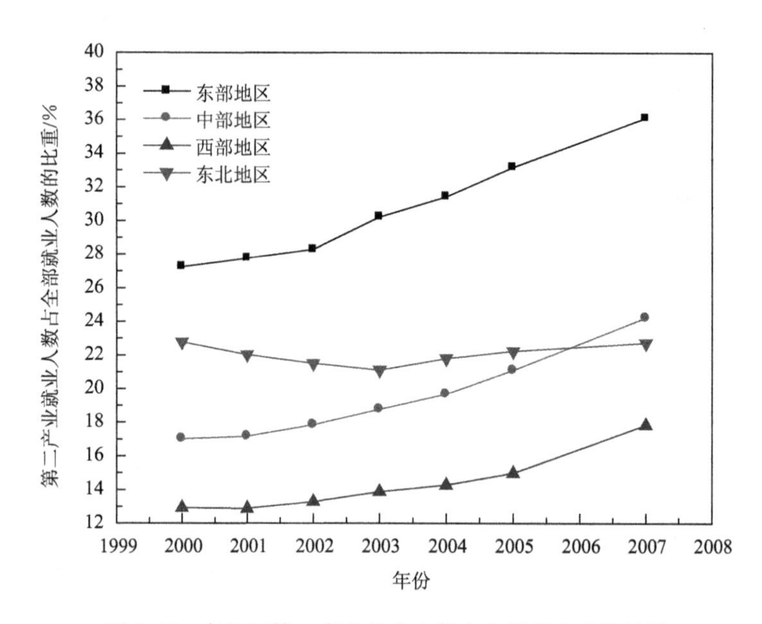

图 8.18　各地区第二产业就业人数占全部就业人数比重

此外，在技术进步、人力资本、对外开放和市场化程度等经济增长要素方面，东部地区明显优于其他区域。图 8.19～图 8.22 分别比较了四大经济区域在技术进步、对外开放和市场化程度方面的差异。在科技进步方面，东部地区明显高于其他区域。2007 年，东部地区的技术合同金额达 11749887 亿元，是西部地区的 4.7 倍。从图 8.19 可以看出，2002 年以后，东部地区的技术合同金额增长速度远远高于其他区域。图 8.20 描述了各地区教育经费的变化，可以看出，东部地区教育经费投入的比重高于其他区域。此外，由于地域和区位优势，东部地区一直是我国吸纳人力资本的重点区域，改革开放以后，人力资本向东部沿海地区集中的趋势更加明显。这使得东部地区人力资源的素质整体上高于其他区域。在对外开放方面，东部地区一直是我国承接国际产业转移的重点地区，图 8.21 比较了 2000 年以后各地区商品进出口总额占全国商品进出口的比重变化，从中可以看出，东部地区进出口始终维持在 88％以上，居绝对优势地位。图 8.22 描述了各地区规模以上非国有企业产值变化趋势，可以看出，东部地区非国有企业产值比重明显高于其他区域，这在一定程度上，可以说明东部地区的市场化程度高于其他地区。

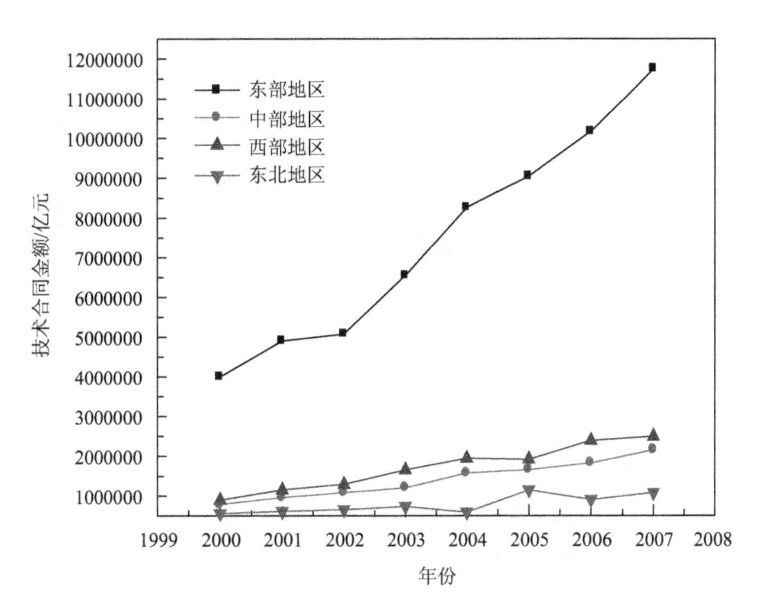

图 8.19　技术市场技术流向地域分布

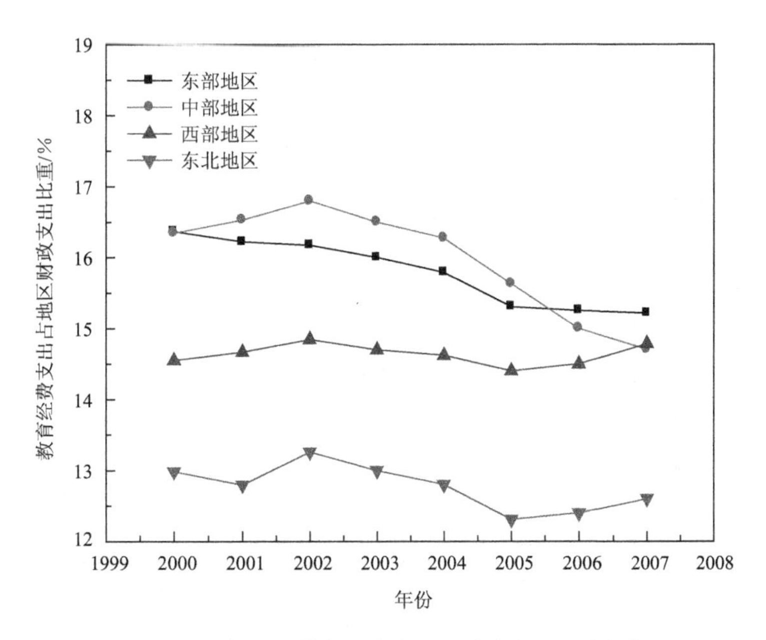

图 8.20　各地区教育经费占地区财政支出比重变化

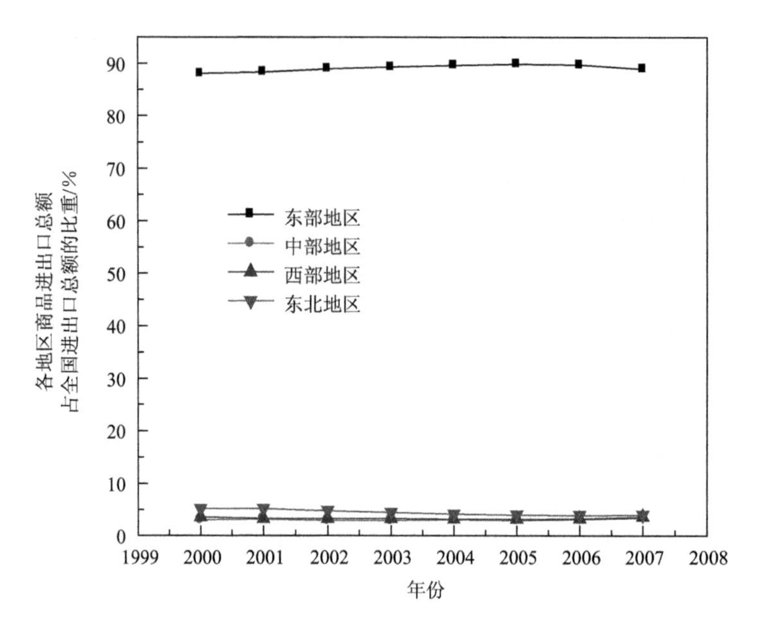

图 8.21　各地区商品进出口总额占全国比重

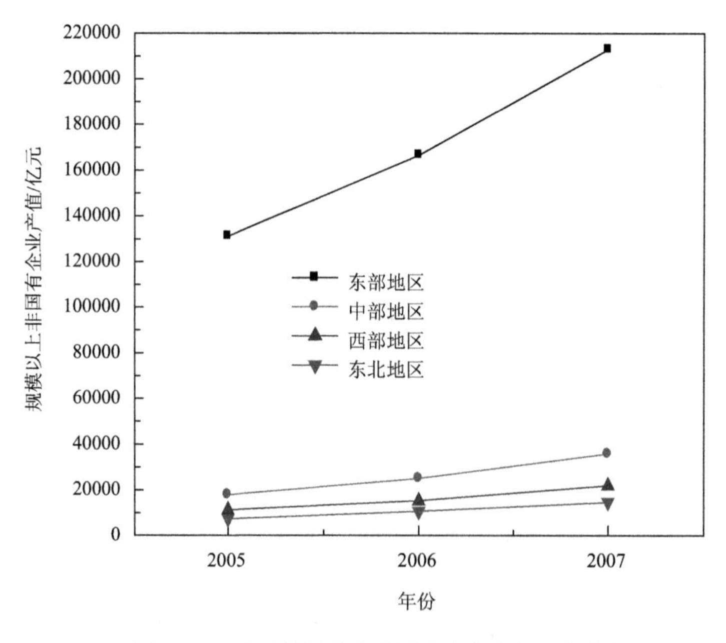

图 8.22　地区规模以上非国有企业产值变化分布

8.3　区域事故灾害与经济增长规模关联性统计描述

8.3.1　区域工伤事故与经济增长规模的关联性统计描述

如上所述，事故灾害与经济增长在区域空间分布上均呈现出显著的差异性特征，并且两者之间存在某种相似性。为了分析事故灾害与经济增长空间关联性，下面采用统计方法描述事故灾害与经济增长的空间分布特征。

图 8.23 和图 8.24 是 2007 年各地区工伤事故与人均 GDP 空间分布散点图。从图中可以看出，在工伤事故的空间分布方面，亿元产值死亡率与人均 GDP 之间呈现出鲜明的梯度特征，即人均 GDP 高的地区工伤事故亿元产值死亡率低。工伤事故 10 万工人死亡率与人均 GDP 的空间分布也存在一定的梯度特征，但是不如亿元产值死亡率突出。除了东北地区，其他区域的工伤事故 10 万工人死亡率与人均 GDP 之间存在较明显的梯度特征，即人均 GDP 越高，工伤事故死亡人数越低。这与前文“事故灾害与经济增长规模及周期的关联性”中得出的结论是一致的，即我国工伤事故相对指标随着经济增长规模的增大而下降。

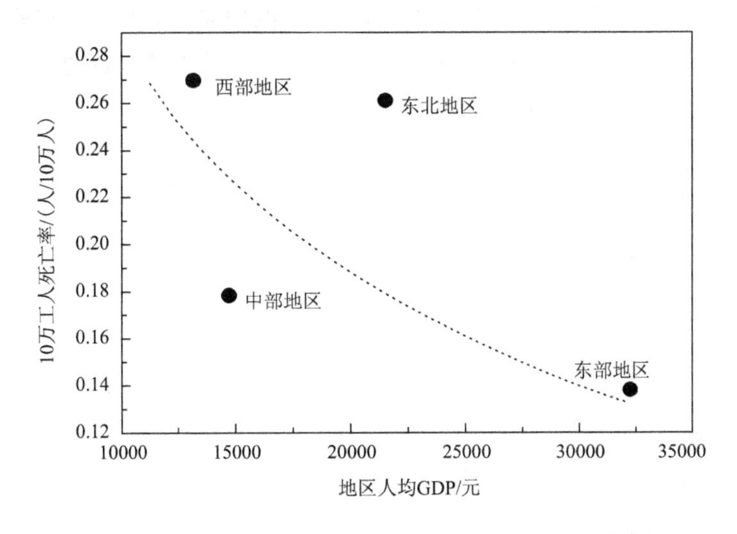

图 8.23　2007 年事故 10 万工人死亡率与人均 GDP 散点图

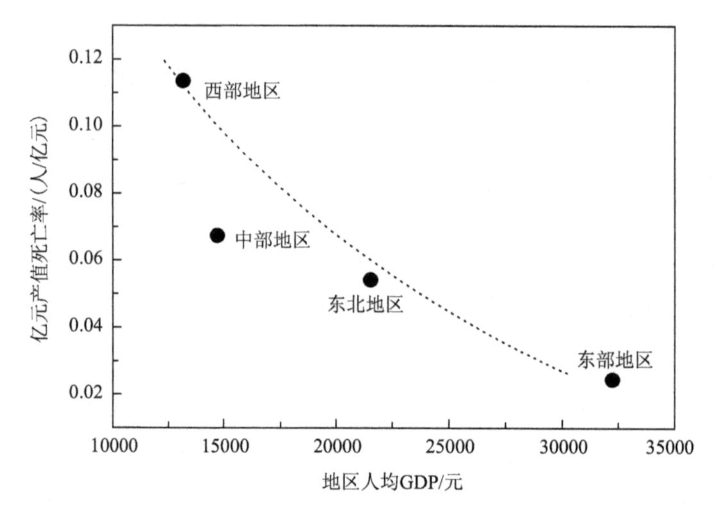

图 8.24　2007 年亿元产值死亡率与人均 GDP 散点图

8.3.2　区域交通事故与经济增长规模的关联性统计描述

图 8.25 和图 8.26 是 2006 年各地区交通事故与人均 GDP 空间分布散点图。从图中可以看出，交通事故与人均 GDP 之间存在着比较明显的梯度特征，即交通事故 10 万人发生率和死亡率均随着人均 GDP 的增加而上升。这与前文“事故灾害与经济增长规模及周期的关联性”中得出的有关结论是一致的，即我国交通事故风险随着经济增长规模的增大而上升。

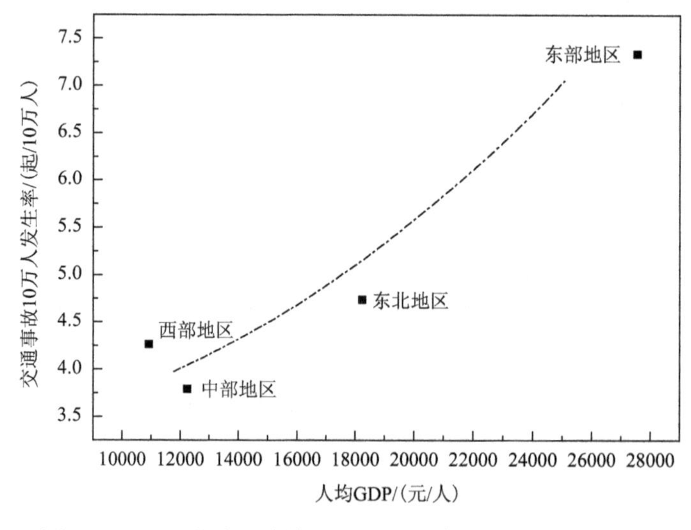

图 8.25　2006 年交通事故 10 万人发生率与人均 GDP 散点图

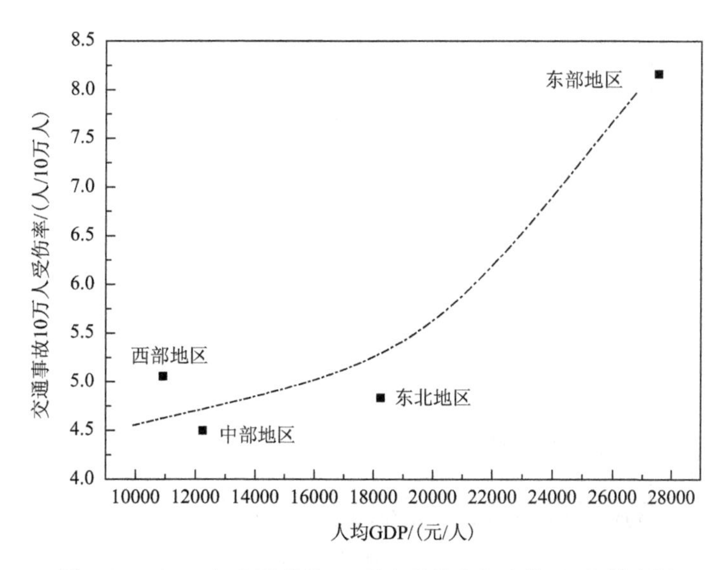

图 8.26　2006 年交通事故 10 万人受伤率与人均 GDP 散点图

8.3.3　区域火灾与经济增长规模的关联性统计描述

图 8.27 和图 8.28 是 2006 年各地区火灾与人均 GDP 空间分布散点图。从图中可以看出，虽然人均 GDP 较高的地区，其火灾 10 万人发生率和受伤率相对较高，但是梯度特征不如工伤事故和火灾那样鲜明。

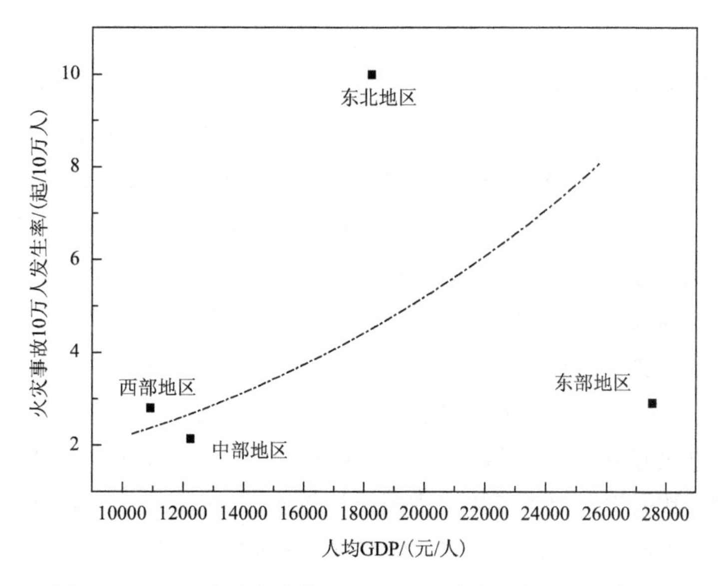

图 8.27　2006 年火灾事故 10 万人发生率与人均 GDP 散点图

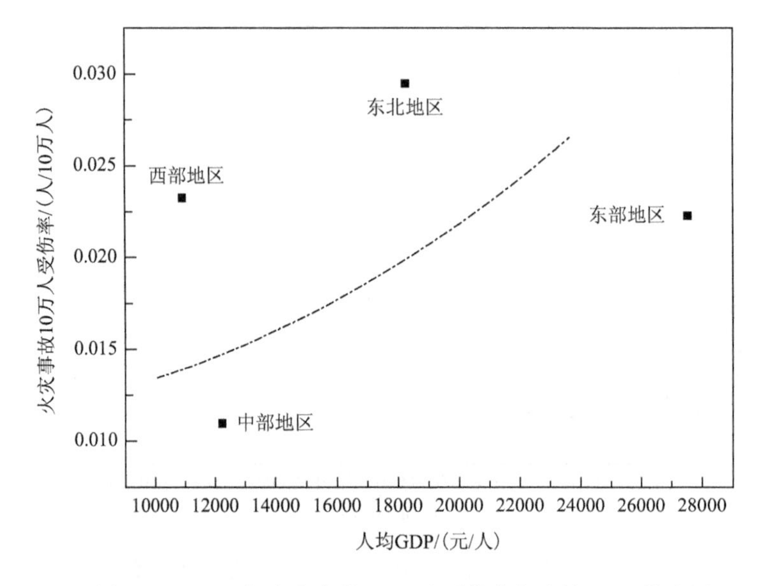

图 8.28　2006 年火灾事故 10 万人受伤率与人均 GDP 散点图

8.4　区域事故灾害与经济增长的关联性面板回归分析

8.4.1　数据说明

采用 2000～2007 年四大经济区域的事故灾害和经济增长数据构建面板数据集。分别采用工伤事故死亡人数、工伤事故 10 万工人死亡率和工伤事故亿元产值死亡率描述区域工伤事故灾害，其对数序列依次记为 $LONF_i$、$LOFRW_i$ 和 $LOFRE_i$。采用交通事故发生起数、交通事故 10 万人发生率和交通事故 10 万人受伤率描述区域交通事故灾害，其对数序列依次记为 LTN_i、$LTNR_i$ 和 $LTHR_i$。采用火灾事故发生起数、火灾 10 万人发生率和火灾 10 万人受伤率描述区域火灾，其对数序列依次记为 LFN_i、$LFNR_i$ 和 $LFHR_i$。数据均来源于《中国安全生产年鉴》。采用地区人均产值、地区二产比重、地区进出口商品比重、地区非国有企业产值、地区技术合同金额比重和地区教育经费支出等综合指标表示经济增长，其对数序列依次记为 LAG_i、LIR_i、LOP_i、LMR_i、$LTEP_i$ 和 LHR_i。区域经济增长相关数据均来源于各年《中国统计年鉴》，区域工伤事故数据来源于各年《中国安全生产年鉴》及国家安全生产监督管理局，区域交通事故数据来源于《全国道路交通事故统计资料汇编》、《中国安全生产年鉴》和《中国统计年鉴》。

8.4.2　模型方法

由于不同地区的安全生产和经济增长时间序列是具有三维（个体、时间和指标）信息的数据结构，这种数据结构通常被称为面板数据。本书利用四大经济区域的安全生产和经济增长数据建立面板数据模型，对各个地区的安全生产与经济增长之间的空间关联性进行对比分析。

常用的面板回归模型有混合回归模型、固定效应模型和随机效应模型等[143,144]。建立面板数据模型的第一步便是检验样本数据究竟符合哪种面板模型形式，从而避免模型设定的偏差，改进参数估计的有效性。Eviews6.0 可以直接进行回归模型判别的 Hausman 检验。首先对事故灾害和经济增长面板数据进行 Hausman 检验，确定回归模型的种类。Hausman 检验结果如表 8.2 所示。观察 Hausman 统计量的概率均为 0，即检验结果均拒绝了随机效应模型原假设，应该建立固定效应模型。

表 8.2　事故灾害和经济增长面板数据 Hausman 检验结果

因变量	统计值	d. f.	概率
LONF	4.09	(3，26)	0.0165
LOFRW	12.15	(3，26)	0.0000
LOFRE	8.09	(3，22)	0.0008
LTN	14.16	(3，26)	0.0000
LTNR	5.28	3	0.0520
LTHR	17.15	3	0.0007
LFN	6.96	(3，18)	0.0026
LFNR	14.77	(3，26)	0.0000
LFHR	17.43	(3，26)	0.0000

注：概率为 0 则拒绝随机效应模型。

分别以 LONF、LOFRW、LOFRE、LTN、LTNR、LTHR、LFN、LFNR、LFHR 为因变量，以 LAG、LIR、LTEP、LHR、LOP、LMR 等经济增长变量为自变量，建立个体固定效应回归模型如下：

$$y_{it} = \alpha_i + m + \sum_{k=1}^{k} \beta_{ki} x_{kit} + u_{it}$$

式中，$i=1，2，3，4$，表示东部地区、中部地区、西部地区和东北地区等四大经济区域；$t=1,2,\cdots,8$，表示已知的8个时点；y_{it} 为事故灾害变量在 t 时点区域 i 的观测值；x_{kit} 为经济增长变量 k 在 t 时点区域 i 的观测值；m 为总体均值截距项；α_i 为个体截距项，表示个体成员 i 对总体平均状态的偏离；β_{ki} 为待估计的参数；u_{it} 为随机误差项。

8.4.3 结果及分析

1. 区域工伤事故与经济增长关联性的面板回归结果及分析

分别以 LONF、LOFRW 和 LOFRE 为因变量，以 LAG、LIR、LTEP、LHR、LOP、LMR 等经济增长变量为自变量，建立个体固定效应回归模型，采用 Eviews6.0 对建立的个体固定效应回归模型进行分析，回归方程主要参数如表 8.3 所示。各面板回归分析的 R^2 及调整 R^2 均在 0.96 以上，说明模型的拟合效果比较理想。

表 8.3 工伤事故与经济增长指标面板回归分析结果

变量	$LONF_i$ 面板回归方程			$LOFRW_i$ 面板回归方程			$LOFRE_i$ 面板回归方程		
	β_{ki}	标准差	T-统计量	β_{ki}	标准差	T-统计量	β_{ki}	标准差	T-统计量
C	−0.94	6.28	−0.15	−13.33	7.37	−1.81	−9.56	6.44	−1.49
LAG_i	−0.02	0.59	−0.03	0.25	0.69	0.36	0.09	0.58	0.17
LIR_i	0.72	1.13	0.63	2.43	1.33	1.83	1.19	1.20	0.99
$LTEP_i$	0.40	0.12	3.33	0.23	0.14	1.64	0.28	0.12	2.28
LHR_i	−0.47	0.95	−0.49	−1.51	1.12	−1.34	−1.15	0.97	−1.18
LOP_i	0.58	0.45	1.27	−0.06	0.53	−0.10	−0.002	0.46	−0.004
LMR_i	0.06	0.04	1.74	0.08	0.04	1.93	0.077	0.038	2.05
R^2		0.99			0.98			0.996	
调整 R^2		0.98			0.96			0.992	
F 统计量		156.43			47.61			246.96	

（1）工伤事故死亡人数与经济增长固定效应面板回归方程为

$$LONF_i = \alpha_i - 0.943 - 0.02LAG_i + 0.72LIR_i + 0.40LTEP_i - 0.47LHR_i + 0.58LOP_i + 0.06LMR_i \tag{8.7}$$

式中，$i=1,2,3,4$，$\alpha_1=-1.88$，$\alpha_2=0.76$，$\alpha_3=1.19$，$\alpha_4=-0.08$。

在面板回归方程（8.7）中，虽然 2000～2007 年四大经济区域的工伤事故死亡人数变化倾向相同，但区域差异显著。回归方程自变量按照系数绝对值从大到小依次为：LIR_i、LOP_i、LHR_i、$LTEP_i$、LMR_i、LAG_i。这说明区域经济增长规模及各要素对区域工伤事故死亡人数均有影响，但影响程度存在较大差异。第二产业比重、经济一体化、人力资本和技术进步对区域事故死亡人数影响较显著，经济体制对区域事故死亡人数的影响相对较弱。

（2）工伤事故 10 万工人死亡率与经济增长固定效应面板回归方程为

$$\begin{aligned} LOFRW_i = \alpha_i - 13.33 + 0.25LAG_i + 2.43LIR_i + 0.23LTEP_i \\ - 1.50LHR_i - 0.056LOP_i + 0.086LMR_i \end{aligned} \quad (8.8)$$

式中，$i = 1,2,3,4, \alpha_1 = -0.88, \alpha_2 = 0.004, \alpha_3 = 0.62, \alpha_4 = 0.25$。

面板回归方程（8.8）中，虽然四大经济区域的工伤事故 10 万工人死亡率变化倾向相同，但通过比较 α_i 可以看出，2000～2007 年区域工伤事故 10 万工人死亡率存在显著差异，西部地区最高，东北地区第二，中部地区第三，东部地区最低。方程自变量按照系数绝对值从大到小依次为 LIR_i、LHR_i、LAG_i、$LTEP_i$、LMR_i、LOP_i。其中第二产业比重、人力资本、地区人均收入和技术进步是影响区域工伤事故 10 万工人死亡率的显著变量。

（3）工伤事故亿元产值死亡率与经济增长固定效应面板回归方程为

$$\begin{aligned} LOFRE_i = \alpha_i - 9.56 + 0.097LAG_i + 1.19LIR_i + 0.28LTEP_i \\ - 1.15LHR_i - 0.002LOP_i + 0.077LMR_i \end{aligned} \quad (8.9)$$

式中，$i = 1,2,3,4, \alpha_1 = -1.39, \alpha_2 = 0.32, \alpha_3 = 0.94, \alpha_4 = 0.14$。

面板回归方程（8.9）中，通过比较 α_i 可以看出，尽管在 2000～2007 年，四大区域工伤事故亿元产值死亡率变化趋势相同，但区域工伤事故亿元产值死亡率的差异较大。西部地区最高，中部地区第二，东北地区第三，东部地区最低。方程自变量按照系数绝对值从大到小依次为 LIR_i、LHR_i、$LTEP_i$、LAG_i、LMR_i、LOP_i。其中，第二产业比重、人力资本及技术进步是影响区域工伤事故亿元产值死亡率的显著变量。

综上所述，经济增长规模及经济增长要素对工伤事故灾害均有影响，都是工伤事故区域差异分布规律的解释变量。其中，经济增长规模虽然是影响工伤事故的因素之一，但却不是唯一的和最重要的变量。不同区域在第二产业比重、人力资本和技术进步等方面的差异才是形成工伤事故空间分布特征的重要因素，这一结果和前文的研究结论是一致的，这进一步说明影响工伤事故风险的重要因素不是经济增长规模，而是经济增长动力元素所体现的经济增长机制。

2. 区域交通事故与经济增长关联性的面板回归结果及分析

分别以 LTN、LTNR 和 LTHR 为因变量，以 LAG、LIR、LTEP、LHR、LOP、LMR 等经济增长变量为自变量，建立个体固定效应回归模型，采用 Eviews6.0 对建立的个体固定效应回归模型进行分析，回归方程主要参数如表 8.4 所示。面板回归分析的 R^2 及调整 R^2 均在 0.93 以上，说明模型的拟合效果比较理想。

表 8.4　交通事故与经济增长指标面板回归分析结果

变量	LTN_i 面板回归方程			$LTNR_i$ 面板回归方程			$LTHR_i$ 面板回归方程		
	β_{ki}	标准差	T-统计量	β_{ki}	标准差	T-统计量	β_{ki}	标准差	T-统计量
C	20.02	2.29	8.73	9.67	14.12	0.68	−13.63	7.92	−1.72
LAG_i	−0.91	0.11	−8.11	−2.16	1.34	−1.61	0.25	0.73	0.34
LIR_i	0.13	0.57	0.22	4.53	2.55	1.78	3.59	1.33	2.69
$LTEP_i$	−0.04	0.09	−0.45	−0.09	0.27	−0.33	0.11	0.15	0.76
LHR_i	−0.26	0.66	−0.39	−1.37	2.15	−0.64	−0.58	1.12	−0.52
LOP_i	0.47	0.18	2.60	0.009	1.02	0.009	−0.71	0.56	−1.26
LMR_i	−0.005	0.03	−0.16	−0.004	0.08	−0.05	0.05	0.04	1.18
R^2		0.996			0.96			0.97	
调整 R^2		0.994			0.93			0.95	
F 统计量		762.09			28.86			39.79	

（1）交通事故发生起数与经济增长固定效应面板回归方程为

$$LTN_i = \alpha_i - 20.02 - 0.91LAG_i + 0.13LIR_i - 0.04LTEP_i - 0.26LHR_i + 0.47LOP_i + 0.005LMR_i \quad (8.10)$$

式中，$i=1,2,3,4$，$\alpha_1=0.40$，$\alpha_2=0.21$，$\alpha_3=0.16$，$\alpha_4=-0.78$。

面板回归方程（8.10）中，通过比较 α_i 可以看出，在 2000～2007 年，四大区域交通事故发生起数变化趋势相同，并且区域交通事故发生起数的差异较大，东部地区最高，中部地区第二，西部地区第三，东北地区最低。方程自变量按照系数绝对值从大到小依次为 LAG_i、LOP_i、LHR_i、LIR_i、$LTEP_i$、LMR_i。其中，地区人均收入、经济一体化和人力资本是影响区域交通事故发生频率的显著因素。

（2）交通事故 10 万人发生率与经济增长固定效应面板回归方程为

$$LTNR_i = \alpha_i + 9.67 - 2.16LAG_i + 4.53LIR_i - 0.09LTEP_i - 1.37LHR_i + 0.009LOP_i + 0.004LMR_i \quad (8.11)$$

式中，$i = 1,2,3,4$，$\alpha_1 = 1.59$，$\alpha_2 = -0.78$，$\alpha_3 = -0.61$，$\alpha_4 = -0.20$。

面板回归方程（8.11）中，通过比较 α_i 可以看出，在 2000～2007 年，四大区域交通事故 10 万人发生率变化趋势虽然相同，但是区域差异较大，东部地区远高于其他区域，东北地区次之，西部地区第三，中部地区最低。方程自变量按照系数绝对值从大到小依次为 LIR_i、LAG_i、LHR_i、$LTEP_i$、LOP_i、LMR_i。其中，第二产业比重、人均收入和人力资本是影响区域交通事故 10 万人发生率的重要因素。

（3）交通事故 10 万人受伤率与经济增长固定效应面板回归方程为

$$LTHR_i = \alpha_i - 13.63 + 0.25LAG_i + 3.59LIR_i + 0.11LTEP_i - 0.58LHR_i - 0.71LOP_i + 0.05LMR_i \quad (8.12)$$

式中，$i = 1,2,3,4$，$\alpha_1 = 1.63$，$\alpha_2 = -0.67$，$\alpha_3 = -0.27$，$\alpha_4 = -0.69$。

面板回归方程（8.12）中，比较 α_i 可以看出，在 2000～2007 年，四大区域交通事故 10 万人受伤率变化趋势相同，但地区间差异较大，其中东部地区远高于其他区域，中部地区最低。方程自变量按照系数绝对值从大到小依次为 LIR_i、LOP_i、LHR_i、LAG_i、$LTEP_i$、LMR_i。其中，第二产业比重对区域交通事故 10 万人受伤率的影响最显著。

综上所述，交通事故与经济增长的面板回归结果表明，地区经济增长规模及要素对地区交通事故灾害均有不同程度的影响。其中，经济增长规模对交通事故影响虽然显著，但并不是唯一因素。第二产业比重和人力资本也是影响区域交通事故差异分布的关键因素。

3. 区域火灾与经济增长关联性的面板回归结果及分析

分别以 LFN、LFNR 和 LFHR 为因变量，以 LAG、LIR、LTEP、LHR、LOP、LMR 等经济增长变量为自变量，建立个体固定效应回归模型，采用 Eviews 6.0 对建立的个体固定效应回归模型进行分析，回归方程主要参数如表 8.5 所示。面板回归分析的 R^2 及调整 R^2 均在 0.95 以上，说明模型的拟合效果比较理想。

表 8.5 火灾与经济增长指标面板回归分析结果

变量	LFN_i 面板回归方程			$LFNR_i$ 面板回归方程			$LFHR_i$ 面板回归方程		
	β_{ki}	标准差	T-统计量	β_{ki}	标准差	T-统计量	β_{ki}	标准差	T-统计量
C	−25.6	14.22	−1.80	−38.56	12.53	−3.08	−1.75	13.99	−0.13
LAG_i	2.48	1.19	2.08	2.83	1.19	2.39	−0.69	1.33	−0.52
LIR_i	3.54	2.82	1.25	5.99	2.26	2.65	−3.81	2.52	−1.51
$LTEP_i$	−0.28	0.26	−1.07	−0.46	0.24	−1.89	0.33	0.27	1.23
LHR_i	2.49	2.53	0.98	−0.11	1.91	−0.06	4.88	2.13	2.29
LOP_i	−1.40	0.99	−1.40	−1.67	0.91	−1.84	0.82	1.01	0.81
LMR_i	0.01	0.077	0.19	0.05	0.08	0.63	−0.0004	0.08	−0.005
R^2		0.95			0.99			0.98	
调整 R^2		0.91			0.97			0.97	
F 统计量		18.89			69.57			59.47	

（1）火灾事故发生起数与经济增长固定效应面板回归方程为

$$LFN_i = \alpha_i - 25.63 + 2.49LAG_i + 3.54LIR_i - 0.28LTEP_i + 2.49LHR_i - 1.40LOP_i + 0.014LMR_i \tag{8.13}$$

式中，$i = 1,2,3,4, \alpha_1 = 2.51, \alpha_2 = -1.16, \alpha_3 = -0.04, \alpha_4 = -1.31$。

面板回归方程（8.13）中，比较 α_i 可以看出，在 2000～2007 年，四大区域火灾发生起数变化趋势相同，但存在较大差异。东部地区最高，中部地区最低。方程自变量系数，从大到小依次为 IR_i、HR_i、AG_i、OP_i、MR_i。这说明经济增长规模及各要素虽然对区域火灾发生频率均有影响，但影响的权重存在明显差异。其中，第二产业比重、人力资本和地区人均收入是影响区域火灾发生频率的重要变量。

（2）火灾 10 万人发生率与经济增长固定效应面板回归方程为

$$LFNR_i = \alpha_i - 38.56 + 2.83LAG_i + 5.99LIR_i - 0.46LTEP_i - 0.11LHR_i - 1.67LOP_i + 0.05LMR_i \tag{8.14}$$

式中，$i = 1,2,3,4, \alpha_1 = 2.65, \alpha_2 = -1.39, \alpha_3 = -0.19, \alpha_4 = -1.07$。

面板回归方程（8.14）中，比较 α_i 可以看出，在 2000～2007 年，四大区域火灾 10 万人发生率变化趋势相同，但彼此差异显著。其中，东部地区远高于其他区域，中部地区最低。方程自变量按照系数绝对值大小依次为 LIR_i、LAG_i、LOP_i、$LTEP_i$、LHR_i、LMR_i。其中，第二产业比重、地区人均收入和经济一体化对区域火灾 10 万人发生率的影响比较显著。

（3）火灾 10 万人受伤率与经济增长固定效应面板回归方程为

$$\begin{aligned} LFHR_i = & \alpha_i - 1.75 - 0.69LAG_i + 3.81LIR_i + 0.33LTEP_i \\ & + 4.88LHR_i + 0.82LOP_i - 0.00048LMR_i \end{aligned} \tag{8.15}$$

式中，$i = 1,2,3,4$，$\alpha_1 = -1.99$，$\alpha_2 = -0.27$，$\alpha_3 = 0.09$，$\alpha_4 = 2.18$。

面板回归方程（8.15）中，比较 α_i 可以看出，在 2000～2007 年，四大区域火灾 10 万人受伤率变化趋势虽然相同，但彼此差异较大。其中，东北地区最高，中部地区最低。根据自变量系数大小，经济增长因素对火灾 10 万人受伤率的影响力由大到小依次为 LHR_i、LIR_i、LOP_i、$LTEP_i$、LAG_i、LMR_i。其中，人力资本和第二产业比重对区域 10 万人受伤率的影响最为突出。

综上所述，火灾与经济增长面板回归的结果表明，火灾区域空间分布与经济增长有关。经济增长规模及经济增长要素均是影响火灾空间差异分布的因素，但是不同要素对火灾区域差异分布的影响存在较大差异。经济增长规模虽然是影响火灾空间分布的显著因素，却不是唯一的因素。第二产业比重、人力资本和经济一体化等因素对区域火灾差异分布的影响比较显著。

8.5　结论与启示

统计经济增长要素对各类事故灾害区域空间分布差异的影响权重并绘制表 8.6。

表 8.6　区域经济增长要素对事故灾害空间分布差异影响的权重比较

事故灾害指标		经济增长要素指标					
		权重大←					→权重小
工伤事故	$LONF_i$	LIR_i (0.72)	LOP_i (0.58)	LHR_i (−0.47)	$LTEP_i$ (0.4)	LMR_i (0.06)	LAG_i (−0.02)
	$LOFRW_i$	LIR_i (2.43)	LHR_i (−1.5)	LAG_i (0.25)	$LTEP_i$ (0.23)	LOP_i (−0.056)	LMR_i (0.086)
	$LOFRE_i$	LIR_i (1.19)	LHR_i (−1.15)	$LTEP_i$ (0.28)	LAG_i (0.097)	LMR_i (0.077)	LOP_i (−0.002)

续表

事故灾害指标		经济增长要素指标					
		权重大←					→权重小
交通事故	LTN_i	LAG_i (−0.91)	LOP_i (0.47)	LHR_i (−0.26)	LIR_i (0.13)	$LTEP_i$ (−0.04)	LMR_i (−0.005)
	$LTNR_i$	LIR_i (4.53)	LAG_i (−2.16)	LHR_i (−1.37)	$LTEP_i$ (−0.09)	LOP_i (0.009)	LMR_i (−0.004)
	$LTHR_i$	LIR_i (3.59)	LOP_i (−0.71)	LHR_i (−0.58)	LAG_i (0.25)	$LTEP_i$ (0.11)	LMR_i (0.05)
火灾	LFN_i	LIR_i (3.54)	LHR_i (2.49)	LAG_i (2.49)	LOP_i (−1.40)	$LTEP_i$ (−0.28)	LMR_i (0.014)
	$LFNR_i$	LIR_i (5.99)	LAG_i (2.83)	LOP_i (−1.67)	$LTEP_i$ (−0.46)	LHR_i (0.11)	LMR_i (0.05)
	$LFHR_i$	LHR_i (4.88)	LIR_i (3.81)	LOP_i (0.82)	LAG_i (−0.69)	$LTEP_i$ (0.33)	LMR_i (−0.00048)

从表中可以看出，虽然不同经济增长要素对事故灾害空间分布差异均有影响，但影响力存在明显差异。其中，第二产业比重对区域各种事故灾害的影响最显著。并且第二产业比重均会增加事故风险。说明我国第二产业比重较高造成包括工伤事故、交通事故和火灾在内的社会整体风险较高。这一结论和“经济增长动力因素与事故灾害的关联性”一章中得出的结论是一致的。再次证明了经济增长对事故灾害的结构效应。

除了第二产业比重之外的其他经济增长要素对不同类型事故灾害区域差异的影响程度存在较大差异。其中，人力资本是影响区域工伤事故、交通事故和火灾的重要变量，并且人力资本素质的提升均有利于降低区域事故灾害，说明提高包括产业工人在内的全体社会成员的整体文化素质是降低事故灾害的重要途径。

技术对区域事故灾害的影响虽然不如工业比重和人力资本的影响显著，但影响是复杂的，它对于同类事故灾害，一方面增加某些指标，另一方面又降低某些指标。例如，技术进步增加了区域工伤事故10万工人死亡率、交通事故10万人受伤率和火灾10万人受伤率，却降低了区域交通10万人事故发生率和火灾10万人事故发生率。技术进步在一定程度上增加了区域工伤事故风险，这一方面反映了技术进步的两面性，另一方面，也说明了控制生产技术的安全可靠性对降低事故风险的必要性。加强对技术的风险的控制和管理是控制事故灾害风险的重要途径。

经济增长规模对不同类型的事故灾害区域差异有一定影响。地区人均收入并不是影响工伤事故的显著因素，却是影响交通事故和火灾变量的显著因素。

地区经济一体化对工伤事故的影响较小，但对火灾和交通事故的影响比较显著。经济一体化对事故灾害风险的影响比较复杂，一方面增加某些事故的灾害指标，另一方面降低了某些事故灾害指标。例如，地区经济一体化降低了火灾事故 10 万人发生率和交通事故 10 万人受伤率，却增加了火灾事故 10 万人发生率。这反映了地区经济一体化对事故灾害影响的两面性。

地区经济体制因素对事故灾害差异的影响比较弱。这说明市场化并不是影响事故的显著因素，尽管市场经济发展在一定程度上增加了事故灾害风险并使得事故灾害呈现出纷繁复杂的表象，但这种影响远小于产业结构、人力资本、技术和经济一体化。这说明地区事故灾害控制需要在探寻多样化监控手段的同时，将战略重点放在产业结构、提高人员素质、加强技术风险监控等领域。

如前所述，我国四大经济区域的第二产业比重均比较高，占地区生产总值的一半以上，这使得我国事故灾害风险整体水平处于高位。西部地区在人力资本、技术、地区人均 GDP、经济一体化和市场化水平等方面均落后于其他区域，因而西部地区的亿元产值死亡率和工伤事故 10 万工人死亡率最高。

由于区位优势、政策倾斜等因素的影响，东部地区一直是我国承接国际产业转移的重点区域。2000 年以后，随着土地成本、能源成本、劳动力成本和环境成本的快速上升，东部产业结构优化升级压力加大。西部地区矿藏及能源聚集，随着西部大开发战略的实施，特别是国家鼓励东部外资企业到中西部再投资政策的实施，东部大量的民营资本、国有资本、国际金融资本和产业资本必将以融资、收购等多种渠道进入西部地区，带动西部地区的技术（尤其制造业低端环节的一些技术）转移，西部地区人力资本素质整体较落后，这必然会增加西部地区的制造业风险和社会整体风险，因此，亟须重点关注并研究西部地区的事故灾害，并对其重点监控。

8.6　本章小结

本章首先统计描述了我国事故灾害和经济增长区域空间分布差异性，采用 2000～2007 年我国四大经济区域面板数据，建立面板回归模型对区域事故灾害与经济增长的关联性进行分析，研究得出的主要结论如下。

（1）区域事故灾害与经济增长规模之间存在着比较鲜明的梯度空间规律。

这一空间规律证明了时序分析所得出的经济增长对事故灾害的规模效应是存在的。一般而言，工伤事故风险随着人均 GDP 的增加而下降，而火灾和交通事故灾害风险则随着人均 GDP 的增加而上升。

（2）经济增长规模是影响事故灾害区域空间分布的因素，但不是关键的和唯一的因素。

地区人均收入并不是影响工伤事故的显著因素，但却是影响交通事故和火灾变量的显著因素。经济增长动力因素所体现的经济增长动力机制的差异性是事故灾害区域差异规律的内在动因。其中，地区产业结构、人力资本、技术进步等因素的非均衡性是影响事故灾害区域差异分布的重要因素。

（3）经济增长动力要素是影响事故灾害空间分布特征的变量，但不同要素对于事故灾害区域的影响差异明显。

产业结构、人力资本、经济一体化方面的差异是影响事故灾害空间分布差异的显著变量，地区第二产业比重是增加交通事故、火灾和工伤事故灾害风险的显著因素；经济一体化对事故灾害风险的影响具有两面性，并且，地区经济一体化对工伤事故的影响较小，但对火灾和交通事故的影响比较显著；地区经济体制因素对事故灾害的影响相对较弱，说明市场化并不是影响区域事故灾害的显著因素，尽管市场经济发展在一定程度上增加了事故灾害风险并使得事故灾害呈现出纷繁复杂的表象。

安全环境与主体安全行为特征 第9章

安全与经济增长交互作用的动态现象能在宏观层次上加以描述，但不能在宏观层次上得到解释。微观行为是宏观经济或安全风险表现的基础，安全风险动态演化是一个由微观层次上的不同个体之间复杂交互作用的结果，是一个微观机制作用的宏观现象涌现。事故灾害系统的参与主体包括政府及其监管机构、企业、劳动者和社会居民等。控制安全风险的关键是对参与主体的安全行为进行考察，探寻安全与经济增长交互作用的微观机理，为寻求事故灾害的有效控制途径提供思路。

9.1 安全环境特征

9.1.1 安全生产的社会-技术系统

企业生产过程中，需要遵循自然界物质运动规律，采取物质技术措施控制危险因素，努力降低或消除生产过程中所使用的能量、设备、原材料和人工自然环境等物质因素发生变化而带来的不利影响。导致事故发生的主要原因有特殊的工作性质、恶劣的工作条件、人的行为及低级的安全管理水平等。其中，生产过程中存在的有潜在危险的生产过程或环节是引发人身伤害、环境污染与财物损失的源头。人是劳动活动的主体，生产事故的演变与发展受人的行为的影响，不适当的行为可能将隐患、危险转化为事故，而适当的行为则可能将隐患、危险转化为正常状态。由于人类社会生产从来不是个人的孤立行为，而是在人与人之间形成一定社会关系条件下进行的社会生产活动。在社会生产过程中，担当不同社会角色的人们利用当前的技术手段进行符合这些角色的个人（职业）专门活动。因此，任何一个复杂的人-机-环境系统都可以视为社会-技术系统，任何安全问题都有其特定的社会生产关系背景，而任何事故灾难的发生，均是在一定社会经济和技术条件下产生的，是社会、技术等多种因素共同作用的结果。安全取决于人们对工作过程中社会技术因素的协调与控制，以避免发生意外事故，造成人员伤亡、环境污染或财产损失。因此，研究企业组织的安全行为和事故问题，需要关注组织嵌入其中的社会、经济和技术过程的动态变化，将社会和技术的因素结合起来，综合分析复杂社会技术系统的全面的可靠性。

企业是在一定的社会历史阶段、一定的时间和空间中存在的，它与具体社会环境相互作用、相互依存，并随着经济发展和科技进步进行着深刻的变革，具有复杂社会技术系统性质的企业本身也是更大的社会-技术系统中的组成单元，如图 9.1 所示。

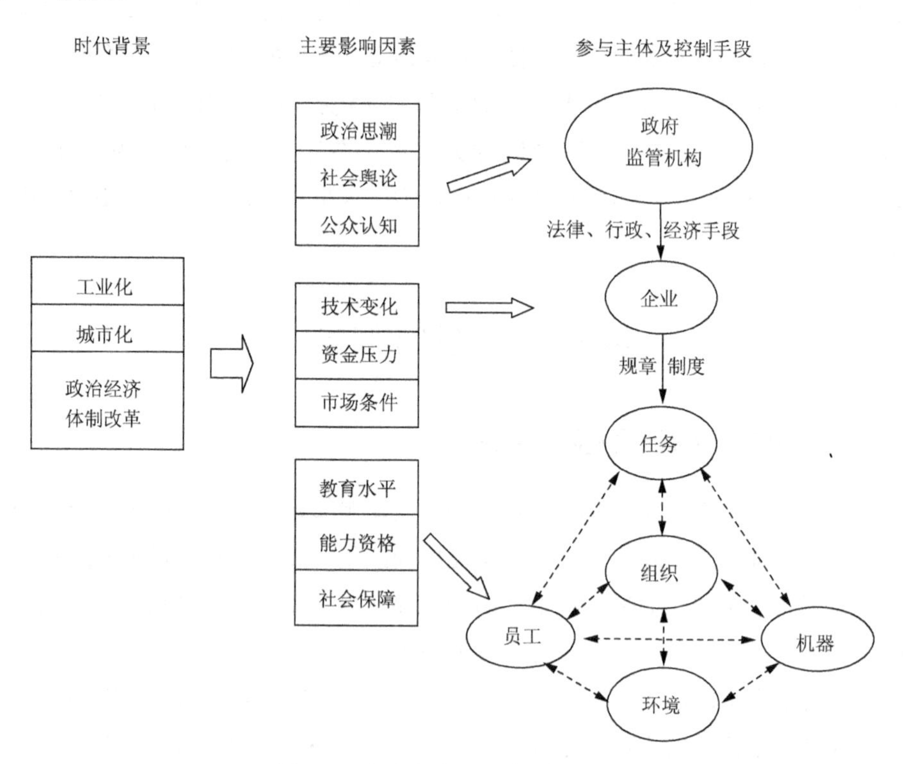

图 9.1　安全生产的社会-技术系统

安全生产监督与管理自上而下涉及政府、监管机构、行业主管、企业、员工等众多的主体。其中，企业作为安全投入—产出决策的制定者，是安全生产活动的主体，也是安全生产监督管理的关键对象。随着社会主义经济体制改革的顺利推进，经济体制正在从传统的、高度集中的社会主义计划经济转向有中国特色的社会主义市场经济体制。在市场经济环境中，企业作为自主经营、自负盈亏的独立经济体，其生产的主要目的是创造有竞争力的产品，因而生产管理的主要目标是使企业的关键生产过程产生的利润最大化，从这一角度上看，安全生产管理通常被企业视为关键生产过程的限制因素而非主要目标，这就意味着企业必须在可接受的安全生产水平的约束下追求关键生产过程的利润最大化。所谓可接受的安全生产水平则主要取决于政府对企业安全生产约束边界的设定。政府作为主要的监管主体，通常利用法律机制通过制定与实施相关的法律法规为企业设定安全生产约束边界，并通过法律手段、行政手段和市场手段影响企业安全生产的目标与决策，其中，行政手段是中国安全生产监管惯常采用的手段。然而，由于政府在特定时期内面临着经济发展、充分就业、贸易平衡、安全生产等相互冲突的多个目标抉择与平衡，因此，政府对目标优先权的选择必然受同期政治气氛、公众认知和社会舆论的影响。在特定历史时期，法律将在相互冲突的目标里将安全生产的优先权具体化，并且为可接受的人类安全条件设定边界。因此，企业安全生产水平最终取决于同时期的社会容忍程度与社会认同。企业则在市场条件、资金压力、技术变化、法律法规等多种约束条件的共同作用下，决策生产技术与工艺设备，并根据具体的生产程序与生产设备特点，以操作规范、操作规程、规章制度等形式控制和约束作业现场工作人员的安全生产行为。

总之，研究安全问题，需要关注其嵌入其中的社会、经济和技术过程的动态变化，将社会和技术的因素结合起来，综合分析企业社会-技术系统的可靠性。

9.1.2　安全生产环境的动态复杂性

企业安全生产的社会-技术系统是开放的系统，系统不同层次的动态变化不断改变着工作环境和安全管理环境，为安全管理提出了新的挑战（图 9.2、图 9.3）。

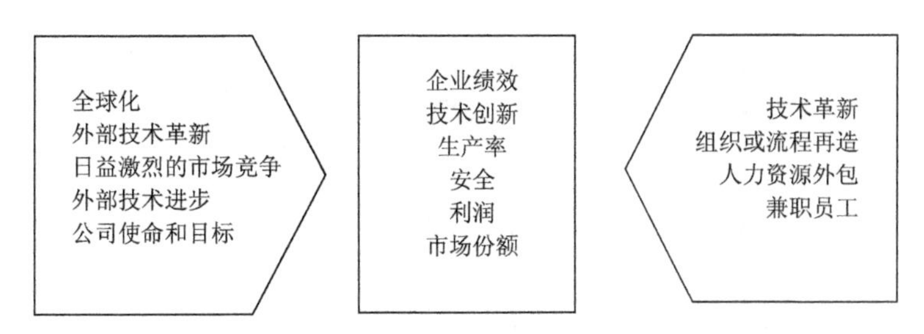

图 9.2　不断变化的工作环境

（1）快速变化的技术环境凸显安全社会-技术系统的时滞效应，增加了系统的不稳定性和风险。

随着工业化和城市化的发展，在交通运输、加工制造业、通讯行业等许多社会生产领域，技术更新的速度越来越快。技术变化需要技术和操作者之间结构和关系、组织生产方式和管理方式的适时改变。然而，相对于日新月异的技术变化，工业管理结构的变化常常落后于工业技术的变化，而规则、法律的变化则相对更加滞后。这种时滞增强了安全社会-技术系统的不稳定，增加了安全风险。

（2）每一层级的参与者都面临着各自不同的多目标权衡和约束限制。

任何行为系统的设计均为实现某种目标。为了实现这些目标，必须遵守许多限制条件，如自然规律或正式规则。在特定的环境中，安全社会-技术系统每一层级的参与者都面临着各自不同的多目标权衡和约束限制。其中，政府面临着经济发展、贸易平衡、增加就业等多目标权衡和经济社会发展水平的约束，公民对安全的认知和关注、社会舆论等力量在一定环境下会推动政府选择安全优先权，用法律手段规定安全标准。企业面临财务绩效、市场竞争力绩效和安全绩效的多目标权衡，需要在市场竞争、技术变化和财务约束条件下平衡安全与经济增长的关系。在生产单元内部，员工需要根据环境或个人因素在追求绩效、个人利益和安全约束等限制条件范围内进行生产操作。

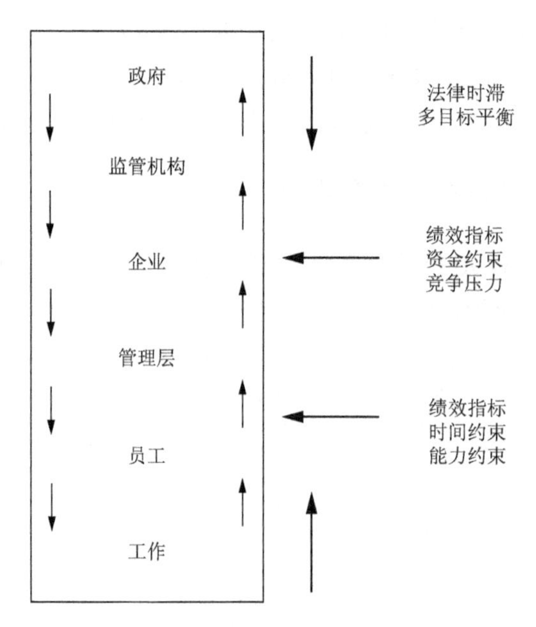

图 9.3　安全社会-技术系统中的层级矛盾[145]

（3）系统不同层级单元间的耦合作用的加强使得事故发生更加具有偶然性和突发性。

信息技术的发展增加了社会各组成单元之间的依赖性，快速发展的城市化不仅使越来越多的农业人口流入工业领域，而且使越来越多的人工作和生活在道路纵横、管网密布、复杂设备和高技术严密包裹的环境中。经济全球化发展促使高度依存的世界体系正逐步形成，不同国家与地区经济单元间的依赖性日益增强，产业链环节增多并趋于庞大。系统不同层级单元之间的耦合作用加强，安全社会-技术系统的复杂性使得事故的发生更加难以预测。

（4）系统层级间垂直交互作用时滞及矛盾。

一方面，安全生产决策信息需要在系统内部自上而下地传播、宣传和贯彻；另一方面，有关工作现场安全状况的信息需要自下而上地传递，这两类信息的有效传递需要顺畅的反馈路径。有效的反馈网络则依赖于安全社会-技术系统中不同层级之间交互作用的有效发挥。由于处于系统中不同层面的参与者都根据不断变换的具体工作状态的信息流进行决策，他们很难看到自己的行动或行为对其他层面参与者的影响，更难看到不同层面参与者决策或行为后果间复杂的交互作用。事故发生有多种原因，而不是由某一层面的错误决策或失误造成的。系统不同层级间垂直交互作用的不和谐或不匹配产生的矛盾和系统时滞一起，影响着系统的稳定性，其结果可能会导致系统失去对危险源的有效控制。从这一角度可以将事故视为复杂社会-技术系统出现紧急状况的反应，是系统内部矛盾不断积聚并发展到不可调和时的能量释放。

（5）全球化与日益激烈的市场竞争环境。

社会化大生产是一个不断持续的投入、生产和产出的系列过程。控制风险的出发点是考察工业系统所有与投入、生产能力和产出相关的风险，这是技术风险增生的主要形式。其中，生产投入由原材料、能源、劳工和资金组成，相关的风险包括自然资源、化石能源的耗尽，金融危机和对人体健康的风险。生产过程中采用的工艺流程及其事故风险，可能引发职业伤害、职业病和环境污染。产出由产品、包装、废弃物和运输组成，它们引发产品伤害、有毒废弃物处理和运输风险。

经济全球化推动着各国经济的发展，发达国家正在调整产业结构，已经开始把产业链中人工成本高、职业危害和环境污染问题较突出的生产制造环节逐渐转移至发展中国家，利用发展中国家职业卫生标准不健全的可乘之机，把对人体和环境有害的产业进行转嫁，将本国禁止或限制生产和使用的有毒原材料和产品向发展中国家倾销。在面临经济增长、就业、环保和劳动保护等多重目标的平衡过程中，强烈的经济增长需求通常会使发展中国家的经济政策更多地强调建设工业生产能力，很少关注这些生产能力引起的风险。经济全球化推动了各地区市场的融合，市场环境动态多变，企业面临更加激烈的市场环境，在资源、资金等多种约束条件的共同作用下，权衡安全投入与财务绩效增长的矛盾。

综上所述，企业安全环境不同层次间存在着动态的互动关系和时滞现象增加了安全生产问题的复杂性。研究组织安全和事故问题，必须考虑安全社会-技术系统的环境复杂性和动态变化，综合分析复杂社会-技术系统的可靠性。

9.2 企业的安全行为特征

9.2.1 企业的基本属性

企业的安全行为过程体现着企业的性质。因此，研究企业安全行为，首先要对企业基本属性有一个明确的认识。

企业既是社会生产力的组织形式，又是经济利益的载体[146]。一方面，企业是从事生产、流通、服务等社会生产活动的基本单位，是为了实现自己特定的利益而进行决策的组织形式。任何企业首先是从事生产、流通或服务等经济活动的组织，是实现生产要素的有机结合并发挥作用的场所。企业的基本功能是运用各种生产要素和资源进行生产，实现投入产出的转换，将自然资源转化为商品资源，用以满足社会的需求，发展社会生产力。也就是说，企业从一开始就具有社会属性，具有承担社会责任的属性。另一方面，企业是以获取盈利为目的、独立核算、自负盈亏的经济实体。企业的生产经营活动，必须满足企业成员的经济利益要求。企业的这一属性决定了它必须追求利润，这是企业行为的真实价值取向。

9.2.2 组织目标的多元化

企业行为是在一定的经营目标指导下企业内在利益在生产经营过程中的外在表现形式。企业行为的动力首先来自企业对自身利益（包括经济利益和非经济利益）不断追求的愿望，这种愿望的集中表现就是企业目标。企业目标指企业在完成基本使命过程中所追求的最终结果，它借助由企业决策者根据企业使命要求选定的目标参数，大致说明需要在什么时间、以什么代价、依次由哪些人员来完成什么工作并取得怎样的结果。

古典经济学将企业目标简化为单一地追求利润最大化。认为在完全竞争的市场环境下，企业作为一个完全理性的经济个体，一定会追求自身利益最大化。然而，企业的基本属性决定了作为社会行为者的企业，其行为受到社会属性的约束，其基本的价值判断也应该是复合的，而非单一化的。尽管企业生存与发展离不开创造利润，但是，追求长期生存与发展的企业也离不开组织内部和周围环境的支持，就意味着必须承担社会义务及由此产生的成本，并在改善社会中扮演积极的角色。这决定了企业组织目标的多元化[147-149]。因此，对于企业行为的讨论不应只从单纯的利益个体角度来考虑，而应该将企业放置于特定的社会环境中分析。在市场经济条件下，企业虽然以利润最大化作为基本目标，但作为市场主体的企业行为必须受制于整个经济体制，兼顾社会利益和社会目标。

9.2.3 安全目标与其他组织目标的交互作用

安全通常并不是组织存在的原因，但却是组织目标之一。尤其对核电生产、化工、矿业开采等高风险企业来说，安全和经济利润一样，是生产经营必须考虑的目标，企业需要关注如何采用安全的生产方式获取利润或实现其他组织目标。由于资源的有限性和稀缺性，决策者需要在包括安全在内的不同的组织目标之间进行权衡。正如Rusmussen在1997年所言："当安全受控于既定的组织绩效目标时，安全仅仅是众多目标决策中需要平衡的目标之一，也是正常的操作决策的必要组成部分。"为了生存与发展，组织需要根据内外环境的变化，在多重组织目标之间进行动态权衡。因此，理解企业的安全行为或事故演化过程，必须深入分析安全与其他组织目标之间的交互作用[150]。

安全与其他组织目标之间存在着多种相互影响的路径。一般将事故造成的人员伤亡损失、物质损失、旷工和员工积极性下降等划分为安全绩效指标；将质量、生产力、创新、顾客满意度和公司声誉等划分为企业竞争力绩效指标；将公司的市场地位、市场份额、利润率和收益率等划分为经济财务绩效。安全与其他组织目标之间的交互作用如图9.4所示。

首先，安全绩效会在一定程度上影响其他组织目标的实现。

安全投入的提高会增加内部成本，而安全投入又会导致生产技术或生产工艺的变化，节省材料和能源，从而降低安全投资的真实成本。安全科技的变化可能刺激企业开发新的技术以更加低的成本遵守安全生产法律法规，增加产量、利润或市场竞争力。事故产生的直接经济损失和间接经济损失通过多种渠道影响成

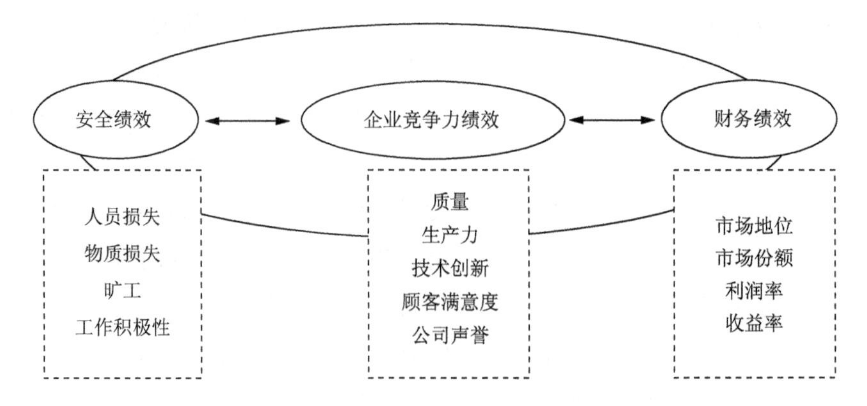

图 9.4　安全绩效与其他组织绩效的交互作用

本、利润等财务绩效。事故会影响员工生产积极性，导致怠工或缺勤，甚至导致优秀的员工离开企业，造成人才流失。而良好的安全绩效有助于降低人员伤亡和保护健康，增加员工满意度和工作动机，提高生产率。

其次，财务、竞争力等其他绩效也会直接或间接地对安全绩效产生影响。

如管理者在资金预算困难的条件下，将面临安全投入和平衡预算的两难选择。在产量绩效考核具有优先权的环境下，生产者在成本-收益原则的推动下，优先追求经济利益，从而影响安全绩效。

此外，即使在安全管理十分完善的情况下，生产成本、市场竞争等条件的变化也可能会导致组织难以实现既定的财务目标，甚至走向破产。

总之，组织目标为我们从概念上理解企业安全行为提供了一把钥匙。企业能以多大的热情去自觉追求安全生产，首先取决于组织目标，按照西蒙的观点，这一终极目标是最高层次的，支配着企业的一切行为，当然也包括企业安全行为。企业之所以在安全行为动力上呈现出很大差别，关键在于企业在多种目标间进行权衡时对目标优先权的选择。即使是同类企业，对于相同安全规制约束和外部信号刺激也会产生不同的反应。只有当企业优先权目标要求与安全绩效间达到最大限度吻合时，企业才能获得最强烈的安全行为动力。例如，采用安全性较强的新材料是一种降低安全生产风险的有效方式，当替代品价格下降时，如果企业以短期利润最大化为目标优先权，就会产生尽快尽多地采用替代材料的动力，力求降低成本或改善产品质量或性能，以获得更多新增利润来满足目标要求。如果企业仅仅以产值最大化为目标，只要产值不增长，企业就不会产生利用新的替代材料的动力。很显然，企业能否接受材料替代品价格下降这一刺激信号，从而产生相应的安全行为动力，根本取决于企业目标优先权要求与安全绩效间的“耦合”程度。

9.2.4　企业安全行为的环境适应性

图 9.5 中的 f_1、f_2、f_3 和 f_4 是企业安全行为与环境之间存在的关键反馈路径。其中，f_1 是企业安全行为与政府安全监管之间存在的反馈环，安全生产监督管理机构通过制度安排等调节机制影响企业安全行为；f_2 是联系市场力量与企业安全行为的反馈环，顾客、供应商和销售商等不同类型的市场参与者会影响企业产品安全及安全生产过程，而企业对社会责任的认知会强化这一反馈环，在许多情况下，媒体会成为反馈效果的放大器；f_3 是技术变化与企业安全行为间的反馈环；f_4 存在于企业内部，是事故风险与劳资关系、安全制度、安全能力培训计划等安全管理环节之间的反馈环。上述 4 个反馈环既提供了企业安全管理需求，又是企业安全行为适应环境的输入-输出端口，也是影响企业安全行为的主要压力来源。

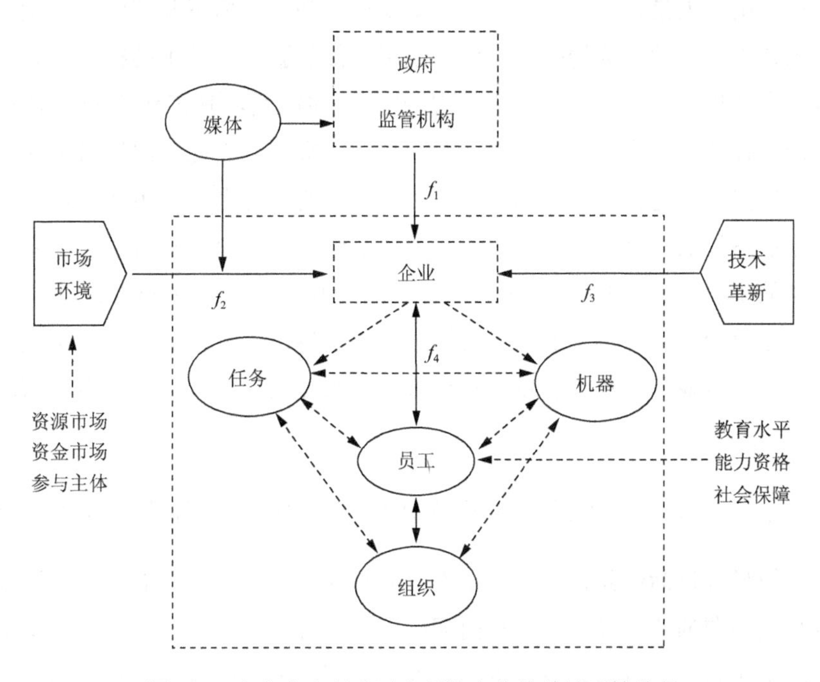

图 9.5　企业安全行为适应环境变化的关键反馈路径

作为一种社会行为主体，企业为了生存和发展，必须不断地修正自身的行为规则以适应环境，在市场条件、资金压力、技术变化、法律法规等来自不同方向的环境压力的共同作用下，针对不同的情境，决策生产技术与工艺设备，并根据具体的生产程序与生产设备特点，以操作规范、操作规程、规章制度等形式控制和约束作业现场工作人员的安全生产行为。企业这种应对环境压力的适应能力是企业安全系统发展和演化的动力和基础，也是提高企业安全生产水平的关键。

9.2.5 企业安全行为迁移特征

1. 企业安全行为在众多约束边界条件下漂移

在动态变化的环境中，企业面临着诸如生产技术条件、法律法规及资金压力等多种约束条件的限制，企业组织必须在众多约束条件的共同作用下追求特定的组织目标。由于人是社会的人，个体的安全行为和态度离不开特定的环境。在任何工作系统中，人的行为均受到目标和限制条件的影响。员工的行为受到工作任务、成本有效性、工作兴趣、风险等诸多因素的影响，其工作空间受到管理因素、生产过程功能安排和安全等众多约束条件的限制。因此，组织目标和各种限制条件的冲突在一定程度上影响并决定着工作场所管理者的决策及操作者的安全行为。企业整体的安全绩效取决于组织内部不同层级安全参与者或决策者行为的交互作用的集合。在这些内外作用力的共同影响下，在追求财务绩效、安全绩效、市场竞争力绩效等不同的组织目标时，由于特定情境限制下目标优先权的选择差异，使得企业整体行为表现出在众多约束边界条件设定的范围内的布朗运动状态[151,152]。

2. 成本收益导向的激励约束会促使组织安全向高风险区域迁移

当组织财务目标优先权占据主导地位的时候，组织内部可能会通过绩效考核和财务绩效导向的薪酬设计系统在内部形成成本有效性的气氛，影响组织不同层面成员的工作态度和行为。在成本有效性压力下，为了适应商业竞争的需要，决策者可能会做出不符合全面安全管理的决策。读者不难想象这样的情景：在某大公司的董事会上，负责财务的副总裁在基于成本收益分析的风险评估结果的基础上，提出自己对安装安全设施的意见，他声称，不安装某些安全设施，每年不过

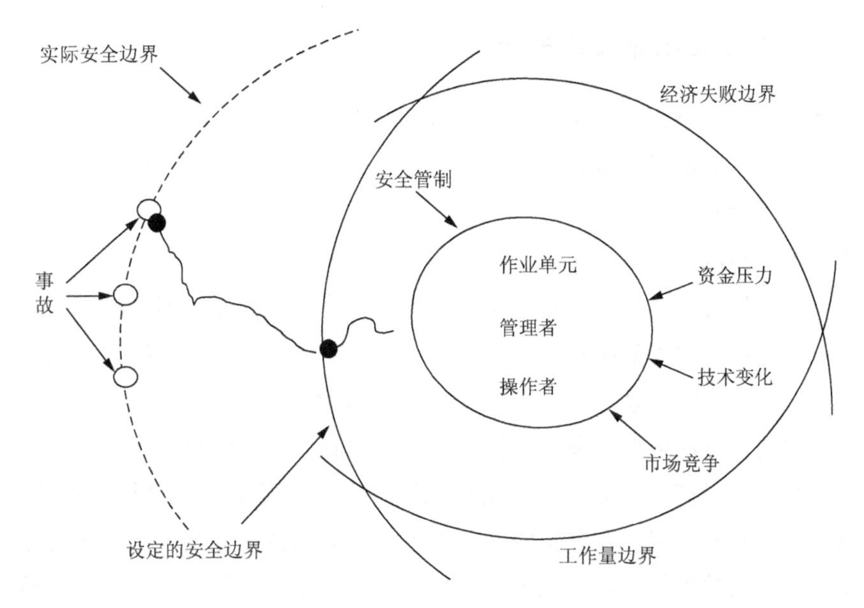

图 9.6　企业安全行为在众多约束边界条件下漂移

多死一两名工人，由于劳动力市场不景气，死亡两名工人，不会影响为数众多的替补者。从收益方面看，虽然死亡两名工人，但是公司却减少了购买 500 万元安全设备的费用，从而避免了产品涨价，不至于减少公司的利润及管理层的奖金，而两名工人的生命价值绝对不会超过 500 万元。

在相似的收益或成本导向的激励约束机制下，在利益驱动下，处于生产一线的操作者为了追求更加经济的生产操作方式，或者增加产量，也可能会产生违章作业等行为偏差。然而，由于生产系统的冗余设计和许多防护措施的存在，偏离通常并不会立即产生负面后果和导致事故的发生。

图 9.5 描述了企业安全行为在众多约束边界条件下的漂移。在生产过程中，由于人、机器和环境等安全要素彼此间复杂的相互作用，操作者的安全行为边界依赖于其他操作者的安全行为。如果在成本有效性压力的作用下，企业内部不同层面行为者在各自的环境下努力工作，却看不到他们行为后果交互作用的后果，当安全隐患得不到及时发现和有效控制时，组织整体行为表现出在追求成本有效性等压力作用下向事故方向缓慢迁移。隐患不断累积致使事故发生的概率在不知不觉中悄然增长，一旦达到安全系统承载能力的临界点，便会导致系统崩溃，出现事故灾难。

9.2.6 转型期我国企业行为的短期性质

经济行为人或经济活动主体过分追求目前利益的一种倾向称为行为短期化，行为短期化或者短期行为就是行为主体为实现短时期自身权益（福利）最大化目标而采取的行动及行动过程[150]。

作为国民经济的基本单位和细胞，企业的行为必然受到外界环境的影响。当前我国正处于经济社会发展的转型期，政治、经济和社会环境因素动态变化，增加了企业长期投资决策的困难，对企业行为产生了深刻影响，使得这一时期的企业行为具有较明显的短期性质，倾向于追求近期最佳利益。相对于生产性收益，安全投资收益具有周期性、滞后性特点，激励机制的不足使得企业缺乏有效的安全投入激励。以煤矿企业为例，要实现利润最大化的目标，就要将有限的人力、资本进行最有效的配置。在既定资源条件下，企业面临安全投入与生产投入的权衡，要确保安全的供给，就要在煤矿采掘、供电、通风、排水、提升、运输、人员安全装备、安全技能培训等各个方面加大投资，而安全经济收益呈现出周期性和滞后性，通常表现为五个阶段（图 9.7）：Ⅰ负担期（或称投资无利期）、Ⅱ微利期、Ⅲ持续强利期、Ⅳ利益萎缩期、Ⅴ无利期（或失效期）。在缺乏有效的安全管制环境下，成本-利益驱动诱导下，企业会在生产与安全的权衡中，优先考虑生产需求，忽视安全需求，安全投入与生产扩张的不同步现象为安全事故埋下了隐患[153]。

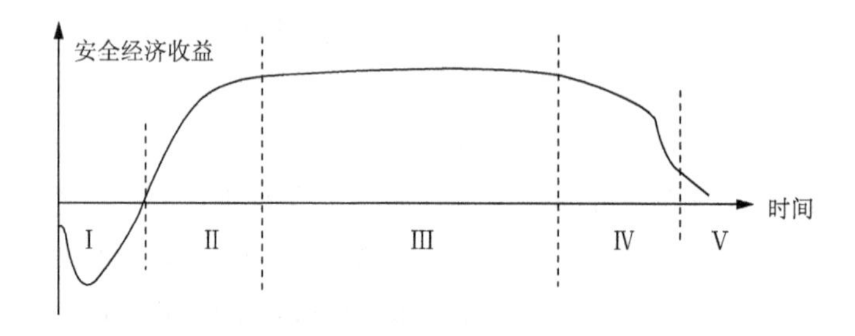

图 9.7 安全经济收益周期

随着经济体制改革的深入，从引入承包制等对企业经营机制进行转换，到建立现代企业制度和股份制的推行，国家对企业的扩权范围逐步扩大，企业行为的相对独立性又逐步扩大。20 世纪 80 年代以后，国有煤矿推行承包制经营方式，由煤矿经理签署分包协议，以短期利润为基础，根据这些分包协议的规定，国有煤矿实际的运营跟私营企业是一样的，唯一不同的是，分包人仅享有暂时的控制权，并不是直接拥有这些矿场。这种以短期利润为基础的承包制使得国有煤矿的分包人具有强烈的短期利益倾向，没有动力考虑企业的长远利益，也没有动力为生产安全进行投资，购买更新更安全的设备，或者停止生产来排除严重的安全隐患。

市场体系的建立和发展将企业推入激烈的市场竞争环境之中。20 世纪 80 年代以后，乡镇煤矿发展迅速，煤炭市场竞争日益激烈。1988 年前，国有煤矿在安全方面的大部分投资来自预算划拨。例如，在第六个五年计划时期（1981～1985 年），用于改善现有的安全设备和安装新的安全设备的支出是 11.5 亿元。1988 年以后，这种现金划拨被取消了，取而代之的是一种所谓的“维护费用”，按照每挖掘 1t 煤的 0.5%～1.0%提取，放进特殊基金。1993 年以后，煤炭价格逐渐放开，国有企业的自主权极大扩张，政府不再能有效地控制基金的使用。面对成本约束和资金紧张，国有煤矿一方面要节约生产成本、提高生产率，另一方面又要建立和维护工作安全系统，这两者之间矛盾难以调和。许多国有煤矿被迫采用低成本路线提高企业竞争力，在 90 年代开始关闭或出售低效率或亏损的业务，进行大规模的裁员和重组，甚至减少必要的安全投入。根据规划，在第九个五年计划时期（1996～2000 年），国有煤矿在“一通三防”上应该投资 42 亿元，或者平均每年投资 8 亿 4 千万元。然而，每年的实际投资总额仅有 4 亿元。即便在安全状况相对较好的国有重点煤矿，2005～2006 年国家累计投入 378 亿元资金，2007 年依然有 300 多亿元的安全投入历史欠账需要补充。对于中小煤矿来说，情况就更加严重。2005 年，国家组织专家对 54 个重点煤矿、462 个矿井进行了安全技术“会诊”，查出 5886 条重大隐患，治理费用需要 689 亿元。一批老工业基地和大型国有企业，多年没有进行大的技术改造，生产工艺落后，设备陈旧老化甚至超期服役。据调查，国有煤矿在用设备约 1/3 应淘汰更新。一些小煤矿甚至依靠人拉肩背，原始野蛮作业[154]。

企业组织内部由不同层次的人组成，企业行为是内部智能群体行为的涌现。在企业内部，管理制度决定了劳动者的努力与报酬之间的联系程度。报酬是满足个体生存、发展需要的主要手段，需要能否得到满足及满足的程度直接决定个体行为。在煤矿开采行业被广泛采用的计件工资制度，对个体劳动者的成本利益动机有着一定的激励作用，使得他们倾向于每天工作更长的时间，长时间地暴露在危险环境中，甚至产生违规违章行为。

9.3 安全信息问题与外部性

9.3.1 信息不完全和信息不对称

对风险的正确认知是安全决策的前提。安全生产的活动主体都希望占有充分的安全信息，以作出正确的决策。但事实上，各自占有的安全风险信息都是不充分的。对于一些复杂技术，如核能的开发与利用、复杂地质环境下的矿产采掘、生物工程等，尚存在很多技术问题需要解决。新技术本身的不确定性质带来了技术应用过程中的技术风险。此外，目前的研究虽然认识到系统内部的耦合作用和复杂性是影响复杂的社会-技术系统可靠性的重要因素，但具体的耦合作用机理仍需要进一步研究。这些信息的不足，给安全控制带来了困难。一些生产过程所涉及的物理环境的不确定性给安全管理带来困难。我国煤炭产量90%以上来自井工开采，瓦斯、水、火、煤尘、顶板“五毒俱全”，开采作业环境远比其他采煤国家复杂，煤矿开采过程中的空间移动特性增加了生产物理环境的不确定性，这使得管理方和员工双方都不可能掌握全面的、充分的信息，员工、管理方和政府监管机构对安全风险信息的获取是不对称的。管理方比员工和政府监管机构更了解有关安全健康的各种信息。

在健康为正常品的偏好假定下，员工必需的工资率是安全的减函数：如果员工掌握有关生产安全的完全信息，其他条件不变时，他们将会为工作危险程度的提高要求等量的工资补偿。相对于普通员工，企业管理层拥有安全健康的信息优势，管理者比劳动者掌握更多的工作安全风险信息，他们更加清楚地知道生产过程中采用的生产工艺、流程、原材料、中间产品和最终产品等诸多因素对员工健康和生命安全的可能影响。在“经济人”的假设下，企业追求成本最小化或者利益最大化。劳动者仅知道与工作或产品有关的平均危险程度。通常劳动力市场上的工人不能得到企业工作安全情况的充分信息，一些表面的安全风险，工人会有所了解，但对于许多潜在的危险性及潜伏期长的职业病，由于缺乏相关的知识，在选择工作时，工人们并不知道存在的危险或低估了危险。假设劳动者知道具体的安全风险，将会要求改善安全状况或者获得对这些危险的补偿性级差工资，企业不得不支付更高的报酬或增加安全投入，这提高了企业的经营成本，影响企业的竞争力。面对这种状况，企业可能为牟取更大的利益，隐瞒安全信息，将本应由自己承担的预防安全事故的成本转嫁到员工身上。

人的动机由多种不同层次与性质的需求组成，包括生理需求、安全需求、社交需求、尊重需求和自我实现需求等。生理需求是人们最原始、最基本的需要，这些需求若不满足，则有生命危险。安全需求要求劳动安全、职业安全、生活稳定、希望免于灾难、希望未来有保障等，如操作安全、劳动保护、保健待遇、失业、意外事故、养老和希望免受不公正待遇等，任何人都潜藏着这五种不同层次的需要，需求层次都会受到个人差异的影响，并且会随着时间的推移而发生变化，但在不同的时期表现出来的各种需要的迫切程度是不同的。人的最迫切的需要才是激励人的行动的主要原因和动力。因此，在工资水平不变的情况下，经验丰富的员工会辞去工作，寻找安全程度较高的工作。教育水平低、没有一技之长的工人，为了谋生，在缺乏技能、选择能力和其他工作机会的情况下，只好选择安全风险大的工作。此时，补偿性级差工资就不能正常发挥调节作用，市场自身无法有效运作。逆向选择的结果便是低素质的劳动者在高风险的工作岗位上不断增加。

20 世纪 90 年代以后，国家取消了对国有煤炭企业的财政补贴，乡镇煤矿的繁荣加剧了煤炭市场的竞争，大多数国有煤矿出现严重亏损。减员增效成为煤矿企业的普遍选择，大约 200 万煤矿工人从破产或有问题的国有煤矿中被解雇。熟练工人显然要求工资收入体现工作安全风险，对安全风险较高工种的薪酬的期望较高，而企业不愿意增加工资成本，从而选择要价相对低廉的没有工作经验的年轻农民。熟练工人和技术人员由于相对工资的下降而感到气馁，纷纷离开这个行业，相对收入的下降同时也阻碍了受过良好教育的人进入煤炭行业。农民工已经成为国有煤矿的工人主体，他们大多是合同工、临时工、轮换工、协议工，或者与企业签订短期合同。乡镇煤矿的绝大多数工人则是教育水平更低的农民，这些人或者来自矿区附近，或者来自偏远贫穷地区，周围很少有其他的工作机会，做矿工成为谋生的唯一手段。在生存逻辑和风险逻辑之间，生存逻辑会主导人们的选择，贫穷和生存压力迫使他们接受不同寻常的、艰苦的工作环境。因此，需要设计更加科学的安全监管机制防止信息不对称问题，诸如加强普通劳动者对生产安全的认知和用法律形式赋予劳动者安全信息知情权。

企业与政府监管机构之间也存在着对安全风险信息的不对称问题。企业比政府监管机构具有安全风险信息优势。企业拥有自身的安全投入、事故预防方面的种种信息，而安全监管机构则面临着信息的缺失。安全信息不足会影响监管机构作出科学决策。例如，安全标准的制定，即回答“怎样的安全才是安全的问题”，如图 9.8 所示，随着安全程度 S 的提高，投入的安全成本也将越来越多，边际成本曲线 MC 也就越加陡峭。当安全边际收益 MR 与安全边际成本 MC 相等时，决定了企业最优安全程度 S^* 。当安全标准设定于 S_2 时，安全程度最高，但相应的安全成本也就越高。过严厉的安全标准使得遵从管制的成本无比高昂，与改进安全装备的巨额投资相比，企业宁愿支付罚金，或对安全事故进行赔偿，或采取寻租等方式，实际上是选择了对安全标准的抵制。当管制标准设定于 S_1 时，对被管制企业过于宽松，同样不能起到激励企业增加安全投入的目的。

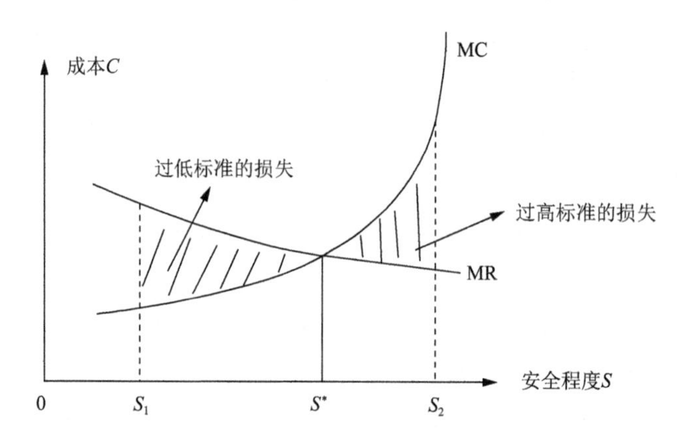

图 9.8　安全信息与安全标准的有效设定[155]

9.3.2　安全风险的外部性

外部性是指某经济个体的活动会对其他个体带来的好处或坏处，但不会影响其自身的成本或收益[156,157]。也就是说，经济活动会产生超越于进行这些活动主体以外的外部影响，进而会产生不能全部反映到私人成本中的社会成本。工作场所安全具有显著的外部性特征。一方面，安全可以避免事故的发生，减少事故对个人、企业、社会与自然环境的损害，促进社会和谐，实现社会增值，具有正外部性的特征；另一方面，安全具有明显的负外部性，事故会造成企业产出减少，成本增加，利润降低。这些损失包括以下方面：对某些矿工来说，事故对员工造成生理、心理上的损害，对员工家庭的影响难以进行充分、等量的经济补偿；政府及社会各方面在事故救援方面要进行支出；事故引发水资源与空气污染、土地资源退化等资源环境方面的损失等，这些事故损失并非由企业全部承担，而是由矿工、家庭、政府与社会共同承担，决策者的个人成本和社会成本不一致，均衡的结果无效率，导致市场失灵。负外部性可能致使企业风险活动过度参与。

首先，工作场所的不安全因素和有害物质可能会影响员工的身体健康，导致职业病，事故不仅给企业带来设备设施损坏与生产停工等损失，也可能给员工及其家庭成员造成经济损失及精神损失。由于受害主体农民工在劳动市场上处于弱势地位，现有的制度安排使得个体诉讼结果不乐观，或者协调成本很高，尚缺乏有效率的雇员组织采用集体诉讼，节约诉讼成本。农民工不能与企业进行有效谈判，甚至会做出放弃的无奈选择。这种状况在事实上构成了对企业不安全行为的一种放纵。目前，我国职业病危害接触人数、患病人数和新发病人数均居世界前列。存在有毒有害作业场所的企业约 1600 万家，其中在劳动过程中遭受不同程度职业病危害的劳动者高达 2 亿人，而 37.8%的职业病患者未获赔偿[158]。其次，事故可能会给那些与系统有关但不影响系统工作的人带来精神或物质损失，甚至危及健康和生命，如轮船、火车、飞机、小汽车和公共汽车上的乘客。再次，事故也可能产生工业污染物、有毒有害物质的泄漏等严重的环境安全问题，甚至引发公共安全危机。最后，事故造成有毒化学品泄漏或核辐射等，可能会影响受到辐射或化学中毒的孕妇体中的胎儿，以及所有那些将受到残留毒物（包括沿食物链富集的有害物质）污染的人。

当对于企业事故行为的惩罚并不能抵偿这些损失时候，便产生了外部性问题。2005 年 11 月 13 日，中石油吉林石化分公司双苯厂一车间发生爆炸，事故共造成 5 人死亡、1 人失踪、近 70 人受伤。虽然消防人员连续奋战了十几个小时后，就将火灾平息下来，但是问题的解决远没有一场简单的“火灾事故”那样简单。爆炸发生后，约 100t 苯类物质（苯、硝基苯等）流入松花江，造成江水严重污染，沿岸数百万居民的生活受到影响，引发生活用水危机、日用品抢购潮、避难客运潮等一系列危机。2008 年 9 月 8 日 7 时 58 分，位于山西省临汾市襄汾县境内的山西新塔矿业有限公司尾矿库发生溃坝事故，淹没了附近的市集和村庄，导致 277 人死亡、4 人失踪、33 人受伤，直接经济损失达 9619.2 万元。2010 年 7 月 16 日 18 时 20 分，新加坡太平洋石油公司所属 30 万 t 原油船“宇宙宝石”轮在大连新港中石油原油储备库卸油过程中，由于原油储备罐陆地管线在加催化剂作业时发生爆炸，引起火灾。爆炸事故导致 1500t 原油流入海中，对海洋生态安全造成影响。2008 年 8 月 26 日 6 时 45 分，广西广维化工股份有限公司发生爆炸事故，爆炸引发的火灾导致车间内装有甲醇等易燃易爆物品的储罐发生爆炸，事故造成 20 人遇难，周围 3km 范围内 18 个村屯和广维集团生活区的

11500名群众紧急疏散。这起爆炸事故是一起近10年来全国范围内伤亡最严重的化工事故。2010年7月16日，中石油大连大孤山新港码头一储油罐输油管线发生起火爆炸事故，数万吨原油入海，危害到当地的渔业和养殖业。2010年7月28日，吉林市永吉县两家化工厂的7000多只原料桶被冲入松花江，引发水质污染的化工危机。2011年，由美国康菲公司担任作业者的蓬莱19-3油田连续发生两起溢油事故。

9.4 政府行为：安全管制

9.4.1 责任追究与安全管制

安全事故发生后的民事责任追究与政府的安全管制是两种控制风险的主要方法。事后对工人的赔偿系统，可以从法律上保障工人得到一定的赔偿，将外部成本内部化，保护工人的利益，这对企业来说是一种制约，因为企业要考虑到事故发生后对企业造成的停工损失及诉讼的机会成本和直接成本，这便会刺激企业在生产经营中考虑到工人的安全问题，在一个有效的安全水平上进行安全投资。

从效率角度出发，管制可能比私人的民事诉讼更有效[159]。首先，管制者可能比法官更有强烈的动机去进行高代价的调查，以证实违法现象的发生。这种强烈的动机或者源于对职业生涯的考虑（如管制者是否会因为发现违法现象而得到奖励），或者源于管制者所受到的更专业化的训练。其次，管制者能够代表原告方的共同利益，其影响类似于共同起诉的效果。此外，私人诉讼是在危害已经形成之后进行损害赔偿，而安全管制则关注事前预防，侧重于在安全事故发生前，通过禁止特定行为、对企业进入许可、从业人员的许可、资格认证、征税、财政补贴、政府劝告、指导与信息提供等各种方式影响企业的安全行为。监管可以被设计得能够以更低的成本来鉴别违法行为，并且其结果更为确定。例如，认定生产商是否已经安装了一个安全装置比认定他是否忽略此事要更加容易。

责任规则可以产生有效的安全预防激励机制。但这种民事责任追究制度的有效实施要求具备相对完善的司法体系，以保证如果个人或厂商有违法或违章行为的时候，能够确实受到相应的处罚，该手段其他方面的局限性表现在控制成本（对环境损害进行评价）和管理成本较高。

9.4.2 安全管制手段

管制是指具有法律地位的相对独立的政府管制者或管制机构，依据一定的法规对被管制者（主要是企业）所采取的一系列行政管理与监督行为[160]。管制大体可分为经济性管制和社会性管制，社会性管制用以纠正不安全、不健康的产品及生产过程中的有害副产品。安全管制是管制机构针对产品质量、环境、工作场所、特种设备及其他一些可能造成负外部性和负内部性的客体或行为实施的管制政策与行为。政府通过制定一系列法规、准则、标准强制被管制企业服从和遵守这些规定，以及通过经济处罚、税收减免、投资补贴等手段来对企业安全行为进行干预。二次世界大战后，随着西方国家工业经济的迅速发展，职业安全与健康问题也越来越突出，要求保护工人从业安全的呼声也此起彼伏。西方国家开始加强对职业安全与健康领域的管制，加快了在该领域的立法和管制机构的建立，以加强对工作场所职业安全与健康的管制。

安全管制的手段多种多样，在具体的方法上，有完全禁止、标准设立、审批或颁发许可证、资质审查、执业资格证、征税或补贴、提供信息、劝告说服、激励引导等。其中，颁发许可证或审批控制制度是最详细和最严格的控制方式。安全监管部门通过颁发许可证或批准制度确保核设施的设计、建造、使用、运行、维护和停用满足最高的安全标准。

经济激励手段的目标和作用在于纠正导致市场失灵的外部性问题，使得外部成本内在化。目前各国采用的经济手段主要有以下几点。

（1）明晰产权，建立严格的市场准入制度，从源头上防控事故。例如对矿产资源的有偿使用，征收高额资源税、矿山环境保护和土地复垦费。

（2）税收手段和收费制度。税收手段可以把产品生产和消费的私人成本与社会成本联系起来，通过调整比价、改变市场信号以影响特定的消费形式或生产方法，降低生产过程的安全风险，改善工作环境和实现资源有效配置。理论上说，税收水平应该等于具体活动所造成的边际环境损害。

（3）财政和金融手段。包括各种优惠贷款、赠款、补贴及建立各种有利于可持续发展的基金等形式，可以认为这些手段可以促使资源（资金）向安全和环境保护及可持续发展方面的转移。例如，日本除了经常性地开展安全健康活动来提高人们的安全健康意识外，还有严格的安全健康奖励制度，每年都对在职业安全与健康方面做出突出贡献的个人、组织、工厂和企业，乃至一个生产单元（车间、班组等），根据不同的评判标准进行奖励。

（4）责任制度。对事故责任者有关的违章和违法行为进行法律和经济处罚，它是通过法律的形式，把外部成本内在化。与其他手段不同，责任制度是安全风险的对外部性进行的事后评价或内在化。如果人们预期他对所造成损害付出的代价超过他们可能因为不履行责任所获得的效益的时候，责任制度会具有防止违法或违章行为发生的刺激作用。

（5）风险抵押金与保险制度。工业伤害保险使雇主对工人的补偿责任变为一种社会责任，并为工伤职工提供社会服务。例如，英国强制所有在毕业离校年龄与退休年龄之间的公民参加保险，甚至一些难以订立劳动合同的自谋职业者，如出租车、汽车、轮船驾驶员等，也被工伤保险所覆盖。同时由国家和雇主注入资金，以共同满足社会保险的基本需要。社会保险包括疾病津贴和工伤与伤残津贴。德国的工伤保险制度以雇主集体承担责任为基础，由雇主为雇员（不针对个人）向其所属工伤保险机构缴纳保险费，一旦发生事故，雇主和企业的安全体系及时向工伤保险机构报告情况，受害人或其遗属向保险机构提出申请，以保险请求代替过去在诉讼过程中的赔偿要求。这种申请只是一个程序，保险机构一般都自动依照法律给付待遇，并且通过设立行业、工种和企业差别费率刺激企业积极预防事故。

9.5 本章小结

企业既是社会生产力的组织形式，又是安全生产的行为实体，构成不同产业的企业成为安全生产决策的最基本单位。企业是安全生产和经济增长的核心微观行为主体，企业安全生产活动特点规定或制约着一国安全生产的特征和状况。本章从企业的基本属性出发，分析了企业目标多元化及安全绩效与其他组织绩效之间的交互作用关系，指出企业安全行为与环境之间存在的关键反馈路径。当财务目标优先权占据主导地位时，在利益驱动下，组织内部不同层面操作者或决策者对成本有效性的追求，致使组织整体行为向事故方向缓慢迁移。安全信息和外部性问题表明了政府安全管制对控制企业安全行为的必要性。

第10章 安全发展与风险的社会-技术控制

事故灾害与经济增长的动态交互作用关系说明灾害事故并不完全是由自然力量或技术缺陷引起的，导致灾害损失增加的主要原因是人类活动。由于我国正处于经济一体化、经济政治体制改革、快速工业化和城市化相互耦合、多种矛盾交织作用的复杂历史时期，事故灾害所呈现出相对复杂性。因此，需要以更加广阔的视角认识事故灾害并扩展减灾战略的思维空间，寻求安全发展的思路与手段。

10.1 安全发展

10.1.1 安全发展的内涵及意义

2011年11月26日，国务院印发的《国务院关于坚持科学发展安全发展促进安全生产形势持续稳定好转的意见》中阐释了安全生产发展的内涵。安全发展是指国民经济和区域经济、各个行业和领域、各类生产经营单位的发展，以及社会的进步和发展，必须以安全为前提和保障。就是人们在生产、生活和经济社会发展活动中，体现本质安全、全员安全、全过程的安全，它包括生产安全、交通安全、公共安全、食品卫生安全、社会安全及减灾防灾等相关的各类经济和社会安全。

2005年8月，胡锦涛总书记在河南、江西、湖北考察工作时首次提出了“安全发展”的理念。党的十六届五中全会把“安全发展”写入“十一五”规划纲要，作为全面落实科学发展观、加快转变经济发展方式的一个重要原则。在《中共中央关于制定国民经济和社会发展第十一个五年规划的建议》、《国民经济与社会发展“十一五”规划纲要》及《“十一五”安全生产科技发展规划》三个重要文件中，安全生产被提到了与经济发展同等重要的地位，把安全生产纳入企业发展战略和规划的整体布局，制定企业安全生产中长期计划，建立安全生产责任考核体系，与经济发展一样使安全生产实现量化考核，纳入政府、企业和干部业绩考核内容，实现安全生产与经济建设、社会和谐进步各方面工作同步规划、同步部署、同步推进。2006 年 3 月，胡锦涛总书记在中央政治局第 30 次集体学习会上专题就安全生产发表重要讲话，深刻指出“把安全发展作为一个重要理念纳入我国社会主义现代化建设的总体战略，这是我们对科学发展观认识的深化”。党的十六届六中全会把坚持和推动“安全发展”纳入构建社会主义和谐社会的总体布局。党的十七大进一步强调，坚持安全发展，强化安全生产管理和监督，有效遏制重特大安全事故。党的十七届三中全会强调，能不能实现安全发展，是对我们党执政能力的一个重大考验。国务院 2011 年 40 号文件《关于坚持科学发展安全发展促进安全生产形势持续稳定好转的意见》在“指导思想”中进一步明确提出“大力实施安全发展战略”。安全发展作为一个科学理念进而明确为一个重大战略，是党和政府对经济社会发展客观规律的总结，是对加强安全生产工作的重要指导纲领[161-164]。

安全发展的提出有着非常重大的意义，标志着经济社会发展的指导思想发生了重要转变。

首先，发展是硬道理，但是，发展不是以牺牲资源、环境甚至人们的生命健康为代价。在经济社会生活中，安全是人民群众的基本需要，“以人为本”首要的是关爱生命，保障人民群众生命财产安全是社会的共同责任、社会进步的必要条件。“安全发展”的本质，就在于把发展建立在安全保障能力不断增强、安全生产状况持续改善、劳动者生命安全和身体健康得到切实保证的基础上。不是单纯追求发展的速度，而是注重发展的质量；不是单纯追求经济总量的扩大，而是注重人的全面发展。安全发展的提出标志着我们对于社会发展规律的把握更加自觉，标志着我们对科学发展观的内涵认识进一步深化，标志着我们对发展思路的进一步调整，也标志着安全生产在国民经济和社会发展中的地位进一步得到确立。

其次，安全发展是解决安全生产问题的根本途径。我国正处于工业化、城镇化快速发展进程中，处于生产安全事故易发多发的高峰期，安全基础仍然比较薄弱，重特大事故尚未得到有效遏制，违法生产经营建设行为屡禁不止，安全责任不落实、防范和监督管理不到位等问题在一些地方和企业还比较突出。安全生产工作既要解决长期积累的深层次、结构性和区域性问题，又要应对不断出现的新情况、新问题，根本出路在于坚持科学发展、安全发展。要把这一重要思想和理念落实到生产经营建设的每一个环节，使之成为衡量各行业、各生产经营单位安全生产工作的基本标准，自觉做到不安全不生产，实现安全与发展的有机统一。

10.1.2　安全发展的指导思想

坚持以邓小平理论和“三个代表”重要思想为指导，深入贯彻落实科学发展观，牢固树立以人为本、安全发展的理念，始终把保障人民群众生命财产安全放在首位，大力实施安全发展战略，紧紧围绕科学发展主题和加快转变经济发展方式的主线，自觉坚持“安全第一、预防为主、综合治理”方针，坚持速度、质量、效益与安全的有机统一，以强化和落实企业主体责任为重点，以事故预防为主攻方向，以规范生产为保障，以科技进步为支撑，认真落实安全生产各项措施，标本兼治、综合治理，有效防范和坚决遏制重特大事故，促进安全生产与经济社会同步协调发展。

10.1.3　安全发展的基本原则

（1）统筹兼顾，协调发展。正确处理安全生产和经济社会发展与速度质量效益的关系，坚持把安全生产放在首要位置，促进区域、行业领域的科学、安全、可持续发展。

（2）依法治安，综合治理。健全完善安全生产法律法规、制度标准体系，严格安全生产执法，严厉打击非法违法行为，综合运用法律、行政、经济等手段，推动安全生产工作规范、有序、高效开展。

（3）突出预防，落实责任。加大安全投入，严格安全准入，深化隐患排查治理，筑牢安全生产基础，全面落实企业安全生产主体责任、政府及部门监管责任和属地管理责任。

（4）依靠科技，创新管理。加快安全科技研发应用，加强专业技术人才队伍和高素质职工队伍的培养，创新安全管理体制机制和方式方法，不断提升安全保障能力和安全管理水平。

10.1.4　安全发展战略

国务院 2011 年 40 号文件《关于坚持科学发展安全发展促进安全生产形势持续稳定好转的意见》在确认“事故易发期理论”的基础上，明确提出，安全生产工作既要解决长期积累的深层次、结构性和区域性问题，又要应对不断出现的新情况、新问题，根本出路在于坚持科学发展安全发展。明确提出“大力实施安全发展战略”。把安全发展作为一项战略来实施，这是中央在科学把握现阶段社会特征和安全生产规律基础上，有效应对新情况新问题，而作出的重大决策。

安全生产面临的许多压力和困难来自外部的经济、社会乃至国际环境。经济发展与安全生产之间的协调，推进安全生产与经济社会发展的一体化，需要跳出“就安全生产抓安全生产”的狭隘思维，从国家发展战略大系统出发，推进安全生产与经济社会发展的一体化，并且把安全作为经济社会发展的前提和保障，实施一系列重大政策措施，为经济又好又快发展提供安全稳定的环境。制定全面、协调和长远的规划，重在指导解决长期性、结构性、区域性的深层次矛盾和问题。需要确立“大安全生产”的思路，从调整产业结构、优化能源利用、发展循环经济、缩小区域差距、完善国际分工等方面着手，大力营造一个有利于安全发展的外部环境。

10.2　安全风险的技术控制

10.2.1　技术控制是解决安全和经济增长矛盾的主要手段

技术是推进经济增长的关键因素，也是安全风险控制的重要手段。由于事故的出现是物变的一种结果、一种形式，不清楚技术原因就不能真正揭示事故的奥秘，再揭示技术原因之后，管理原因就不难找出来了，因此，只有揭示事故发生的本质原因、技术原因，才能建立经济发展和生产运行的技术支持体系。美国、日本、德国、法国等发达国家均重视依靠科技进步保障安全生产，设有国家级的安全技术研究机构，在组织开展安全生产基础理论研究、重大科研项目公关、推广先进适用技术、控制重大灾害等方面发挥重要作用。美国运用多分支羽状水平井等先进技术进行瓦斯抽采，把高瓦斯矿井变成低瓦斯矿井，既有效利用了煤层气这一宝贵资源，也较好地解决了煤矿安全生产“第一杀手”问题。此外，美国、日本等国家每年对重大的有代表性的事故均要提出技术汇编和综合分析意见，并且根据事故的教训对有关标准、规范和规程进行修订，几乎每年出一个版本。这样做使事故教训真正变成财富。

10.2.2　加强产业政策引导，将安全风险评估融入产业技术政策

经济增长的核心动力是技术，而对技术的应用和控制正是安全的主题。调整产业结构，加强对建设项目安全风险的评估与控制，使高风险行业萎缩，逐步淘

汰技本落后、浪费资源和环境污染严重的不具备安全生产条件的企业，减少可能发生伤亡事故的高危人群改善工作环境安全条件，有利于从源头上有效控制安全生产风险。

虽然产业技术改造和技术引进是推动劳动生产率提高的重要因素，然而，技术的社会属性及生产单元中技术、人和环境之间复杂的交互作用等因素均可能增加事故灾害风险，因此，需要在宏观和微观层面，将安全风险控制融入技术引进和技术改造战略，使之成为产业结构调整和技术更新战略的必要组成部分，确保企业在控制风险中的反应与风险的严重程度相适合。如果危害或风险很大且不能降低到可容忍的水平，就需要取消这项活动、工艺或材料。

先进的科学技术及其装备能够提高安全生产系统的本质安全能力，增强安全生产的物质基础。先进工业化国家在安全生产事业中，先后投入大量的人力、物力、财力组织安全生产科技研究，运用现代的生产工具安全地开展和组织生产，因而大大降低了事故高发频发的势头。实际上，对于发展中国家，生产组织的技术支撑和科技投入严重不足、工艺技术水平低是导致安全事故频发的直接原因。大量的调查报告和统计数据显示，技术先进、装备现代化的企业安全生产状况明显好于技术相对落后、手工操作较多、人员密集的乡镇企业。近几年，全国伤亡事故主要集中在非公有制小企业，这部分小企业每年的事故起数和死亡人数都占全国事故起数和死亡总数的 70%左右。我国中小企业的事故灾害风险比较集中，其原因虽然是多方面的，但由于资金力量的限制，生产工艺和生产技术落后是造成事故灾害风险较大的重要因素。需要利用技术政策，激励企业采用风险较低的生产工艺或生产方式，加强本质安全建设。

10.2.3　推动安全科技发展

安全科学技术是科学技术的重要组成部分，也是生产力。但是，安全科学技术只是一种潜在的生产力，它必须通过一系列的中间过程并通过作用于服务对象才能转变为直接生产力。安全科技对构成安全系统工程的人、机器、环境、管理等要素都产生作用。安全科技可以提高劳动者的安全技能、劳动工具的安全可靠水平、劳动对象潜在危险的认知程度和安全管理水平。安全科技对安全生产的作用是全方位的，对安全生产力的其他要素发挥综合乘积效用，如表 10.1、表 10.2 所示，安全科学技术也对遏制重特大事故发生、减少人员和财产损失的各环节产生影响。安全科学技术不仅是国家经济建设重要的不可缺少的生产力，而且是社会稳定发展的重要动力和基本保障条件。

表 10.1　安全科技对安全系统工程各要素的作用

安全系统工程要素	安全科技研究领域
人	提供安全培训，强化劳动者安全意识
机	开发安全型的生产工具，提供更加有效的个体防护
环	认知生产资料、生产环境中存在的风险并加以有效控制
管	安全生产法律、法规和标准体系

表 10.2　安全科技对遏制重特大事故各环节的影响

遏制事故环节	安全科技研究领域
预防	研究事故发生、发展机理，消除事故隐患，如煤矿瓦斯涌出机理、矿山地质灾害机理研究等
监控	监测风险，降低事故发生几率，如煤矿瓦斯监控预警技术、重大危险源监控技术和装备研究等
应急	高效重大事故应急救援技术，减少事故人员伤亡和财产损失，如应急辅助决策支持系统研究等
防护	个体防护技术和装备，控制职业危害

市场力量对生产技术和安全科技发展的影响存在不对称性特点，相对于生产技术，安全科技自身无法完全通过市场力量快速发展，往往反应慢、时间滞后、周期长，市场收益率低甚至为负数，需要在政府政策、法律法规等政府干预力量及社会需求和公众压力等因素的刺激作用下发展。安全科技发展往往滞后于生产技术进步。

工业发达国家与我国安全生产状况好的企业经验表明，实现安全生产目标、消除事故隐患最重要的手段就是依靠先进的生产工艺与现代化装备、可靠的监测监控装置与设施、高素质的从业人员和掌握了现代化技术的管理人员。

目前，我国企业安全生产方面普遍存在生产场所、生产条件恶劣，员工暴露于职业危害的累积时间较长，生产场所未按规定安装劳动保护设施。煤矿、化工、印染、家具、建筑等行业安全投入不足，安全隐患严重。因此，需要通过政府干预力量推动安全科技的发展，以安全科技进步作为动力，全面实施“科技兴安”战略，加快推动安全生产科技进步，淘汰安全性能低下或危及安全生产的落后技术、工艺和装备，大力推广应用安全性能可靠的新技术、新工艺、新材料、新设备，提升企业的本质安全生产水平，构建和完善安全科技开发和新技术推广产业化的系统与机制，建立完善以企业为主体、以市场为导向、产学研用相结合的安全技术创新体系，加快推进安全生产关键技术及装备的研发，减少工作场所与工作环境所致的各种伤害、疾病、死亡。例如，推进煤炭行业瓦斯防治技术创新，运用安全生产许可、审批、评价、检查等手段和方法，在煤矿安全领域强制性推广瓦斯抽采利用、防突、自动监控技术和水患防治技术，推广先进适用的井下救生避险设施和技术装备；在非煤矿山推行矿井机械通风、采石场中深孔爆破和机械铲装等安全技术措施，推广尾矿库在线监控和干式堆排技术工艺；在具有危险生产工艺的化工企业推行连锁自控技术，推行危化品生产经营重大危险源自动监控技术；在烟花爆竹行业推行机械化生产和新型安全火药原料。

10.3　安全风险的社会控制

10.3.1　经济政策与安全政策的目标协同

事故灾害与经济增长之间复杂的交互作用关系，表明安全发展并不是安全和经济发展目标的简单相加。安全问题的解决及安全生产和经济增长的协调、经济的安全发展等宏观层面的动力学只有通过大规模的公共政策的实施处理和国家层面的宏观经济发展与安全政策的协同安排解决。如果将安全政策与经济政策割裂开来，不仅各处的问题得不到解决，而且还会相互牵制，影响所有政策的实施效果。

1. 将安全风险控制融入产业结构调整战略

在经济一体化背景下，我国产业结构的调整及演变难以脱离全球产业发展的背景而孤立进行，必然受到国际产业转移规律性的影响。我国产业在国际产业链低端的地位和国际劳动分工中的地位决定了未来较长时期内，我国作为承接制造技术转移重点区域的国际地位难以改变。制造加工业需要能源动力，制造加工业的发展必然带动能源经济的发展。煤炭是我国的主要能源，一半以上的工业能源是由煤炭提供的。我国煤炭行业集约型增长能力和集约化生产水平较低，低水平重复建设比较严重。经过近年来的依法整顿关闭，一大批不具备安全生产基本条件和不符合国家环保、资源政策的小矿小厂相继退出市场，但煤炭等高危行业“小散乱差”的状况尚未得到根本性改变。这些小矿小厂技术装备落后，安全生产基础管理普遍薄弱，安全保障能力严重不足。采矿业和制造加工行业本身能量聚集的风险较高，偏低的生产技术水平和产业工人素质又增加了事故灾害的技术风险和人因风险，使得我国的事故灾害行业分布呈现出采矿业和制造业风险最为突出的特征。

虽然产业结构变动对事故灾害的冲击作用并不如人力资本、经济体制等因素变动的冲击作用显著，但是，产业结构却是影响我国事故灾害风险的长期关键因素。当前我国的经济社会进入到新的发展阶段，粗放型的经济增长方式已难以为继，推动经济结构调整和经济发展方式转变是保持我国经济长期可持续发展的根本路径。因此，需要将安全风险控制融入产业结构调整战略，使之成为结构调整战略和行动的必要组成部分。

2. 安全风险评估融入经济体制改革战略

我国经济体制变化的突出表现为非国有经济的增长。一方面，非国有经济的快速发展推动了社会进步和财富增长；另一方面，整体技术水平落后、劳动密集和农民工密集等诸多因素的耦合作用，使之成为我国事故灾害较为聚集的领域，复杂的经济成分又使其呈现出纷纭复杂的表象。

经济体制冲击对事故灾害的影响比较复杂、持久而显著。经济体制因素的变动在一定程度上改变着工作场所的安全环境，影响复杂社会-技术系统中的社会系统因素，进而对事故灾害产生一定影响。2002 年，党的十六大指出继续调整国有经济的布局和结构。国企改革进入了深化国有资产管理体制改革的新阶段，通过股份制、股份合作制和吸引外资等方式，对国有小企业实现产权多元化改革，国企布局和结构取得了积极进展。2003 年以后，在其他经济类型企业工伤事故 10 万工人死亡率迅速下降的情况下，股份有限公司和有限责任公司的 10 万工人死亡率却均呈现上升趋势。这说明控制事故灾害的重点不在于“国进民退”抑或“民进国退”，而是需要在宏观和微观层面将安全风险控制战略融入经济体制改革战略。企业改制、兼并、重组等行为能够不同程度地改变企业组织生产架构，影响员工工作心理和行为，在初期可能增加组织安全风险，因此，在进行企业经济体制改革过程中，尤其需要加强安全生产监管和对企业组织风险进行监控，有效地化解经济体制变动引发的一系列社会经济因素对工作场所带安全性的负面冲击。这一现象充分说明事故灾害风险控制不仅是技术问题，而且是社会经济问题，需要寻求包括技术因素、社会经济因素在内的综合治理方案。

10.3.2　安全生产主体的行为控制

1. 企业安全行为受多方力量的控制

企业安全行为适应环境变化的关键反馈路径为控制手段的创新提供了思路。核心目标是降低企业安全行为风险。根据前述的企业安全行为迁移理论，企业安全行为受多方力量的控制，如图 10.1 所示，f_1、f_2、f_3 和 f_4 分别是内外环境中影响企业安全行为的主要渠道。其中 f_1 所代表的政府监管仅仅是众多制衡力量之一。因此，安全的社会控制需要扶持多方制衡力量。并针对不同途径影响企业行为的机制，在制度、组织和文化等层面寻求多样化的综合的控制手段。

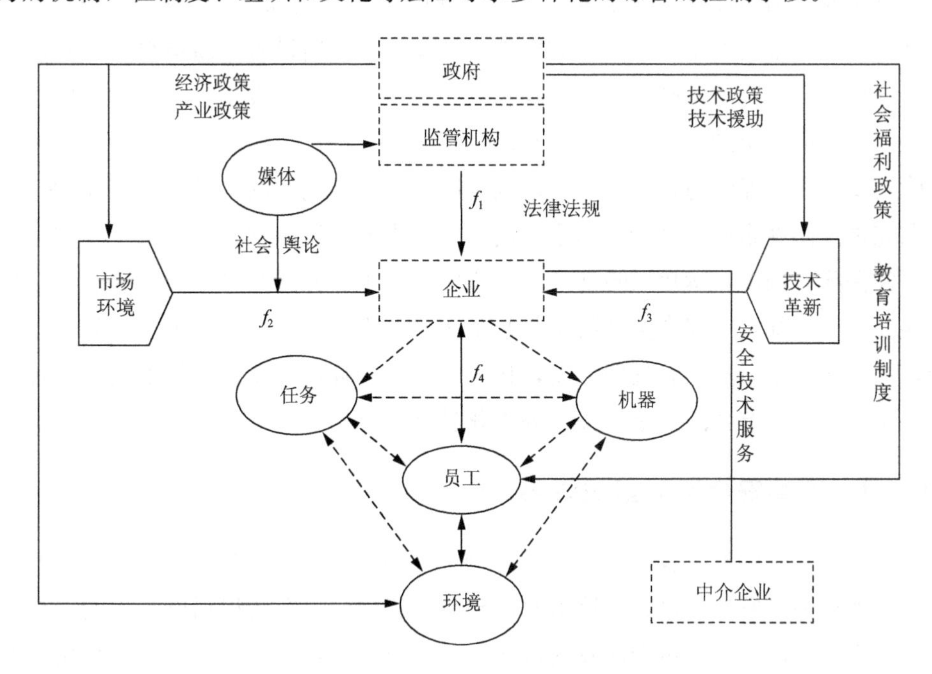

图 10.1　影响安全行为主体的基本路径

2. 激励相容的制度设计

工作场所安全主体存在着“监管机构—企业—工人”链条，由于行为人都会有自利的一面，通过追求经济利益生存和发展是任何行为人的真实价值取向，其个人行为会按自利的规则行动。在社会生产过程中，企业既是促进经济增长的重要因素，同时也是生产安全与事故的决定因素。安全监管的目标在于引导企业进行必要的安全投资。目前我国的生产安全体制是“政府监管、企业负责”。企业是对生产安全负责的责任主体。作为一个营利机构，企业的目标在于获取最大利润，希望受最少的约束。当遵守安全规章制度的成本大于违规的成本时，企业缺乏安全投入的动力，超额生产、减少安全生产投资、不按规定对工人进行培训均可能成为企业的选择。因此，为达到降低事故发生率的最终目的，应在监管制度设计方面加强成本利益分析，从协同主体追求个体利益与安全的动机角度，设计激励相容的安全监管制度。关注成本利益分析，采用市场手段将事故成本内部化。

运用税收、保险、利润、价格、收费等价值工具施加一定的经济刺激，调节和影响企业行为，促使企业重视安全生产，降低甚至消除事故和职业病的发生。鼓励企业积极采用安全可靠实用的新技术、新工艺、新设备和新材料，不断增强企业安全生产的物质基础。对安全隐患突出的落后工艺和设备，应通过严格执行安全技术标准，协助企业实现转型升级，及时予以淘汰或更新。分行业、分规模地确定安全生产保障与技术投入的最低标准，发挥好制度的约束与引导作用。建立和完善强制性企业安全费用提取使用、安全生产风险抵押、工伤保险、安全生产责任保险等制度，运用保险费率、信贷资格、税收标准等经济手段和利益杠杆引导高危企业加大对安全生产技术与装备水平的提高。此外，要提高事故赔偿标准，加大事故事后赔偿和处罚力度，将人员安全和环境安全损失内部化，增加企业承担的成本，有效阻止事故损失外部化转移。

10.3.3 完善安全监管组织体系

政府是安全生产的监管主体，经济快速发展与安全生产已形成了尖锐的矛盾，必须从国家发展战略大系统出发，理顺监管体制，重新规划更有效的安全生产监管机制。由于安全生产涉及的行业、领域及环节众多，必然导致安全生产监管工作所涉及的职能部门众多，从而难免出现监管部门职能交叉、权力分散、监管不到位等问题。在安全生产监管上，需要建立一套权责一致、分工合理、运行高效、监督有力的体制机制。一方面，应进一步明确安全生产综合监管部门与专门监管部门的职责，逐步推行监督与管理职能分开，避免交叉重叠或遗漏缺失；另一方面，应建立健全安全生产委员会会议、部门联席会议、联合执法及信息通报等工作制度，促使部门间密切配合和通力协作。

10.3.4　提高工人议价能力，发展内部制衡力量

1. 保护员工的知情权，加强安全培训

在企业内部，员工是能够影响和制衡组织安全行为的重要力量。员工对工作环境中危险因素的认知及掌握应急救援技能知识，有助于他们预先采取消除风险的措施，降低风险。因此，需要企业尽可能公开有关安全与健康的信息和工人工作的信息。劳动者的权益得到有效重视和保障，是一个国家文明程度提高的重要表现。发达国家的经验表明，只有通过法律的规定，赋予公民应有的权利，构建起有效的监督保障机制，有效地保障从业人员的合法权益。如美国等发达国家将职业安全与健康工作重点放在保障工人权利，对雇主的行为予以一定的限制，比如工作时间、工作条件方面，工人有更多的空间来诉讼自己的权利。

在市场经济体制下，随着现代企业制度的建立，企业成为市场经济中的主体，效益与发展是最优先考虑的问题。在外界监管力度不够的情况下，在成本有效性原则下，企业为追求经济利益最大化，降低生产成本，通常会将安全投入视为成本加以控制，缺少改善作业环境、提高工人劳动保护程度及加强工人安全培训与教育的动力。由于占产业工人半数的农民工的职业技能与素质普遍较低，他们对职业风险缺乏科学的认知，低收入和强烈的生存需要对他们对职业风险的认知和承受意愿有着重要影响。在市场环境恶劣、竞争激烈或企业财务绩效指标压力较大的情形下，这种情况更为严重。

2. 鼓励员工积极参与安全管理

企业和雇员是预防生产事故的责任者，他们对工作现场的情况也最熟悉，因此，要实现安全生产状况的逐步好转，关键还在于企业和从业人员的积极参与。日本为预防职业事故、提高工作场所的安全健康水平，在 1947 年劳动省成立后，加强了安全健康周活动的宣传工作，1952 年开始提出零事故运动，同期开展的还有全国产业安全健康大会等活动，一些特殊行业也配合全国性的活动针对本行业的特点开展活动，如矿山安全周活动、交通安全活动、全国作业环境评估月活动、建筑业岁末年初事故预防活动和财政年度末事故预防月活动，以及锅炉日、起重机日等来提高全民的安全意识，使人人都理解安全健康的重要性，自觉遵守法律法规。除了这些经常性的活动外，在活动期间还设置各种奖项对在职业安全

与健康方面做出突出贡献的个人和团体进行奖励。奖励的规格上至天皇授予的奖章，下至组织活动的行业协会颁发的奖励。这些奖励机制，对于企业和工人自觉遵守安全规章制度，全面提高安全健康意识具有重要的促进作用。

3. 发展工会力量

经济体制改革后，劳动者与企业的关系也发生很大变化，尤其是在个体和民营企业，劳动者与企业之间已变为雇佣和被雇佣（劳资双方）的关系。在国有或公有制成分占主体的企业，由于用工制度的改革，企业雇佣的工人多数是合同工制，经济利益成为劳动者与企业之间的主要联系。城市化进程的快速发展，农村劳动力大量涌入城市，劳动者群体处于弱势地位，只能靠出卖劳动力挣钱以养家糊口的农民工，唯恐饭碗丢失，不敢向雇主争取必要的权益，即使有自我保护意识，也敢怒不敢言。根据法律规定，工会组织必须发挥群众监督的作用，充分保护劳动者的合法权益，切实维护职工在生产过程中的人身安全与健康。但目前我国工会组织的维权能力与职工群众的要求不相适应。工会的作用遭到不同程度的削弱，甚至在许多非公有制成分企业中根本就没有工会组织。劳动者在劳动安全问题上的要求与呼声得不到及时有效的反映，“群众监督”很难有效实现。

由于缺乏与企业集体议价的能力，他们成为弱势的工作群体。众多因素的综合作用不仅使我国事故灾害表现出“三违”问题严重，也造成了农民工成为事故灾害的主要受害者。因此，实现安全发展不仅需要通过教育培训，提高农民工素质，而且需要建立平台，如建立职业安全委员会，工人参加安全与健康管理，建立集体谈判制度，改变单个雇员在谈判中的绝对劣势地位，提高农民工同企业议价的地位，促进农民工向产业工人转换。

10.3.5 培养公众安全认知与参与意识，发展外部制衡力量

1. 加强国民安全文化教育，提高国民安全认知

积极成熟的风险意识有助于对风险的规避，消极简单化的风险意识不仅不利于应对，反而会加剧风险后果。2003 年年底，重庆开县高桥镇川东北气矿发生井喷事故时，一些村民不是逃命，而是站在那里看热闹，等到心里感觉不舒服时想跑，已经跑不动了，这次事故造成 243 人死亡，2142 人住院治疗，大多数受害者是因为中毒引起的。由于事故发生地较为偏远，农村人口众多，信息闭塞，

农民对如何防护天然气中毒的相关知识缺乏了解，从而导致大面积中毒情况出现。这次特大事故极端暴露了国民安全风险意识淡薄和社会安全教育疏漏的问题。民众面对风险，要么怀着侥幸心理，认为与己无关，自己总会很幸运；要么，采取极端化行为，散布谣言，隐瞒，逃避。前者会忽视现实的风险，纵容风险的传播，后者会导致恐慌，诱发社会危机。

风险的规避需要全社会的努力，需要加强安全知识普及和技能培训，加强安全教育基地建设，充分利用电视、互联网、报纸、广播等多种形式和手段普及安全常识，增强全社会科学发展、安全发展的思想意识。在中小学广泛普及安全基础教育，加强防灾避险演练。全面开展安全生产、应急避险活动和职业健康知识进企业、进学校、进乡村、进社区、进家庭活动，努力提升全民安全素质，加强安全公益宣传，大力倡导“关注安全、关爱生命”的安全文化，为安全发展的深化奠定坚实的群众基础。

2. 完善信息渠道，增加信息透明度，发挥社会公众的参与监督作用

安全生产事故的扩散可能会产生公共安全风险，造成重大人员伤亡和重大财产损失。政府受自身资源调度能力限制，在一定时期内能够投入的人力、物力和财力也有一定限度，不能保证每一个受影响的公众都能得到妥善安排和充分救助，需要扶植社会力量，加强社会整体应急救援的能力。

由于我国长期形成“大政府”和“小社会”的社会结构，政府权力渗透到社会的各个角落，公民社会的力量比较薄弱。目前我国主要采取政府主导型安全监管模式。社会经济制度转型对安全监管提出了新的需求，政府命令-强制控制的方式已经不适应形势发展的需要，安全管理制度应该从部门管理向公共管理转变，转向公众参与及社会调节机制相结合的新型安全管理模式。需要调动和依靠人民群众的积极性，依靠人民群众，形成广泛的参与和监督机制。

10.3.6　及时修正和更新安全与健康标准与法规，明确企业安全行为边界

我国加入世界贸易组织以后，国内经济与国际经济快速融合，经济全球化对我国经济社会的影响与日俱增。如前所述，经济一体化在推动技术进步，带来一定经济利益的同时，也增加了我国经济安全发展的风险。工业发达国家为了本国的利益，一方面以我国安全生产状况差、没有充分考虑生产作业人员的职业安全与健康权利、生产成本低为借口，对我国出口贸易予以限制；另一方面，又以发

展中国家职业健康标准不健全为“可乘之机”，将对人体和环境有害的产业进行转嫁，把环境污染问题多、人工成本高和职业危害突出的制造业逐渐转移至发展中国家，把本国禁止或限制生产和使用的有毒原材料和产品向发展中国家倾销。加之我国经济基础差，科学技术水平低，生产管理落后，安全监察力度不足，以及职工工资、劳动保护、工作环境和社会福利等方面与发达国家相比还有相当大的差距。为了适应这种形势，安全监管领域需要拓展到对转移技术安全性可靠性的控制。在引进外资、发展经济成为地方政府的核心功能指标的情况下，尤其需要将转移技术的安全性纳入其中，设计弹性的产业或行业安全发展指标，并动态调整，而不仅仅局限于事故死伤人数的监控。

企业在动态环境下对安全优先权的选择及安全行为迁移过程，说明企业组织行为依赖于其对事故风险成本-收益的认知。因此，提高安全监管有效性的手段之一，是明确企业安全操作边界，使其在确定的边界条件下提高组织安全系统的有效性。由于企业对事故风险行为的决策是在一些风险接受原则的基础上做出的，因此，在制定或调整安全监管制度时，需要发展基于风险的方法，并以一系列法律、行政法规、部门规章等安全生产管理政策法规体系明确安全边界，即确定“怎样的安全才是安全”。并且随着生产发展的实际情况，及时对有关法规和标准进行修改、更新和完善。

我国安全生产的法律法规体系初步形成。目前已有一部主体法即《安全生产法》。《劳动法》、《煤炭法》、《矿山安全法》、《职业病防治法》、《海上交通安全法》、《道路交通安全法》、《消防法》、《铁路法》、《民航法》、《电力法》、《建筑法》等十余部专门法律中，都有安全生产方面的规定。有《国务院关于特大安全事故行政责任追究的规定》、《安全生产许可证条例》、《煤矿安全监察条例》、《关于预防煤矿生产安全事故的特别规定》、《危险化学品安全管理条例》、《道路交通安全法实施条例》和《建设工程安全生产管理条例》等50多部行政法规、上百个部门规章。此外，各省（区、市）都制定出台了一批地方性法规和规章。

随着工业化和城市化的快速发展，我国的就业形势和周围世界发生了很大变化。目前，安全生产法制建设与严峻的安全生产形势仍有很大差距。在化工生产领域，相对于快速发展的化工园区建设，安全技术法规标准明显滞后，如对于高含硫高压油气井井喷后的点火问题，国外安全法规明确规定：井喷失控后15min内必须点火，我国的相关技术规程中，则没有严格的时间和程序规定。2003年重庆开县“12·23”特大井喷事故发生后18h才点火，泻出的硫化氢大面积扩散，造成大量人员伤亡。

为了改变这种状况，政府需要在对以往的安全与健康法规进行全面系统的调查的基础上，与时俱进地修订和完善法律法规，使之适应工作变化。行业和企业的各项安全生产规章制度及标准也需要随着企业体制的变化、工艺设备的更新、人员的变动等情况及时修订。例如，适应经济社会快速发展的新要求，制定高速铁路、高速公路、大型桥梁隧道、超高层建筑、城市轨道交通和地下管网等建设、运行、管理方面的安全法规规章。根据技术进步和产业升级需要，修订完善国家和行业安全技术标准，尽快健全覆盖各行业领域的安全生产标准体系。

此外，由于我国事故灾害的区域差异性，不同区域社会经济、文化、技术等因素的差异决定了不同地区对风险的接受程度和原则的确定存在较大差异。这就需要在安全监管战略上接受区域化的概念，在制定安全标准时需要考虑地区的实际情况。

10.4　本章小结

经济增长的核心动力是技术，而对技术的应用和控制正是安全的主题。需要在宏观和微观层面，将安全风险控制融入技术引进和技术改造战略，使之成为产业结构调整和技术更新战略的必要组成部分。根据市场力量对生产技术和安全科技发展的影响存在不对称性的特点，需要通过政府干预力量推动安全科技的发展。事故灾害与经济增长之间复杂的交互作用关系表明：安全问题的解决及安全生产和经济增长的协调、经济的安全发展等宏观层面的动力学必须通过在国家层面上协同安排宏观经济发展与安全改革，这就需要寻求包括技术因素、社会经济因素在内的综合治理方案。

第11章 展　望

我国目前正处于快速城市化和经济体制转型时期，经济一体化程度日益加深，降低事故灾害风险不仅是保护民众生命财产安全和经济可持续发展的民生问题，而且是关系社会稳定的政治问题。在本书的基础上，进一步需要研究的问题包括如下。

（1）经济一体化对我国安全生产活动的影响。

经济一体化对事故灾害的影响复杂而持久。一方面，经济一体化推动技术进步和产业升级，提高了劳动生产率，存在能够减少事故灾害的有利因素；另一方面，国际产业转移的特征规律及转移技术的社会属性等因素又增加了事故灾害风险。中国加入世界贸易组织以后，经济一体化程度日益加深，国际产业资本和金融资本加快了对国内经济实体的渗透，国内产业链与国际产业链融合速度加快，2002年以后，随着国有企业的股份制改革，国际金融资本和产业资本加强了对国内企业的收购和兼并，经济一体化程度进一步深化。经济一体化不仅给产业经济安全发展本身带来风险，而且影响着工作场所安全，因此，需要更深入地从微观和宏观不同视角深入研究经济一体化对我国安全生产活动的影响机理，从更加宽广的角度观察事故灾害风险并需求有效的控制手段。

（2）经济体制变动对生产安全的影响途径与机制。

经济体制对工伤事故的影响比较复杂、持久、显著。我国经济体制变化的突出表现便是非国有经济的增长。非国有经济复杂的经济成分、整体技术水平的落后、劳动密集和农民工密集等诸多因素，不仅使我国的安全生产状况呈现出纷纭复杂的表象，而且使其成为事故灾害聚集的领域。

事故灾害在非公有制经济的聚集并非源于单一的市场化力量，而是经济体制转轨进程中众多矛盾的综合作用。需要进一步研究经济体制因素对工作场所的组织安排和员工的工作心理及行为的影响机理、渠道，以便寻求有效的风险控制手段，化解经济体制变动引发的一系列社会经济因素对工作场所带安全性的负面冲击。

主要参考文献

[1] 范维唐. 我国安全生产形势、差距和对策. 北京：煤炭工业出版社，2003

[2] 王显政. 安全生产与经济社会发展报告. 北京：煤炭工业出版社，2006

[3] 黄盛初，周心权，张斌川. 安全生产与经济社会发展多元回归分析. 煤炭学报，2005，5：580～584

[4] Mileti D S. 人为的灾害. 谭徐明等译. 武汉：湖北人民出版社，2004

[5] Vilanilam J V. A historical and socioeconomic analysis of occupational safety and health in India. International Journal of Health Services：Planning，Administration，Evaluation，1980，10：233～249

[6] Barth A，Winker R，Ponocny-Seliger E，et al. Economic growth and the incidence of occupational injuries in Austria. Wiener Klinische Wochenschrift，2007，119：5～6

[7] van Beeck E F，Borsboom G J J，Mackenbach J P. Economic development and traffic accident mortality in the industrialized world，1962-1990. International Journal of Epidemiology，2000，5：42～46

[8] Thomas E，Lambert，Peter B et al. Ex-urban sprawl as a factor in traffic fatalities and EMS response times in the Southeastern United States. Journal of Economic Issues. 2006，40（4）：941～953

[9] Gerdtham Ulf-G，Ruhm C J. Deaths rise in good economic times：Evidence from the OECD. Economics and Human Biology，2006，4：298～316

[10] Moniruzzaman S，Andersson R. Economic development as a determinant of injury mortalitya longitudinal approach. Social Science & Medicine，2008，66：1699～1708

[11] Paulozzi L J，Ryan G W，Espitia-Hardeman V E，et al. Economic development's effect on road transport-related mortality among different types of road users：A cross-sectional international study. Accident Analysis and Prevention，2007，39：606～617

[12] Lawa T H，Nolandb R B，Evansa A W. Factors associated with the relationship between motorcycle deaths and economic growth. Accident Analysis and Prevention，2009，41：234～240

[13] Neumayer E. Recessions lower（some）mortality rates：Evidence from Germany. Social Science & Medicine，2004，58：1037～1047

[14] Traynor T L. Regional economic conditions and crash fatality rates—a cross-county analysis. Journal of Safety Research，2008，39：33～39

[15] Kopits E, Cropper M. Traffic fatalities and economic growth. Accident Analysis and Prevention, 2005, 37 (1): 169～178

[16] van Beeck E F, Mackenbach J P, Looman C W N, et al. Determinants of traffic accident mortality in the netherlands: A geographical analysis. International Journal of Epidemiology, 1991, 20 (3): 698～706

[17] Thomas L. Traynor regional economic conditions and crash fatality rates-a cross-county analysis. Journal of Safety Research, 2008, 39 (1): 33～39

[18] Scuffham P. Economic factors and traffic crashes in New Zealand. Applied Economics, 2003, 35 (2): 179～188

[19] Lemus-Ruiz B E. The local impact of globalization: Worker health and safety in Mexico's sugar industry. International Journal of Occupational and Environmental Health, 1999, 5 (1): 56～60

[20] Shalini R T. Economic cost of occupational accidents: Evidence from a small is land economy. Safety Science, 2009, 47 (7): 973～979

[21] Iavicoli M, Rondinone B, Marinacci A, et al. Research priorities in occupational safety and health: A review. Industrial Health, 2006, 44 (1): 169～178

[22] Guidotti T L. Occupational health and safety in the real "new economy". New Solutions: A Journal of Environmental and Occupational Health Policy, 2003, 13 (4): 331～340

[23] Elvik R. Economic deregulation and transport safety: A synthesis of evidence from evaluation studies. Accident Analysis and Prevention, 2006, (38): 678～686

[24] Silvestre J. Improving workplace safety: Evidence from the ontario manufacturing industry, 1888-1939. Uinversity of British Columbia, 2003

[25] José A, Granados T. Macroeconomic fluctuations and mortality in postwar Japan. Demography, 2008, 45 (2): 323～343

[26] Wilde G J S, Simonet S L. Economic fluctuations and the traffic accident rate in Switzerland: A longitudinal perspective. Swiss Council for Accident Prevention, 1996

[27] Thomas L, Lambert M. Ex-urban sprawl as a factor in traffic fatalities and EMS. Journal of Ecnomics, 2006, 4: 23～36

[28] Tapia Granados J A. Increasing mortality during the expansions of the US economy, 1900—1996. International Journal of Epidemiology, 2005, 34 (6): 1194～1202

[29] Scuffham P A. Economic factors and traffic crashes in New Zealand. Applied Economics, 2003, 55 (35): 179～188

[30] Gerdtham U-G, Sogaard J, Andersson F, et al. An econometric analysis of health care expenditure: A cross-section study of the OECD countries. Journal of Health Economics,

1992，11（1）：63～84

[31] Liu H，Hwang S L，Liu T H. Economic assessment of human errors in manufacturing environment. Safety Science，2009，47：170～182

[32] Jeremy C M. Economic aspects of technological accidents：An evaluation of the exxon valdez oil spill on southcentral Alaska. Pennsylvania：Unitversity of Pennsylvania，1993

[33] Elvik R. Analysis of official economic valuations of traffic accident fatalities in 20 motorized countries. Accident Analysis and Prevention，1995，27（2）：237～247

[34] Faure M. Economic models of compensation for damage caused by nuclear accidents：Some lessons for the revision of the Paris and Vienna Conventions. European Journal of Law and Economics，1995，2（1）：21～23

[35] 刘铁民．安全生产与社会发展．中国经贸导刊，2003，4：15

[36] 黄盛仁．安全经济效益评价理论及模型研究．北京：中国地质大学博士学位论文，2002

[37] Chen M S. Workers' participation and their health and safety protection in China's transitional industrial economy. International Journal of Occupational and Environmental Health，2003，9（4）：368～377

[38] 何学秋，宋利，聂百盛．中国安全生产基本特征规律．中国安全科学学报，2008，1：5～13

[39] 亚当・斯密．国富论．胡长明译．南京：江苏人民出版社，2011

[40] 大卫・李嘉图．政治经济学及赋税原理．周洁译．北京：华夏出版社，2005

[41] 西蒙・库兹涅茨．现代经济增长．戴睿，易诚译．北京：北京经济学院出版社，1989

[42] 刘易斯．国际经济秩序的演变．乔伊德译．北京：商务印书馆，1984

[43] 亚当・斯密．国富论．郭大力，王亚南译．上海：上海三联书店，2009

[44] 约翰・梅纳德・凯恩斯．就业、利息和货币通论．高鸿业译．北京：商务印书馆，1999

[45] 费景汉，拉尼斯．增长与发展：演进的观点．洪银兴等译．北京：商务印书馆，2004

[46] Lucas R E. On the Mechanics of Economic Development. Journal of Monetary Economics，1988，22（1）：3～42

[47] Jones C. R&D Based Models of Economic Growth. Growth of Political Economy，1995，103：759～784

[48] Romer，P E. Endogenous Technological Changes，Journal of Political Economy，1990，98，(5)，71～102

[49] Barro，Robert J. Economic Growth in a Cross Section of Countries：Quarterly Journal of Economics ，1990，106：407～443

[50] Trist E，Bamforth K. Some social and psychological consequences of the longwall method of coal getting. Human Relations，1951，4：3～38

[51] Lowe P, Phillipson J, Lee R P. Socio-technical innovation for sustainable food chains: Roles for social science. Trends in Food Science & Technology, 2008, (19): 226~233

[52] Emery F. Designing socio-technical systems for 'greenfield' sites. Journal of Occupational Behaviour, 1980, 1: 19~27

[53] Trist E. The evolution of socio-technical systems: A conceptual framework and an action research program. Occasional Paper, 1981, 2: 32~33

[54] Geels F W. From sectoral systems of innovation to socio-technical systems Insights about dynamics and change from sociology and institutional theory. Research Policy, 2004, 33: 897~920

[55] Frank W, Geels. From sectoral systems of innovation to socio-technical systems insights about dynamics and change from sociology and institutional theory. Research Policy, 2004, 33: 897-920

[56] 何学秋. 安全科学与工程. 徐州: 中国矿业大学出版社, 2008

[57] 何学秋. 安全工程学. 徐州: 中国矿业大学出版社, 2000

[58] 金龙哲, 宋存义. 安全科学原理. 北京: 化学工业出版社, 2004

[59] 王凯全, 邵辉. 事故理论与分析技术. 北京: 化学工业出版社, 2004

[60] 钟茂华, 魏玉东, 范维澄, 等. 事故致因理论综述. 火灾科学, 1999, (3)

[61] 钱新明, 陈宝智. 事故致因的突变模型. 中国安全科学学报, 1995, (6)

[62] Henrich H W. Industrical Accident Prevention: A Scientific Approach. New York: McGraw-Hill, 1950

[63] Bird F E, Germain G L. Damage control: A new horizon in accident prevention and cost improvement. American Management Association, 1966

[64] Adams J. The management of risk and uncertainty. Policy analysis, 1999, 355: 1~49

[65] Gordon J E. The Epidemiology of Accidents. American Journal of Public Health and the Nations Health, 1949, 39 (4): 504~515

[66] Gibson J J. The contribution of experimental psychology to the formulation of the problem of safety—a brief for basic research. Behavioral approaches to accident research, 1961: 77~89

[67] Haddon W. A note concerning accident theory and research with special reference to motor vehicle accidents. Annals of the New York Academy of Sciences. 1963. 107 (5): 635~646

[68] Surry J. Industrial accident research: A human engineering appraisal [P. H. D]. Toronto: University of Toronto, Department of Industrial Engineering, 1969

[69] Reason, J. Human Error, New York: Cambridge University Press, 1990

[70] 何学秋, 马尚权. 安全科学的"R-M"基本理论模型研究. 中国矿业大学学报, 2001,

30（5）：425-428

[71] Studenmund A H. 应用计量经济学. 王少平等译. 北京：机械工业出版社，2007

[72] 高铁梅. 计量经济分析方法与建模，北京：清华大学出版社，2008

[73] Sims C A. Macroeconomics and Reality，Econometrica，1980，48：1～48

[74] Engle R F，Granger C W J. Co-integration and error correction：Representation，estimation，and testing. Econometrica：Journal of the Econometric Society，1987：251～276

[75] 罗伯特·S·平狄克. 计量经济模型与经济预测（第四版）. 钱小军等译. 北京：机械工业出版社，1999

[76] 崔克清，张礼敬，陶刚. 安全工程与科学导论. 北京：化学工业出版社，2004

[77] 伍浩松，王海丹. 受强烈地震和海啸影响，日本发生严重核事故. 国外核新闻，2011，3：1～8

[78] 徐德蜀. 安全科学与工程导论. 北京：化学工业出版社，2004

[79] 潘家华. 持续发展途径的经济学分析. 北京：社会科学文献出版社，2006

[80] 钟茂初. 可持续发展经济学. 北京：经济科学出版社，2006

[81] 科学技术部专题研究组编. 国际安全生产发展报告. 北京：科学技术文献出版社，2006

[82] Hämäläinen P. The effect of globalization on occupational accidents. Safety Science，2009，47：733～742

[83] 约瑟夫·熊彼特著，易家详译. 经济发展理论——对于利润、资本、信贷、利息和经济周期的考察. 何畏，易家详译. 北京：商务印书馆，1990

[84] 汪海波. 新中国工业经济史（1979～2000）. 北京：经济管理出版社，2001

[85] 中国社会科学工业经济研究所. 中国工业发展报告（2003）. 北京：经济管理出版社，2004

[86] 中国社会科学工业经济研究所. 中国工业发展报告（2005）. 北京：经济管理出版社，2006

[87] 国务院工业普查领导小组. 中国工业现状. 北京：人民出版社，1990

[88] 中国社会科学工业经济研究所. 中国工业发展报告（2004）. 北京：经济管理出版社，2005

[89] 杨德勇，张宏艳. 产业结构研究导论. 北京：知识产权出版社，2008

[90] 中国统计局. 中国统计年鉴（1990）. 北京：中国统计出版社，1991

[91] 德布拉吉·瑞. 发展经济学. 陶然等译. 北京：北京大学出版社，2002

[92] 沈佳斌. 现代经济增长理论与发展经济学. 北京：中国财政经济出版社，2004

[93] 霍利斯·钱纳里. 发展的格局 1950—1970. 李小青等译. 北京：中国财政经济出版社，1989

[94] Rasmussen J. Risk Management in A Dynamic Society：A Modelling Problem. Safety

Science，1997，27（3）：183～213

[95] 李金华. 中国产业：结构、增长及效率. 北京：清华大学出版社，2007

[96] 倪晓宁. 多重工业化水平测度及相关问题研究. 北京：中国经济出版社，2007

[97] 袁易明. 资源约束与产业结构演进. 北京：中国经济出版社，2007

[98] 胡秋阳. 中国的经济发展和产业结构：投入产出分析的视角. 北京：经济科学出版社，2007

[99] 爱德华·特纳. 技术的报复：墨菲法则和事与愿违. 徐俊培等译. 上海：上海科技教育出版社，1999

[100] 史东辉. 后起国工业化引论——关于工业化史与工业化理论的一种考察. 上海：上海财经大学出版社，1999

[101] 彼得·德鲁克. 工业人的未来. 余向华，张珺译. 北京：机械工业出版社，2006

[102] 邹珊刚. 技术与技术哲学. 北京：知识出版社，1987

[103] 查尔斯·辛格. 技术史：约1750年至约1850年. 第Ⅳ卷，工业革命. 王平等译. 上海：上海科技教育出版社，2004

[104] 约瑟夫·C·皮特. 技术思考：技术哲学的基础. 马会端，陈凡译. 辽宁：辽宁人民出版社，2008

[105] H·W·刘易斯. 技术与风险. 杨健，缪建兴译. 北京：中国对外翻译出版公司，1994

[106] 克劳斯·迈因策尔. 复杂性中的思维：物质、精神和人类的复杂动力学. 曾国屏译. 北京：中央编译出版社，1999

[107] 欧阳莹之著. 复杂系统理论基础. 田宝国，周亚，樊瑛译. 上海：上海科技教育出版社，2002

[108] 查尔斯·佩罗. 高风险技术与"正常"事故. 寒窗译. 北京：科学技术文献出版社，1988

[109] Browning J A. Hypervelocity impact fusion—a technical note. Journal of Thermal spray Technology，1992，1（4）：289～292

[110] 国家安全生产监督管理总局. 中国安全生产发展报告. 北京：中央文献出版社，2007

[111] 纪成君. 中国煤炭产业经济研究. 北京：经济管理出版社，2008

[112] 杨江有. 煤炭工业改革与安全生产发展. 北京：中国环境科学出版社，2010

[113] 何学秋. 安全科学基本理论规律研究. 中国安全科学学报，1998，8（2）：5～9

[114] 中国社会科学工业经济研究所. 中国工业发展报告. 北京：经济管理出版社，2007

[115] Andre E-C. Complexity and occupational safety and health prevention research. Theoretical Issues in Ergonomics Science，2005，6（6）：483～507

[116] Kongsvik T，Almklov P. Organizational safety indicators：Some conceptual considerations and a supplementary qualitative approach. Safety science，2010，48：1402～1411

[117] Findley M，Smith S，Gorski J，et al. Safety climate diverences among job positions in a nuclear decommissioning and demolition industry：Employees' self-reported safety attitudes and Perceptions. Safety Science，2007，45：875～889

[118] Cacciabue P C. Human factors impact on risk analysis of complex systems. Journal of Hazardous Materials，2000，7（1）：101～116

[119] Rundmo T. Safety climate，attitudes and risk perception in Norsk Hydro. Safety Science，2000，34：47～59

[120] Hall J G，Silva A. A conceptual model for the analysis of mishaps in human-operated safety-critical systems. Safety Science，2008，46：22～37

[121] Santos-Reyes J，Beard A N. A systemic approach to managing safety. Journal of Loss Prevention in the Process Industries，2008，21：15～28

[122] 郑双忠，陈宝智，刘艳军. 复杂社会技术系统人因组织行为安全控制模型. 东北大学学报（自然科学版），2001，6：288～290

[123] 陈红. 中国煤矿重大事故中的不安全行为研究. 北京：科学出版社，2006

[124] Reason J. The contribution of latent human failures to the breakdown of complex systems. Philosophical Transactions of the Royal Society of London. Series B，Biological Sciences，1990，327（1241）：475～484

[125] 中国社会科学院工业经济研究所. 中国工业发展报告（2004），中国工业技术创新. 北京：经济管理出版社，2004

[126] 中国社会科学院工业经济研究所. 中国工业发展报告（2007），工业发展效益现状与分析. 北京：经济管理出版社，2007

[127] 中国社会科学院工业经济研究所. 中国工业发展报告（2006）. 北京：经济管理出版社，2006

[128] 彭世济. 中国煤炭工业四十年. 北京：煤炭工业出版社，1990

[129] 中国企业联合会，中国企业家协会课题组. 跨入21世纪的中国企业管理：现状、问题与建议——2003年全国千户企业管理调查研究报告. 经济研究参考，2004，53：15～33

[130] 国家安全生产监督管理总局. 中国安全生产发展报告. 北京：中央文献出版社，2007

[131] 原小能. 国际产业转移规律和趋势分析. 上海经济研究，2004，2：29～33

[132] 国家统计局国际统计信息中心课题组. 国际产业转移的动向及我国的选择. 统计研究，2004，4：3～6

[133] 胡兴华. 国际产业转移与中国制造的供应链危机. 经济问题，2004，3：36～37

[134] 邱仁宗. 脆弱性：科学技术伦理学的一项原则. 哲学动态，2004，1：18～22

[135] 王国豫，胡比希，刘则渊. 社会-技术系统框架下的技术伦理学——论罗波尔的功利主义技术伦理观. 哲学研究，2007，6：78～86

[136] Woo D M, Vicente K J. Sociotechnical systems, risk management, and public health: Comparing the north battleford and walkerton outbreaks. Reliability Engineering and System Safety, 2003, 80: 253~269

[137] 上海财经大学课题组. 2006中国产业发展报告：制造业的市场结构、行为与绩效. 上海：上海财经大学出版社，2006

[138] 郭克莎. 我国工业应对国际竞争挑战的对策. 国家行政学院学报，2003，1：55~59

[139] 郭克莎，王伟光. 我国制造业的技术优势行业与技术跨越战略研究. 产业经济研究，2004，3：1~16

[140] 汤淳. 当前我国职业病防治工作存在的问题和改进建议. 工业卫生与职业病，2008，34（5）：317~319

[141] 傅晓霞，吴利学. 技术效率、资本深化与地区差异——基于随机前沿模型的中国地区收敛分析. 经济研究，2006，10：52~60

[142] 沈坤荣，李剑. 中国贸易发展与经济增长影响机制的经验研究. 经济研究，2003，5：32~41

[143] 王志刚. 面板数据模型及其在经济分析中的应用. 北京：经济科学出版社，2008

[144] 白仲林. 面板数据的计量经济分析. 南京：南开大学出版社，2008

[145] Rasmussen J. Risk Management in A Dynamic Society: A Modelling Problem. Safety Science, 1997, 27 (2): 183~213

[146] 斯蒂芬·P·罗宾斯，玛丽·库尔特. 管理学. 孙健敏等译. 北京：中国人民大学出版社，2008

[147] 张维迎. 企业的企业家——契约理论. 上海：上海人民出版社，1995

[148] 盛洪. 企业的性质. 现代制度经济学（上、下）. 北京：北京大学出版社，2003

[149] 理查德·L·达夫特. 管理学. 高增安，马永红，李维余译. 北京：机械工业出版社，2003

[150] Mohaghegh Z, Kazemi R, Mosleh A. Incorporating organizational factors into probabilistic risk assessment (PRA) of complex socio-technical systems: A hybrid technique formalization. Reliability Engineering and System Safety, 2009, 94: 1000~1018

[151] Ander J-C. Complexity and occupational safety and health prevention research. Theoretical Issues in Ergonomics Science, 2005, 6 (6): 483~507

[152] Page K. Blood on the coal: The effect of organizational size and differentiation on coal mine accidents. Journal of Safety Research, 2009, 40: 85~95

[153] 陈富良，万卫红. 企业行为与政府规制. 北京：经济管理出版社，2001

[154] 中国煤炭工业协会. 中国煤炭工业改革开放30年回顾与展望：1798—2008. 北京：煤炭工业出版社，2009

[155] 罗云．安全经济学．北京：化学工业出版社，2004

[156] Calcott P. Govenment warnings and the information. provided by safety regulation. International Review of Law and Economics，2004，24（1）：71～88

[157] 斯蒂芬·P·罗宾斯．组织行为学．北京：中国人民大学出版社，2005

[158] 赵鹏．职业病顽疾呼唤制度革新——我国职业病现状及监管体制机制观察．劳动保护，2011，10：13～15

[159] 林汉川，王皓，王莉．安全管制、责任规则与煤矿企业安全行为．中国工业经济，2008，6：17～24

[160] 肖兴志，曾芸．工作场所安全规制的经济学分析．产业经济研究，2007，4：10～18

[161] 晓讷，杨璇．坚持安全发展，推进综合监管——访国家安监总局副局长梁嘉琨．劳动保护，2009，3：10～13

[162] 田恬．从安全生产到安全发展．中国减灾，2013，14：24～26

[163] 罗时．以更大的力度实施安全发展战略．劳动保护，2012，4：54～55

[164] 树立安全发展理念，推进安全生产工作——黄毅就《国务院关于坚持科学发展安全发展促进安全生产形势持续稳定好转的意见》答记者问．现代职业安全，2011.12：18～21

计量分析的主要原始数据 附录

附表1 1953～2008年中国事故灾害指标

年份	工伤事故死亡人数/人	10万工人死亡率/(人/10万人)	亿元产值死亡率/(人/亿元)	交通事故死亡人数/人	万车死亡率/(人/万车)	交通事故10万人死亡率/(人/10万人)	火灾死亡人数/人	火灾损失率/(元/万元GDP)	火灾死亡率/(人/100万人口)
1953	3282	20.1	3.98	675	153.65	0.2	1180	6.42	2
1954	3200	17.85	3.73	1200	102.46	0.15	1414	7.28	2.3
1955	3004	16.49	3.28	917	94.18	0.16	1865	14.59	3
1956	3422	14.56	3.25	955	95.91	0.18	3408	14.27	5.4
1957	3702	18.14	3.34	1126	96.75	0.19	2929	11.69	4.5
1958	12850	19.07	9.56	1219	174.33	0.46	5310	11.11	8
1959	17946	34.88	12.27	3009	232.61	0.73	10131	17.09	15.1
1960	21938	56.02	15.04	4901	257.46	0.87	10843	13.72	16.4
1961	12024	44.21	11.34	5762	184.83	0.67	6989	15.71	10.6
1962	5859	29.88	5.85	4436	157.58	0.58	4990	15.61	7.4
1963	5962	30.71	5.41	3908	101.34	0.38	4798	15.39	6.9
1964	3566	17.15	2.73	2648	81.6	0.32	3441	8.89	4.9
1965	4147	18.08	2.72	2253	79.53	0.33	4179	10.6	5.8
1966	3867	15.61	2.29	2382	102.18	0.46	5386	11.45	7.2
1967	2578	10.17	1.62	3466	172.48	0.75	1912	4.83	2.5
1968	4490	17.19	2.94	5728			1114	3.3	1.4
1969	6402	22.19	3.58				1348	4.36	1.7
1970	11848	35.36	5.55		227.63	1.16	2167	4.81	2.6
1971	17610	46.35	7.72	9654	229.19	1.33	4362	8.87	5.1
1972	17901	43.95	7.56	11331	205.21	1.36	4629	10.14	5.3
1973	12847	30.03	5.03	11849	196.45	1.48	4337	9.52	4.9
1974	10062	22.42	3.85	13215	198.51	1.72	4348	9.53	4.8
1975	11707	23.86	4.12	15599	183.86	1.82	4818	8.9	5.2
1976	12488	23.37	4.46	16862	156.62	2.07	5673	8.71	6.1
1977	13654	24.58	4.54	19441	145.45	2.15	5583	9	5.9
1978	14363	21.71	4.27	20427	120.2	1.98	4046	8.48	4.2
1979	13054	19.01	3.61	19096	119.62	2.24	3696	9.03	3.8

续表

年份	工伤事故死亡人数/人	10万工人死亡率/(人/10万人)	亿元产值死亡率/(人/亿元)	交通事故死亡人数/人	万车死亡率/(人/万车)	交通事故10万人死亡率/(人/10万人)	火灾死亡人数/人	火灾损失率/(元/万元GDP)	火灾死亡率/(人/100万人口)
1980	11582	15.78	2.97	21856	104.47	2.21	3043	5.5	3.1
1981	10393	13.62	2.53	21818	95.85	2.25	2643	5	2.6
1982	9867	12.41	2.20	22499	85.32	2.81	2249	4.09	2.2
1983	8994	10.88	1.81	22164	84.35	2.33	2161	3.61	2.1
1984	9088	9.95	1.59	23944	42.99	2.43	2085	3.25	2
1985	9847	9.95	1.52	25251	62.39	3.89	2241	3.31	2.1
1986	8982	8.41	1.27	40906	61.12	4.7	2691	3.61	2.5
1987	8658	7.76	1.10	50063	50.37	4.94	2411	2.93	2.2
1988	8908	7.7	1.02	53439	46.05	5	2234	2.69	2
1989	8657	7.59	0.95	54814	38.26	4.54	1838	2.14	1.6
1990	7759	5.96	0.82	50441	33.38	4.31	2172	5.09	1.9
1991	7855	5.94	0.76	49271	32.15	4.6	2105	3.9	1.8
1992	7994	6.47	0.68	53292	30.19	5	1937	3.36	1.7
1993	19820	14	1.48	58729	27.24	5.36	2378	3.21	2
1994	20315	13.98	1.35	63508	24.26	5.54	2765	3.28	2.3
1995	20005	13.44	1.20	66362	22.48	5.9	2278	3.13	1.9
1996	19457	12.63	1.06	71494	20.41	6.02	2225	3	1.8
1997	17558	11.17	0.88	73655	17.5	5.97	2722	11.35	2.2
1998	14660	9.37	0.68	73861	17.3	6.25	2389	11.4	1.9
1999	12587	8.05	0.55	78067	15.45	6.82	2744	14.4	2.2
2000	11681	7.8	0.47	83529	15.6	7.27	3021	14.9	2.4
2001	12554	8.1	0.47	93853	15.5	8.51	2334	16.99	1.83
2002	14924	9.31	0.52	105930	13.71	8.79	2393	20.11	1.86
2003	17315	10.5	0.50	109381	10.8		2497		
2004	16497	10.8	0.45	104372			2562		
2005	15396		0.56	107077	7.598		2500		
2006	14412			98738	6.2		1517		
2007	13886		0.41	81649			1617		
2008	12865			73484			1521		

注：工伤事故数据来源于《中国安全生产年鉴》（1999～2007年）；1951～1994年交通事故数据来源于《全国道路交通事故统计资料汇编》；1995～2006年交通事故数据来源于《中国安全生产年鉴》；火灾数据来源于《火灾统计年鉴》及《中国安全生产年鉴》。

附表 2　1953～2008 年中国经济增长规模和速度变化

年份	GDP/元	人均 GDP/元	GDP 年增长速度/%
1953	824	142	14
1954	859	144	5.8
1955	910	150	6.4
1956	1028	165	14.1
1957	1068	168	4.5
1958	1307	200	22
1959	1439	216	8.2
1960	1457	218	−1.4
1961	1220	185	−29.7
1962	1149.3	173	−6.5
1963	1233.3	181	10.7
1964	1454	208	16.5
1965	1716.1	240	17
1966	1868	254	17
1967	1773.9	235	−7.2
1968	1723.1	222	−6.5
1969	1937.9	243	19.3
1970	2252.7	275	23.3
1971	2426.4	288	7
1972	2518.1	292	2.9
1973	2720.9	309	8.3
1974	2789.9	310	1.1
1975	2997.3	327	8.3
1976	2943.7	316	−2.7
1977	3201.9	339	7.8
1978	3645.2	381	11.7
1979	4062.6	419	7.6
1980	4545.6	463	7.8
1981	4891.6	492	5.2
1982	5323.4	528	9.1
1983	5962.7	583	10.9
1984	7208.1	695	15.2
1985	9016	858	13.5
1986	10275.2	963	8.8
1987	12058.6	1112	11.6

续表

年份	GDP/元	人均 GDP/元	GDP 年增长速度/%
1988	15042.8	1366	11.3
1989	16992.3	1519	4.1
1990	18667.8	1644	3.8
1991	21781.5	1893	9.2
1992	26923.5	2311	14.2
1993	35333.9	2998	13.5
1994	48197.9	4044	12.6
1995	60793.7	5046	10.2
1996	71176.6	5846	9.7
1997	78973	6420	8.8
1998	84402.3	6796	7.8
1999	89677.1	7159	7.1
2000	99214.6	7858	8
2001	109655.2	8622	7.3
2002	120332.7	9398	7.1
2003	135822.8	10542	9.1
2004	159878.3	12336	10.1
2005	183084.8	14053	10.4
2006	209407	16165	10.7
2007	257306	18934	11.4
2008	300670	22698	8.8

注：数据来源于国家统计局．中国统计年鉴（1985～2008 年）；2008 年数据源于国家统计局网站。

附表 3　1953～2008 年中国产业结构变化（三次产业占 GDP 的比重）

（单位：%）

年份	第一产业	第二产业	第三产业
1953	45.9	23.4	30.7
1954	45.6	24.6	29.8
1955	46.3	24.4	29.3
1956	43.2	27.3	29.5
1957	40.3	29.7	30.2
1958	34.1	37.3	28.9
1959	26.7	42.8	30.5
1960	23.4	44.5	32.1
1961	36.2	31.9	31.9

续表

年份	第一产业	第二产业	第三产业
1962	39.4	31.3	29.3
1963	40.3	33.2	26.7
1964	38.4	35.3	26.3
1965	37.9	35.1	27.0
1966	37.6	38.1	24.4
1967	40.3	34.2	25.7
1968	42.2	31.2	26.6
1969	38	35.6	26.4
1970	35.2	40.5	24.3
1971	34.1	42.2	23.7
1972	32.9	43.1	24.0
1973	33.4	43.1	23.5
1974	33.9	42.7	23.4
1975	32.4	45.7	21.9
1976	32.8	45.4	21.8
1977	29.4	47.1	23.5
1978	27.9	47.8	24.2
1979	30.9	47.1	21.9
1980	29.9	48.2	21.8
1981	31.5	46.1	22.3
1982	33.1	44.7	22.1
1983	32.9	44.4	22.7
1984	31.8	43.1	25.1
1985	28.2	42.9	28.9
1986	26.9	43.7	29.4
1987	26.6	43.5	29.8
1988	25.5	43.8	30.7
1989	24.9	42.8	32.3
1990	26.9	41.3	31.8
1991	24.3	41.8	33.9
1992	21.5	43.5	35.0
1993	19.5	46.6	33.9
1994	19.6	46.569	33.8
1995	19.7	47.175	33.1
1996	19.5	47.537	32.9

续表

年份	第一产业	第二产业	第三产业
1997	18.0	47.539	34.3
1998	17.3	46.212	36.4
1999	16.2	45.757	38.0
2000	14.8	45.917	39.2
2001	14.2	45.153	40.7
2002	13.5	44.79	41.7
2003	12.6	45.969	41.5
2004	13.1	46.225	40.6
2005	12.6	47.544	39.8
2006	11.8	48.7	39.5
2007	11.1	48.5	40.4
2008	11.3	48.6	40.1

注：数据来源于国家统计局．中国统计年鉴（1985～2009年）。

后　　记

经济增长进程中对事故灾害的控制不仅是技术问题，而且是涉及经济的、社会的、政治的、体制的等众多因素的多领域、多学科、多视角的复杂性系统工程。本书仅仅窥见其一鳞半爪。在实证分析的变量选择中，本着研究问题、说明问题的需要，结合数据的可获得性选取了一些关键的并且较容易获得的变量值，而没有使用过多的变量。例如经济体制变量本应是多维度的复合变量，本书仅采用非国有经济比重单一维度描述其基本特征。此外，虽然政府出台了众多打击瞒报漏报的政策规定，但出于利益的考虑，瞒报现象是客观存在的。我们采用长时期的时间数据，以尽可能地反映变化的趋势，并且在区域空间领域对时序分析结果进行了论证。瑕不掩瑜，本书写作在于提出一个命题，建立一个分析框架，抛砖引玉，以期待更多的研究者来探索事故灾害宏观演化规律。